KB089873

한미 RDP 협정을 활용한 방산수출정책 제언

미국의 RDP와 한국의 방산수출전략

한미 RDP 협정을 활용한 방산수출정책 제언

미국의 RDP와 한국의 방산수출전략

초판 1쇄 인쇄일 2023년 09월 20일
초판 1쇄 발행일 2023년 10월 10일

지은이 박태준
펴낸이 양옥매
디자인 표지혜
마케팅 송용호
교   정 조준경

펴낸곳 도서출판 책과나무
출판등록 제2012-000376
주소 서울특별시 마포구 방울내로 79 이노빌딩 302호
대표전화 02.372.1537 **팩스** 02.372.1538
이메일 booknamu2007@naver.com
홈페이지 www.booknamu.com
ISBN 979-11-6752-358-7 (03390)

한미 RDP 협정을 활용한 방산수출정책 제언

미국의 RDP와 한국의 방산수출전략

└ Reciprocal Defense Procurement Agreement 국방상호조달협정

박태준 지음

책과나무

들어가며

최근 해외에서 K-방산의 활약이 놀랍다. 해외에서는 한국의 방위산업에 열광하고 있으며, 국내에서도 글로벌 수출을 확대하기 위하여 미국 방산시장의 진입 필요성에 대한 요구가 높아지고 있다. 이를 위한 첫걸음이 미국과의 RDP 체결이지만, 아직도 정부의 주무부서를 비롯한 방산업체 일부에서는 막연한 불안감으로 이로 인한 부작용을 우려하는 목소리가 있다. 수십 년 동안 이어 온 논란이 글로벌 방산수출 확대라는 호기를 앞에 두고서도 계속되는 것은 매우 안타까운 일이다.

일본은 무기수출 3원칙 폐지 이후 RDP를 체결하여 미국과 방산협력을 강화하는 등 방산육성을 위해 적극 노력하고 있다. 탄도탄 요격미사일, 6세대 전투기 등 공동연구개발을 본격화하여 첨단기술을 축적하고 있으며, 함정까지도 미국과의 아웃소싱을 추진하고 있다. 이는 향후 일본의 항공 및 해상전력의 증강으로 이어질 수 있다. 한국이 또다시 RDP 체결을 미룬다면, 후방에 위치한 일본이 잠재적인 위협에서 미래에 현실적인 위협으로 부상하는 것을 허용하는 가장 위험한 정책적인 패착이 될 수 있을 것이다.

중요한 국가정책을 추진하는 데 있어 신중을 기해야 하는 것은 불문가지(不問可知)이나, 1980년 이후부터 검토할 충분한 준비 기간이 있었고 대내외 K-방산의 위상이 크게 바뀐 지금까지도 시기상조라는 말만 되풀이하는 것은 스펜서 존슨의 "누가 내 치즈를 옮겼을까?(Who moved my cheese?)"에서 변화된 환경을 인지하지 못하고 치즈가 다시 제자리로 돌아오기만을 기다리는 Hem의 모습은 아닌가 싶다. 앞선 선배 세

미국의 RDP와 한국의 방산수출전략

대들이 땀 흘려 이룬 K-방산의 성과를 글로벌 방산시장으로 확대하는 시대적 소명을 정책적으로 실현하지 못하고 아직도 시기상조라며 여건만을 탓하고 있는 것은 아닌가?

방위산업은 복잡한 종합예술과 같다고 할 수 있다. 육해공군의 무기체계 운용에 대한 이해와 작전개념, 국내 방산업체의 기술력 및 방위산업 실태에 대한 정확한 인식, 국방과학기술에 대한 공학적 지식, 방위산업에 대한 학문적 배경 및 사업관리 경험, 미국의 방위산업 법률체계 및 제도 연구 등을 기반으로 RDP 체결에 대한 정책 방향이 결정되었어야 했다. 하지만, 방위산업에 대한 이해와 실무 경험이 부족한 가운데 학문적 소양을 앞세운 연구가 반복되면서 RDP 실체에 접근하지 못하고 우려만을 증폭시키면서 RDP 체결이 지연된 측면도 있는 것으로 생각된다.

이 책에서는 RDP에 대한 실체적인 접근을 위해 28개 RDP 체결국의 협정서를 모두 분석하였으며, 그러한 협정서가 국내 방위산업에 어떠한 영향을 미치는지를 구체적으로 살펴봄으로써 RDP에 어떻게 대처하는 것이 국익을 위한 최선의 길인가에 대하여 고민하였다. 부족하지만 적어도 막연하고 뿌연 오해를 걷어 내어 올바른 방향으로 정책이 진행되어 세계 최고의 방산 선진국 꿈을 이루는 데 미약한 힘이라도 보탤수 있기를 소망한다.

늘 곁에서 격려와 응원을 보내 주고 힘이 되어 준 사랑하는 아내, 그리고 하나님 최고의 선물이자 가장 소중한 친구 내 아들에게 감사의 마음을 전한다.

2023년 가을, 갯바람과 파도가 밀려오는 슬도(瑟島)에서
박태준

제1부

·

RDP를 벗기다

1장 서론

1.1 배경

1.1.1 대내외 환경변화

대외적으로는 트럼프 행정부에서 무역분쟁으로 본격화된 미국과 중국의 패권경쟁이 코로나-19 팬데믹을 거치면서 군사·정치·경제·기술·가치·이념 등 전 분야로 확대되고 있다. 미국은 이념과 가치, 신장 위구르·홍콩·대만에서의 인권 문제, AI·5G·반도체 기술경쟁, 글로벌 공급망 재편 등 전방위적인 포위전략으로 중국을 견제하고 있다. 군사적으로는 중국의 남중국해에서의 공세적인 해군력 팽창에 대하여 인도-태평양 전략으로 대응하고 있다. 동맹을 기반으로 한 다자주의 접근을 추구하여 쿼드(QUAD)[1], 오커스(AUKUS)[2] 동맹, 동북아시아에서의 한·미·일 3각 동맹, 베트남·필리핀 등 남중국해 분쟁으로 대립하는 국가들을 규합하는 등 전략적 봉쇄를 달성함으로써 중국의 팽창을 견제하고 있다. 이러한 미중 패권경쟁은 2022년 2월 러시아의 우크라이나 침공을 계기로 미국을 중심으로 한 민주주의 진영과 중국을 중심으로 한 권위주의 진영이 충돌하는 양상으로 전개되고 있으며, 결과적으로 한미동맹

---

1 | 쿼드(QUAD): 미국의 인도·태평양 전략의 당사자인 미국·인도·일본·호주 4개국의 안보협의체.
2 | 오커스(AUKUS): 2021년 9월 체결된 미국, 영국, 호주의 인도-태평양지역의 3자 군사동맹.

에도 변화를 가져왔다.

2022년 5월 한미 정상회담에서는 과거의 안보 · 군사 위주의 한미동맹을 '글로벌 포괄적 전략동맹(Global Comprehensive Strategic Alliance)'으로 발전시킬 것을 재확인 하였다. 외교부는 글로벌 포괄적 전략동맹을 "한미 양국이 한반도 안보뿐 아니라 공급 망 재편, 첨단기술 등 새로운 도전과 기회에 대응하여 인도 · 태평양 지역과 글로벌 수 준까지 동맹의 지평을 확대해 나가겠다는 동맹의 미래 비전"으로 정의하고 있다. 또 한, 양국의 방위산업 협력 가능성이 증가하고 있음을 인식하면서, 국방상호조달협정 (Reciprocal Defense Procurement-Agreement, 이하 RDP)[3]에 대한 논의를 포함하여 방 산 분야에서의 공급망 참여, 공동연구개발 등 파트너십을 강화해 나가기로 합의하였 다. 2023년 4월에는 양국 대통령이 워싱턴 선언을 통해 글로벌 방위산업에서의 협력 을 강화하기 위해 RDP의 조속한 체결을 촉구하기도 하였다. 최근 2023년 8월에는 한 · 미 · 일 정상회의를 통해 안보, 경제, 첨단기술, 인적교류를 모두 포함하는 협력 과 공조를 강화하기로 합의하여 미국과의 포괄적 동맹관계가 일본을 포함한 포괄적 협력체로 확대되는 양상이다.

이처럼, 과거 안보 · 군사 위주의 한미동맹이 경제안보, 기술, 방산, 글로벌 공급 망 등 포괄적인 경제안보 동맹으로 변화하고 있어 이에 발맞추어 방위산업도 미국과 긴밀하고 포괄적인 협력을 위한 획기적인 전환점을 마련하여야 할 시점이다. 한국의 국방과학기술은 자주국방을 위한 정부의 적극적인 방위산업 육성정책과 함께 발전해 왔으며 최근에는 역대 최고치의 수출 실적을 갱신하는 등 해외 방산수출로 이어지고 있다. 스톡홀름국제평화연구소(Stockholm International Peace Research Institute, 이하 SIPRI)의 2023년 발표에 따르면 한국은 최근 5년(2018~2022년) 동안 세계 방산시장 수

---

3 | 국방상호조달협정은 양해각서(MOU) 또는 협정서(Agreement) 형식으로 체결되는데, 본 책에서는 일괄적으로 'RDP' 로 표현하기로 한다.

출 점유율 2.4%로 9위를 차지하였다. 이는 과거 5년(2013~2017년) 대비 184% 증가한 수치로서 같은 기간 다른 국가들에 비해 가장 가파른 증가세를 보이고 있다.

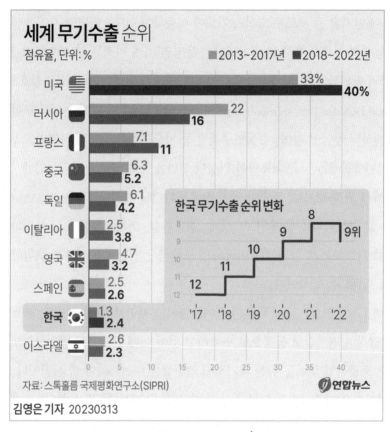

〈세계 무기 수출 순위〉[4]

---

4 | 황철환, "한국 2018~2022년 무기 수출 74% 급증…세계 9위", 연합뉴스, 2023.3.13., https://www.yna.co.kr/view/AKR20230313044800009?input=1195m

미국의 RDP와 한국의 방산수출전략

특히, 러시아와 우크라이나 전쟁이 장기화되면서 폴란드에 K2 흑표전차, K9 썬더 자주포, K-239 천무 다련장로켓을 수출하는 등 언론에서는 연일 K-방산의 눈부신 수출 성과를 보도하고 있다. 특히 러시아의 우크라이나 침공으로 인한 국제 정세의 불안으로 폴란드 및 유럽을 비롯한 세계 주요국은 방위비를 대폭 증액하고 있으며, 미중 패권경쟁으로 인한 블록화가 심화되면서 K-방산의 수출 증가세는 한동안 지속될 전망이다.

하지만, 아직도 한국의 방산수출 점유율은 글로벌 방산시장의 2.4%에 불과하다. 세계 방산수출 4대 강국으로 발돋움하기 위해서는 4위인 중국의 5.2%를 뛰어넘어야 한다. 현재 점유율 2.4%의 2배를 넘어서는 실적을 추가로 달성해야 가능한 목표로서 아직도 K-방산이 가야 할 길이 멀다. 날로 치열해지는 글로벌 방산시장에서 선진국과의 치열한 경쟁에서 우위를 달성하고 4위에 진입하기 위해서는 획기적인 전환점이 필요하며, 이를 위해 우선적으로 미국 방산시장의 개척이 필요하다는 목소리가 힘을 얻고 있다.

2020년 9월 산업연구원(KIET) 연구에 의하면, 미국은 미군 현대화 정책과 중국에 대한 견제를 위해 첨단 무기체계를 중심으로 한 국방획득사업을 강력히 추진할 것으로 예상하여 2020~2024년 5년간 가장 유망한 방산수출 대상국가로 선정된 바 있다.[5] 따라서 획기적인 전환점을 마련하여 방산수출을 촉진시키기 위해서는 가장 유망한 미국 방산시장을 우선 개척할 필요가 있다.

---

5 | 김미정·윤정선·안영수, "2020 KIET 방산수출 10대 유망국가", KIET 산업연구원, 2020.9.29., pp136~138.

순위	국가명 (가중치)	GDP (4.1)	한국 과의 관계 (6.3)	분쟁 가능성 (10.4)	2015~ 2019 방산수출 수주 (7.8)	2020~ 2024 무기획득 예산 (23.2)	방산제품 과의 연계성 (12.4)	예상 수출 규모 (14.4)	국방 협력 MOU (21.4)
1	미국	★	★	★	★	★	★	★	☆
2	인도	★	★	★	○	★	★	☆	★
3	사우디	☆	☆	★	●	★	★	☆	☆
4	필리핀	☆	☆	★	☆	●	★	☆	★
5	인도네시아	★	★	☆	☆	●	★	☆	★
6	호주	☆	★	△	△	★	☆	★	☆
7	UAE	●	●	●	★	☆	☆	☆	☆
8	말레이시아	☆	☆	●	△	●	☆	☆	★
9	폴란드	●	☆	●	△	☆	☆	△	☆
10	콜롬비아	○	●	☆	△	○	☆	☆	☆

자료: 산업연구원(KIET) 작성.
주: ★ A등급, ☆ B등급, ● C등급, ○ D등급, △ E등급.

〈KIET의 2020 방산수출 10대 유망국가〉

1.1.2 미국 방산수출 진입 및 확대 필요성

정부가 방산수출을 강력하게 추진하면서 2022년 폴란드와 대규모 수출계약을 체결하여 물꼬를 튼 이후에는 루마니아로 확대되는 등 유럽 수출길이 열렸고, 이어 동유럽 · 북미 · 호주 · 중동 · 아세안 시장 등에서도 봇물 터지듯 수출이 확산되는 양상이다. 그동안 저평가되었던 K-방산의 기술력이 미중 패권경쟁의 심화 및 러시아-우크라이나 전쟁 등의 세계정세 변화 속에서 가격 대비 경쟁력 있는 성능과 신속한 생산 및 조달 등이 강점으로 부각되면서 역대 최고 수출 실적을 갱신하고 있다.

하지만, 안타깝게도 이러한 호황이 계속된다고 장담하기는 어렵다. 한국의 방위산업이 세계 각국으로부터 좋은 평가와 함께 수출이 증가한 주요 원인으로 첨단 국방과학기술을 기반으로 한 우수한 성능, 신속한 생산 및 조달, 성능 대비 유리한 가격경쟁력 등을 꼽을 수 있으나, 러시아-우크라이나 전쟁으로 인한 일시적 요인도 크게 작용했기 때문이다. 2022년 2월에 발발한 러시아-우크라이나 전쟁이 19개월을 넘기고 있어 이제는 종전 이후도 대비해야 한다.

K-방산이라는 브랜드를 만들어 낼 만큼 큰 성과를 냈지만, 반짝호황에 그치지 않고 러시아-우크라이나 전쟁 이후에도 안정적인 방산수출 증가세를 유지하기 위해서는 정부의 방산정책과 방산업체의 수출전략이 매우 중요하다. 특히, 글로벌 방산수출 4위라는 목표가 일회성 구호로 끝나지 않고 지금의 방산수출 실적을 훌쩍 뛰어넘어 도약할 수 있도록 정부는 정책적인 지원을 아끼지 않아야 한다. 이러한 측면에서 다음과 같은 이유로 정부는 미국 방산시장 진출을 가장 우선적으로 고려해야 할 것이다.

첫째, 미국은 세계 최대의 군사력을 보유한 국가로서 가장 많은 국방예산을 지출하고 있어 한국의 방산업체가 진출한다면 매우 큰 규모의 방산시장을 확보함으로써 대규모 방산수출로 이어질 수 있기 때문이다. 미국의 국방예산은 2011년 정점을 찍은 뒤 감소했다가 중국과의 패권경쟁이 본격화된 2016년 이후 다시 증가하고 있는데, 이러한 증가세는 패권경쟁의 승자가 결정될 때까지 지속될 것으로 전망된다.

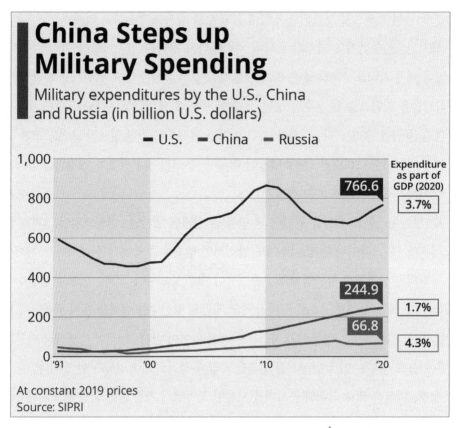

**China Steps up
Military Spending**

Military expenditures by the U.S., China
and Russia (in billion U.S. dollars)

- U.S. - China   - Russia

Expenditure
as part of
GDP (2020)

766.6   3.7%
244.9   1.7%
66.8   4.3%

1,000
800
600
400
200
0
'91   '00   '10   '20

At constant 2019 prices
Source: SIPRI

〈미국, 중국, 러시아의 국방비 지출 추세〉[6]

　미국은 쿼드, 오커스 등을 통해 동맹국을 규합하는 한편 남중국해에서의 '항행의 자
유작전(Freedom Of Navigation Operation)'과 대만해협에서의 미군 해군함정 통과 등
해양에서 중국을 견제하고 있는 가운데, 회계연도 2023년 국방비로 8,580억 달러[7]를
편성하였고 회계연도 2024년에는 중국과 러시아 등 주요 위협에 대응하기 위하여 사
상 최대의 국방예산을 편성할 것으로 예상된다.

---

6 ｜ https://en.wikipedia.org/wiki/Military_budget_of_the_United_States
7 ｜ 2023년 3월 기준 미국 회계연도 2023년 국방예산은 한국 2023년 국방예산의 19.5배에 해당

미국의 RDP와 한국의 방산수출전략

이에 대응하여 중국도 지속적으로 국방비를 증액해 왔으며, 2023년에는 전년 대비 7.1% 증액하였는데 이는 2019년 이후 전년 대비 최대 증가폭으로서 중국 경제성장 목표치로 제시한 5%를 훌쩍 상회하는 규모이다.[8] 경제 상황이 어려운 상황에서도 국방예산 증가폭을 키운 것은 치열한 미국과의 패권경쟁 속에서 인도-태평양 지역에서의 미국의 견제에 대응하기 위한 포석으로 풀이된다. 미국의 국방예산이 증가함에 따라 미국 방산시장도 커지고 있으며, 대규모로 발주되는 고가의 첨단 무기체계 외에도 소규모 전술장비 및 소프트웨어 등 다양한 소요(Requirements)가 넘쳐나고 있다. 따라서 세계에서 가장 큰 방산시장을 보유하고 있는 미국에 진출하여 대규모 방산수출 확대로 이어지는 계기를 만들어야 한다.

〈미국 해군, 항행의 자유작전(Freedom Of Navigation Operation)〉

---

8 | 조준형, "중국 국방비 7.1% 증액, … 경제성장목표 낮췄지만 방위비 더 늘려", 연합뉴스, 2022.3.5.

둘째, 미국과의 극심한 방산교역 불균형을 해소시키기 위함이다. 한국은 세계 방산수출 9위임에도 미국에 대한 수출 실적은 그에 어울리지 않을 만큼 초라하다. 미국과 적대 또는 경쟁관계인 중국과 러시아를 제외하면, 세계 방산수출 15개국 중에서 한국의 미국 방산수출 실적은 뒤에서 두 번째이다. 미국에 대한 방산수출 실적이 없는 튀르키예만이 한국의 뒤에 있을 뿐이다. 이처럼 극심한 미국과의 방산교역 불균형을 해소하기 위해서는 미국 방산시장을 적극적으로 개척하고 수출을 확대함으로써 격차를 줄이려는 노력이 필요하다.

셋째, 미국 방산시장에 수출함으로써 품질과 기술력을 인정받아 글로벌 경쟁력을 확보할 수 있기 때문이다. 민수 분야에서도 그러하지만, 특히 글로벌 방산시장에서 브랜드는 매우 중요한 가치를 지닌다. 구매국 입장에서는 대부분의 방산제품이 첨단 기술이 적용되는 고가의 제품으로서 국가안보와 직결되는 중요한 사항이므로 이미 검증된 브랜드 제품을 선호할 수밖에 없다. 이처럼 글로벌 방산시장에서 브랜드는 제품

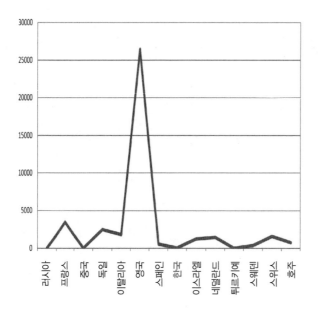

수출순위	국가	미국 수출 (TIVs*)
1	미국	–
2	러시아	16
3	프랑스	3,451
4	중국	0
5	독일	2,464
6	이탈리아	1,814
7	영국	26,441
8	스페인	545
9	한국	41
10	이스라엘	1,239
11	네덜란드	1,429
12	튀르키예	0
13	스웨덴	358
14	스위스	1,567
15	호주	738

〈세계 방산수출 상위 15개국의 1952~2022년간 대미 방산수출 실적〉[9]

미국의 RDP와 한국의 방산수출전략

의 신뢰성과 품질을 보증하는 중요한 역할을 한다. 따라서 세계 최고 방산수출국인 미국으로의 수출 실적은 품질에 대한 신뢰도를 향상시키고 결과적으로 방산업체의 글로벌 수출 경쟁력을 강화시킨다. 미국 방산수출 실적을 통해 검증된 K-방산 브랜드 인지도를 기반으로 적극적인 글로벌 마케팅을 한다면 더 많은 수출 기회를 얻을 수 있으며, 방산 네트워크를 매개로 우방국과의 파트너와의 협력관계를 확대할 수도 있다.

무엇보다도 미국 방산시장은 다양한 국제표준의 적용 등 규제가 엄격하며, 높은 수준의 안전성과 품질을 요구하고 있어 미국에서 인증받은 제품은 전 세계적으로도 그 품질을 인정받고 있다. 따라서 한국의 방산업체가 품질을 인정받아 미국 방산시장에 수출하는 것만으로도 글로벌 방산시장에서 충분한 경쟁력을 인정받는 계기가 된다. 미국 방산시장에서의 이러한 후광효과에 힘입어 글로벌 수출로의 확대를 모색해 볼 수 있다.

넷째, 미중 패권경쟁으로 인한 글로벌 안보환경을 유리하게 활용하여 미국 중심의 글로벌 공급망에 참여함으로써 유럽 등 우방국으로의 방산수출을 확대하는 계기로 삼을 수 있기 때문이다. 중국과의 패권경쟁이 심화되면서 미국은 반도체, 5G 등 전방위적으로 중국을 제외한 글로벌 공급망을 구축하기 위한 정책을 가속화하고 있으며, 이는 방위산업 분야에서도 마찬가지로 미국 국방부는 우방국과 동맹국을 중심으로 하는 글로벌 방산 공급망의 구축을 위해 고심하고 있다. 과거에는 경제와 안보가 분리된 개방형 공급망이었다면 최근에는 중국, 러시아 등을 중심으로 하는 권위주의 진영과 미국, 북대서양 조약기구(North Atlantic Treaty Organization, 이하 NATO), 호주, 일본 등의 자유주의 진영으로 분리된 폐쇄형 공급망으로의 재편이 빠르게 진행되고 있다. 특히, 최근 한 · 미 관계가 포괄적 경제 · 안보 동맹으로 진전됨에 따라 미국은 동맹국인

---

9 | SIPRI Arms Transfers Database, 2023.9.2., Figures are SIPRI Trend Indicator Values(TIVs) expressed in millions.

한국과의 적극적 협력을 기대하고 있으며, 방위산업 협력강화를 위한 RDP 체결도 그 어느 때보다 진지하게 논의되고 있다. 따라서 미국과 RDP를 체결함으로써 RDP의 기본목표인 국방조달의 합리화(Rationalization), 미군 장비와의 표준화(Standardization), 상호운용성(Interoperability)을 기반으로 미국을 포함한 우방국과의 합동군사작전 능력을 향상시켜서 안보를 강화하고, 미국 중심의 글로벌 공급망에 참여함으로써 유럽 등 우방국으로의 방산수출을 확대하는 계기로 삼아야 할 것이다.

마지막으로, 미국과의 공동연구개발 등 방산협력을 확대하여 첨단 국방과학기술을 교류하고 글로벌 경쟁력을 확보할 수 있다. 미국은 고도로 발전된 국방과학기술을 보유하고 있다. 미국 방산시장에서 활동하는 것은 한국 방산업체들이 첨단 국방과학기술 발전 추세를 확인하고, 기술 교류를 통하여 첨단과학기술을 습득할 수 있는 좋은 기회라 할 수 있다. 한국 방산업체들은 미국과의 공동연구개발을 통해 기술과 경험을 축적하여 글로벌 방산시장에서 경쟁력 있는 제품과 서비스를 개발할 수 있을 것이다. 특히, 미국은 중국과의 패권경쟁에서 상대적 우위를 달성하기 위하여 우방국과 동맹국 등 신뢰할 수 있는 국가를 대상으로 글로벌 공급망 구축 및 공동연구개발 등의 국방협력을 원하고 있다. 따라서 한국은 RDP를 체결하여 미국 방산업체와의 첨단무기체계 공동연구개발, 현지화 생산 등을 통해 미국 방산시장에서 경쟁력을 확보하고 세계 방산시장 수출점유율을 확대하는 기회로 삼아야 할 것이다.

1.1.3 미국 방산시장 확대를 위한 걸림돌

글로벌 방산수출을 확대하기 위한 최우선 과제로서 미국 방산시장으로의 본격적인 수출 확대가 필요하지만, 미국은 다양한 법·규범·제도 등을 통해 자국의 방산업체를 보호하기 위한 장벽을 높여 왔으며, 바이든 행정부에서는 더 강화되는 추세이다.

특히, 미국 연방조달시장에서의 수출은 미국산우선구매법(Buy American Act, 이하 BAA)에 의해 철저히 통제되고 있다. 외국산 제품에 대해서는 차별적인 추가비용을 부가함으로써 가격경쟁력을 떨어뜨리고 있다. 미국제품에 비해 월등히 성능이 우월하거나 아니면 유사한 성능을 발휘하더라도 충분한 가격 경쟁력이 확보되지 않고는 미국 시장에 명함조차 내밀기 힘든 것이 현실이다. 이처럼 미국의 방산시장 보호장벽은 다양한 법과 제도로 복잡하게 규율하고 있어 장벽을 모두 허무는 것은 어렵지만, 최소한 차별적인 비용의 부과 없이 미국 방산업체와 공정하게 경쟁할 수 있는 여건은 조성되어야 할 것이다.

그러한 빗장을 푸는 첫 단계가 바로 RDP 체결이라고 할 수 있다. 국내에서는 1980년대 말부터 한미 안보협력회의(Security Consultative Meeting)에서 한국의 요청으로 RDP에 대한 논의가 시작되었다. 당시 방위산업의 활성화를 위해서는 미국 방산시장 진출이 필요하다는 판단하에 RDP 체결을 통해 미국 방산시장의 진입장벽을 해소하고자 하였다. 그동안 정부는 관계부처 공동실무단 구성, 정책연구용역 수행 등을 수차례 검토하였으나, 상호호혜[10]적으로 한국의 방산시장도 개방해야 함을 인식하게 되었고, 이로 인하여 오히려 미국과의 방산교역 불균형이 심화될 것이라는 우려의 목소리가 힘을 얻으면서 현재까지도 추진이 보류되어 왔다.

하지만, 최근 미국의 방산시장에 대한 수출 확대 필요성 및 국내 방산시장 성숙 등을 이유로 RDP 체결을 재추진해야 한다는 의견이 다시금 제기되었다. 대통령도 2022년 12월 방산수출 전략회의에서 "방위산업은 미래의 신성장 동력이자 첨단산업을 견인하는 중추로서 정부는 방위산업이 국가안보에 기여하고 국가의 선도산업으로 커 나갈 수 있도록 적극적인 정부의 방산수출 지원"을 강조하였다. 이에 따라 방위산업을

---

10 │ 상호호혜(Reciprocity): 국제 관계 또는 조약에서 상호호혜의 원칙에 따라 상대국이 우호적이면 우호적으로, 비우호적이면 비우호적으로 대응한다.

첨단전략산업으로 육성하기 위하여 "첨단전력 건설과 방산수출 확대의 선순환구조 마련"을 국정목표로 선정하고, 국내 방산수출 시장 확대를 위하여 미국과의 상호주의 원칙 아래에서 양국의 방산시장을 개방하는 RDP 체결을 국정과제[11]로 추진할 것을 약속하였다. 이에 따라 2022년 10월에 국방부 차관을 위원장으로 하는 범정부 TF를 출범하여 2023년부터 본격적으로 RDP 체결을 추진하였다. 하지만, 최근 국방부 및 방위사업청을 중심으로 국내 방산시장이 잠식당할 수 있다는 신중론이 다시 힘을 얻으면서 지지부진한 상황이다. 2020년 안보경영연구원(SMI), 2022년 국방기술진흥연구소의 정책연구용역을 수행하였음에도 방향을 잡지 못하고 2023년 다시 정책연구를 수행하고 있다. 빨라야 2024년 이후에나 한미 간의 논의가 본격화될 전망이다.

RDP는 자유무역협정(Free Trade Agreement, 이하 FTA)과는 달리 방산협력을 위한 프레임워크(Framework)로 작동되고, 세부적인 협력방안은 별도의 정기적인 회의체를 구성하여 절차 · 범위 · 방법 등을 구체화하도록 설계되어 있음에도 불구하고, FTA와 같이 국내 방위산업을 모두 개방해야 하는 것으로 오해되어 RDP 체결이 지연되고 있다. 대통령의 정확한 상황 인식을 정책적으로 뒷받침하지 못하고 있는 양상이다.

그렇다면, 글로벌 방산수출의 확대를 위해 미국의 방산시장을 확대하는 것이 필요함에도 미국의 오랜 우방국이자 세계 9위의 한국은 왜 여태껏 RDP를 체결하지 않고 있는 것일까? 세계 방산수출 10위 이내의 우방국은 모두 미국과 RDP를 체결하였고, 유일하게 한국만이 RDP를 체결하고 있지 않다. 방산수출의 확대를 위해서는 RDP를 체결해야 한다는 목소리가 과거에도 있었으나, 아직까지도 국내 방산시장이 잠식될 수 있다는 막연한 우려의 목소리도 크다. 세계 방산수출 9위를 차지할 정도의 국방과학기술을 보유하고 K-방산이라는 브랜드를 가지고 글로벌 방산시장에서 그 역량을 인정받고 있음을

---

11 | 120대 국정과제 중 106번 과제 "첨단전력 건설과 방산수출 확대의 선순환 구조 마련": 한미 국방상호조달협정 체결을 통한 방산협력 확대(방산 분야 상호 시장개방을 바탕으로 美 글로벌 공급망 참여 기회 확대 및 안보동맹 공고화)

미국의 RDP와 한국의 방산수출전략

고려할 때 RDP 체결이 시기상조라는 주장은 다소 설득력이 떨어진다.

한국도 RDP 체결을 적극 검토할 필요가 있다는 전제하에 RDP 체결국의 협정서에 대한 비교 및 분석을 통해 국내 방위산업에 미치는 영향을 구체적으로 살펴보고 어떻게 RDP를 체결할 것인지에 대한 정책방향을 수립할 필요성이 있다. 따라서 국가별 RDP 체결목적 및 각국의 방위산업에 미친 영향 등을 파악하여 국내산업 보호대책을 사전에 강구하고, 협상전략 수립 시 참고자료로 활용함으로써 국익에 부합하는 추진 전략을 마련해야 하겠다.

1.2 연구 범위 및 방법

글로벌 방산수출 확대라는 호기를 앞에 두고 정확한 근거 없이 막연한 불안감으로 수십 년 동안 이어 온 RDP 체결 필요성에 대한 논란이 계속되는 것이 안타깝다. 필자는 수십 년 동안 진행된 논란을 해소하기 위해 RDP 제도를 실체적으로 분석하고 최선의 정책방향을 제시하기 위한 방안을 찾고자 고민하였다. 이를 위하여 28개 RDP 체결국의 협정서서를 모두 분석하여 국내 방위산업에 미치는 영향이 어떠한지를 다음과 같은 절차에 따라 구체적으로 살펴보겠다. 첫째, RDP 체결국에 대한 협정서를 조문별로 비교 및 분석하여 법적으로 어떠한 함의(含意)가 포함되어 있는지 살펴보고자 한다. 둘째, RDP 체결로 방산수출 또는 국내 방산시장 잠식 가능성에 대하여 알아본다. 셋째, RDP 체결국들의 체결 전후 수출입 실적 변화를 정량적으로 분석하여 어떠한 영향이 발생하였는지 살펴본다. 마지막으로, 앞선 분석 결과를 바탕으로 RDP 체결 필요성과 체결 시 정부 협상방안을 포함한 정책제언을 하고자 한다.

1.2.1 연구 범위

RDP를 체결하는 경우 국내 방위산업과 미국의 방산시장 진출에 미칠 수 있는 영향을 분석하기 위하여 먼저 미국 방산시장의 해외 방산업체 진입을 제한하는 각종 법률과 제도에 대하여 살펴보고, RDP 배경, 개념 등에 대하여 집중 분석하였다. 또한 RDP 체결국의 협정서 또는 양해각서를 조항별로 상호 비교하고 영향을 분석하였다. 신뢰성 있는 분석을 위해 향후 한국의 글로벌 방산시장에서의 주요 경쟁대상인 세계 방산수출 실적 상위국가 가운데 RDP 체결국을 중심으로 어떠한 내용들이 RDP에 포함되어 있는지를 분석하였다. 이를 바탕으로 국내 방위산업의 강점을 극대화하고 단점은 최소화함으로써 K-방산수출을 확대하기 위한 RDP 협상전략을 제시하였다.

본 책은 크게 9장으로 구성되어 있다. 1장에서는 연구의 배경 및 목적을 설정하고, 이를 달성하기 위한 연구범위 및 방법을 제시하였다. 2장에서는 RDP 개념과 배경 등을, 3장에서는 국내외의 선행연구 결과를 살펴보았다. 4장에서는 미국 방산시장에 대한 해외 방산업체의 진입을 제한하는 미국의 법률과 제도 등을 알아보고, 5장에서 세계 방산수출 10위 이내 국가 중에서 국방상호조달협정을 이미 체결한 주요국과 미국의 RDP 정책 변화 이후 2000년대 8개국 등을 중심으로 협정서 또는 양해각서 내용을 비교[12] 및 분석하였다. 6장에서는 RDP 체결로 인하여 어떠한 영향이 있을지에 대하여 살펴보고, 제7장에서는 RDP 체결을 위한 한국의 협상전략을 제시한다. 8장에서는 한국형 RDP 협력모델로서 함정사업을 제시하였으며, 마지막으로 9장에서는 본 연구의 결론으로 연구의 요약 및 시사점, 그리고 정부의 RDP 정책추진에 대한 제언 등을 제시하였다.

---

12 | 스웨덴 스톡홀름 국제평화문제연구소(SIPRI)에서 발표한 2017~2021년 세계 방산수출 10대국 중에서 당사자인 미국과 미체결 3개국(한국, 중국, 러시아)을 제외한 프랑스, 독일, 이탈리아, 영국, 스페인, 이스라엘

1.2.2 연구 방법

국내 및 해외 문헌연구, 28개 RDP 체결국 협정서 비교 및 분석, SIPRI의 무기이전 (Arms Transfer) 데이터를 활용한 정량적 자료분석 등을 통하여 RDP 체결이 국내 방위 산업에 미치는 영향을 살펴보겠다.

첫째, 문헌연구는 국내 다양한 정책연구용역 및 언론자료를 폭넓게 분석하여 다양 한 목소리를 수렴하였다. 특히 과거의 정부의 정책결정을 위해 수행되었던 정책연구 용역 및 관련 선행문헌을 심도있게 분석하였다. 정책연구용역의 상반된 연구 결과가 단순히 방위산업의 여건 변화에 기인한 것인지 아니면 분석 과정에 있어서 오류가 있 었던 것인지 구체적으로 살펴보았다. 또한, RDP가 미국 정부의 자국산우선구매법에 관련된 협정임을 고려하여 미국 의회, 국방부, 국무부 등 정부기관에서 발행된 각종 보고서 및 공개 간행물 자료 등을 연구하였다.

둘째, 미국과 RDP를 체결한 28개국의 협정서를 확보하여 조문 단위로 비교함으로 써 국가별로 어떠한 차이가 있는지 살펴보고 그 함의(含意) 및 영향성을 분석하였다.

셋째, 앞서 분석한 자료에 대한 신뢰성을 높이기 위하여 SIPIRI의 무기이전 실적 데이터, 방위사업청, 국가기술진흥연구원 등 방위산업 관련 정부기관에서 발표한 각 종 통계 및 조사자료 등을 활용하였다.

2장 RDP 개관

2.1 RDP 개념

RDP는 미국과 체결국 상호 간의 국방조달에 관련된 약속으로 통상 양해각서 (MOU) 또는 협정서(Agreement) 형태로 체결되고 있다. 즉, 미국의 국방부가 동맹국 또는 우방국의 국방부를 대상으로 서로의 국방 장비 및 용역의 구매·조달을 포함한 방산협력을 강화하기 위하여 개략적인 협력범위, 이행절차 및 방법 등을 정하여 체결하는 MOU 또는 Agreement를 말한다. RDP를 체결한 상대국가와의 방산협력 및 방산교역을 증진시키고 무역장벽을 완화하여 공정한 경쟁을 보장하는 것을 목적으로 하기 때문에 국방 분야의 FTA라고 불리기도 한다.

미국은 자국의 산업을 보호하기 위하여 연방 공공조달에 있어 해외업체에 불리한 법령이나 규정을 적용함으로써 방산시장의 벽을 높이고 있으나, RDP 체결국에 대해서는 미국 방산업체와 가격경쟁에서의 불공정한 차별 없이 참여할 수 있도록 예외를 인정함으로써 장벽을 낮추고 있다. RDP는 구체적인 이행방안 등에 대하여 확정하는 협정이라기보다는 방산협력의 개략적인 틀을 정하고 있어 일종의 프레임워크를 형성하는 단계라고 보는 것이 타당하다.

미국의 RDP와 한국의 방산수출전략

2.2 RDP 역사적 배경

미국이 RDP 체결을 통해 의도하는 것이 무엇이며 어떠한 영향이 예상되는지 살펴 보기 위해서는 RDP의 역사적인 배경을 먼저 이해해야 한다. 1949년 구소련의 위협에 대항하기 위해 미국, 캐나다 등 12개국은 NATO를 창설하였다. 1950년대 초 NATO 회원국들은 국방 및 방위산업에서의 협력을 시도하였으나 성공적인 결과를 얻지 못했 으며, 이후 1950년대 후반 회원국으로부터 효율적인 방산협력을 이끌어 내기 위해서 는 기본적인 군사작전 소요에 기반한 합의가 필요하다는 것을 인식하게 되었다.

이에 따라 NATO는 합리화(Rationalization), 표준화(Standardization) 그리고 상호 운용성(Interoperability)을 기반으로 군사력을 확보하는 것으로 방향을 정했다. 특히 표준화와 상호운용성은 그 특성상 NATO의 군사작용과 맞물려 있었다. 때로는 외 부에 대항하기 위하여 합동군사작전을 수행해야 하는 상황도 발생할 수 있기 때문이 다. 하지만 이러한 노력은 실질적인 성과로 이어지지 못하였고, 1976년 NATO 회원 국들은 방산협력 강화와 군비정책을 본격적으로 논의하기 위하여 유럽독립사업그룹 (Independent European Program Group, 이하 IEPG)을 설립하였다. IEPG는 유럽지 역의 방산협력을 강화하기 위해 창설된 방위산업 협의체로서 아이슬란드를 제외한 NATO 동맹국과 튀르키예가 가입하고 있었는데, 유럽 방위산업의 효율성 제고 및 미 국과의 방산협력 시 유럽 국가들의 입장 강화 등을 주된 목적으로 하였다.[13]

당시 대부분의 NATO 국가들은 미국과의 극심한 방산교역 불균형에 대하여 강한 불만을 가지고 있었는데, 미국은 이러한 불만을 해소하고 정치·군사적인 유대관계 를 계속 유지하기 위하여 1970년대 후반 IEPG 13개 회원국 중 그리스를 제외한 12개 국과 RDP를 체결하였다. 당시 RDP 체결로 표면적으로는 유럽 방산시장에서 미국 방

---

13 | 박성완, "EU 방위조달지침의 개관", 선진국방연구, Vol.2, No.3, 2019, pp53~70.

산업체도 유럽 방산업체와 동등한 접근이 보장되는 것처럼 보였으나, 유럽 국가들과의 방산교역 비율이 8 대 1로 미국이 월등했기 때문에 이러한 상호호혜의 원칙은 RDP 협상에서의 고려사항이 아니었다. 반대로 미국은 NATO 국가들의 불만을 해소시키기 위하여 방산교역 불균형을 줄이는 데 중점을 두었다.

이러한 노력에도 불구하고, RDP는 미국이 의도한 바와 같이 원활하게 작동되지 않았다. 미국 의회의 4개 입법 보조기관 중 하나인 회계감사원(U.S. Government Accountability Office, 이하 GAO)[14]은 1991년 의회보고서[15]에서 RDP를 지속하는 것에 대하여 국방부 내에서 논란이 되고 있다고 주장하였다. 미국은 RDP 체결국에 대하여 관세 면제 등의 혜택을 제공하고 있으나, 일부 유럽 국가들은 RDP 체결 이후에도 여전히 미국 방산업체에 관세를 부과하는 등 RDP가 유럽 방산업체에 일방적으로 유리한 결과를 낳았다는 것이다.

이듬해 1992년 GAO의 다른 의회보고서[16]에서는 RDP는 미국 또는 유럽의 방산업체에 공정한 대우를 보장하지 않았다고 한다. 미국은 BAA의 적용을 면제하였지만, 일부 동맹국들은 자국의 이익을 우선시하여 RDP 협의사항을 제대로 이행하지 않았으며, 이에 항의할 경우 향후 계약 참여 기회를 잃을 것을 우려하여 미국 방산업체들은 제대로 이의 제기도 하지 못했다고 한다. 보고서는 결론적으로 미국 국방부가 RDP 체결을 통해 유럽에서 공정한 상호호혜적 대우를 받지 못하며, 미국 방산업체의 수출을 지원하기 위한 역할도 적절하게 수행하지 못하는 문제를 해결하기 위해 RDP 체결국들이 RDP를 이행하도록 권고하고 감독 및 감시할 수 있는 체계를 구축해야 한다고

---

14 | 미국 회계감사원: 의회조사국, 의회예산처, 기술평가원과 함께 미국 의회의 4대 입법보조기관 중 하나이다. 미국 의회 산하의 회계, 평가, 조사를 하는 미국 연방정부의 최고감사기관

15 | GAO, "European Initiatives: Implication For U.S. Defense Trade and Cooperation", 1991.4.

16 | GAO, "International Procuremnt; NATO Allies' Implementation of Reciprocal Defense Agreement", 1992.3.

강조하였다.

이처럼 RDP는 초기에는 미·소 냉전시기에 공산진영에 대응하기 위해 우방국 및 동맹국과의 협력관계를 증진시킬 필요성에서 대두되었으며, 미국은 방산교역의 불균형에 대한 유럽 국가들의 불만을 상쇄하기 위하여 RDP 이행 과정에서 상대적으로 불리함도 감수하였다. 하지만 1991년과 1992년 GAO의 RDP 이행 과정에서의 문제점이 보고되고 개선 필요성이 제기되면서 이후 MOU보다 Agreement가 선호되고, RDP 협정서에 비구속적인 용어보다는 구속적인 용어들이 많이 사용되는 등의 변화가 나타난 것으로 보인다.

2.3 RDP의 정책적 배경

미국 국방부에 의하면 RDP는 미국 우방국에 대한 안보협력(Security Cooperation) 정책의 일환으로 활용되고 있다고 한다. 즉 우방국과의 협력을 통해 상호 방산시장에 대한 진입장벽을 낮춤으로써 상호 무기체계에 대한 표준화 및 상호운용성을 증진시키고, 합동군사작전 등을 원활하게 할 수 있도록 보장하기 위한 대외안보정책 수단으로 활용하고 있다는 것이다. 이러한 정책적인 배경을 이해하기 위해서는 먼저 미국의 대외안보정책에 대해 살펴보는 것이 필요하다.

동서고금을 막론하고 한 나라의 대외정책은 국가의 이익을 우선하여 수행되어 왔으며, 미국도 예외는 아니어서 우방국과의 관계에서 자국의 이익을 가장 우선하였으며, 이러한 목적을 달성하기 위해 안보지원(Security Assistance) 정책을 국가안보의 중요한 수단으로 활용하였다. 안보지원정책은 우방국에 대하여 미국이 생산한 군수품과 용역을 지원할 수 있도록 법률로 승인된 제도로, 궁극적으로는 미국의 대외정책 및 국가안보 목표를 달성할 목적으로 수행되고 있으며 단순히 미국에서 생산한 무기 등 국방물자를 우방국에 지원하는 군사적인 차원을 넘어 무상증여 · 차관 · 현금판매 · 임차 등 다양한 형태의 경제적인 원조까지 포함하는 포괄적인 개념의 외교정책이라고 할 수 있다.

미국이 안보지원정책을 도입한 것은 제2차 세계대전 이후로, 미국과 소련을 중심으로 세계가 동서로 양분되자 미국이 소련 공산주의의 확산을 민주주의 및 자국의 안보에 대한 심각한 위협으로 인식하게 되면서부터이다. 즉, 공산진영의 팽창을 저지하기 위해서는 우방국에 대한 군사적 · 경제적 지원이 필요하다고 판단하였고 궁극적으로 소련과의 패권경재에서 승리하여 미국의 이익을 달성하기 위한 수단으로 안보지원정책을 적극적으로 수행하기 시작한 것이다.

역사적으로는 1947년 3월에 트루먼 독트린(Truman Doctrine)을 통해 그리스와 튀르키예에 군사원조를 시작하였고, 1947년 7월부터 4년에 걸쳐 마셜 플랜(Marshall Plan)을 통해 피폐해진 유럽 우방국의 재건을 돕기 위한 무상 경제지원을 제공하였다. 그러나 이후 안보지원정책은 한국전쟁과 베트남전쟁, 우방국들의 경제발전, 소련 붕괴에 따른 미국 중심의 새로운 국제질서 재편, 무기시장 경쟁 등의 대외적인 여건의 변화와 미군의 해외주둔병력 감축, 군사력 재편, 9.11 이후 대(對)테러전 수행을 위한 방위비 및 군사력 강화 추세 등 대내적인 여건의 변화가 겹치면서 미국의 이익을 강화하는 방향으로 변화되었다. 실제로 우방국에 대한 미국의 군사지원은 제2차 세계대전 이후 1960년대 중반까지는 우방국의 열악한 경제현실과 대(對)소련 봉쇄정책에 따라 '무상원조(無償援助)' 형태로 수행되었으나, 우방국 경제여건이 개선되면서 '유상판매(有償販賣)'로 전환되었으며 소련 붕괴 이후에는 기존의 보수적 안보지원정책에 '경제논리'가 도입되었다.

2000년대에 들어서는 첨단화 · 고가화되는 무기체계 발전 추세에 따라 기술적으로 앞서는 우방국들과 협력을 강화할 필요성을 인식하게 되면서 협력적 안보지원을 강화하는 추세이다. 이렇듯 미국의 대외정책은 초기에는 정치 · 군사적 전략목표 달성을 우선으로 추진되었으나, 대내외 여건이 지속적으로 변화되었고 경제논리가 도입되면서 국가안보와 더불어 경제적 이익에 부합되는 방향으로 바뀌어 왔으며, 지금은 미국 경제의 중요한 수단으로 활용되고 있다. 이처럼 안보지원정책은 미국의 대외정책 및 국가안보의 주요 수단으로서 빠르고 복잡하게 변화하는 세계의 정치·경제·사회적 환경 및 여건에 따라 세계평화 증진, 자유민주주의 유지, 경제적 번영과 연계되어 지속적으로 발전되어 왔다. 하지만 해외 우방국에 대한 순수한 안보지원 수단으로 시작된 초기와는 달리 냉전 종식 이후에는 경제논리가 도입되면서 궁극적으로는 미국의 국가안보 및 국익에 부합되는 방향으로 안보지원정책이 수행되었다.

안보지원정책은 독립전쟁(American War of Independence, 1775~1783년) 이후 미국 대외정책의 근간이 되어 왔으나, 제도화된 것은 제2차 세계대전(1939~1945년) 이후로서 미국의 대외정책으로 채택된 이후 일관되게 수행되어 왔다. 그러나 1997년 국방부의 국방개혁구상(Defense Reform Initiative) 과정에서 급변하는 세계정세에 발맞추어 미군이 좀 더 다양하고 확대된 역할을 수행해야 한다는 주장이 제기되었다. 이에 따라 국방부는 1998년 당시 안보지원정책을 수행하던 국방안보지원국(Defense Security Assistance Agency)이 안보지원정책을 포함한 모든 해외 군사지원 활동을 통합하여 관리하도록 하였으며, 이후 효율적인 임무 수행을 위해 국방안보협력본부(Defense Security Cooperation Agency)로 조직을 개편하여 현재까지 유지되고 있다. 이에 따라 안보지원정책은 국무부 및 국방부에 의해 수행되고 있으며, 미국 연방법[17]에 의해 승인된 주요 안보지원 프로그램은 다음과 같다.

---

17 | 대외지원법(Foreign Assistance Act), 무기수출통제법(Arms Export Control Act)

구분	안보지원프로그램	주관기관
1	대외군사판매(Foreign Military Sales)	국방부
2	대외군사건설용역(Foreign Military Construction Services)	
3	대외군사차관(Foreign Military Financing Program)	
4	임차(Leases)	
5	군사원조 프로그램(Military Assistance Program)	
6	국제군사교육훈련(International Military Education &Training)	
7	특별인출(Drawdowns)	
8	경제지원기금(Economic Support Fund)	국무부
9	평화유지군 활동(Peace Keeping Operations)	
10	국제 마약통제/법률 집행(International Narcotics Control&Law Enforcement)	
11	핵 비확산, 대테러, 지뢰 제거 및 관련 프로그램 (Non-proliferation, Anti-terrorism, Demining & Related Programs)	
12	무기수출통제법에서 인가된 직접상업판매(Direct Commercial Sales)	

〈미국의 안보지원프로그램〉

안보지원정책 중에서 국방부에서 주관하는 정책은 별도로 안보협력 프로그램이라고 한다. 안보협력(Security Cooperation)은 용어는 2004년 6월 국방부 내에서 최초로 공식화되었는데, 이후 2008년 10월 국방부 훈령을 통해 우방국과 공동의 전략목표를 달성하기 위해 국방부에 의해 수행되거나 관리되는 모든 대외활동을 포괄하여 안보협력으로 규정[18]하고 국방부에서 관리하고 있던 안보지원 프로그램도 안보협력 범주에 포함시켰다. 이에 따라 다음 그림과 같이 12개 안보지원 프로그램 중에서 대외군사판매, 대외군사건설용역, 대외군사차관 등 7개 안보지원 프로그램은 국방부에서 안보

---

18 | DoD Directive 5132.03, "DOD Policy and Responsibilities Relating to Security Cooperation", 2008.10.24.

미국의 RDP와 한국의 방산수출전략

협력의 일부로 수행되며, 이를 제외한 5개의 안보지원 프로그램은 국무부에서 수행하고 있다. 국무부에서는 미국의 국익 증진을 궁극적인 목표로 하여 모든 안보지원 프로그램에 대한 전반적인 방향과 정책을 제시하며, 국가별 정치·군사·경제 상황을 고려하여 안보지원 프로그램을 결정하는 등 총괄적으로 관리·감독하고 있다.

국방부에서 수행하고 있는 RDP도 경제적인 목적보다는 우방국과의 안보협력을 우선하는 협정이라는 점에서 안보협력 정책의 일환이라고 할 수 있다. 특히, 미중 패권 경쟁이 심화되는 가운데 급변하는 안보환경에 대응하여 동맹국 간의 결속력을 강화하는 수단으로 RDP를 활용해야 한다는 미국 내 목소리가 최근에 높아지고 있는 것도 같은 맥락이라고 할 수 있다.

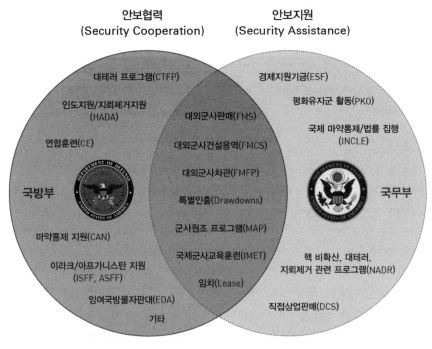

〈미국의 안보협력프로그램과 안보지원프로그램〉

2.4 체결국에 대한 혜택

RDP는 체결국에 대하여 BAA의 적용을 면제하기 위해 우회적인 메커니즘을 활용하고 있다. 즉 RDP를 체결하였다고 체결국의 방산업체를 미국 방산업체와 동일한 경쟁 여건을 직접 보장하는 것이 아니다. BAA 적용 예외조항인 공공이익(Public Interest)을 근거로 하여 미국제품을 조달하는 것이 공공이익에 부합되지 않는 경우 해외 방산업체에 대한 BAA의 차별적인 비용부과를 면제함으로써 결과적으로 공정한 가격경쟁이 되도록 하고 있다. 미국 국방부는 국방조달규정(Defense Federa Acquisition Regulation Supplement, 이하 DFARS)에서 RDP 양해각서 또는 협정서를 체결한 국가를 적격국가(Qualifying Country)로 규정하고 이 국가들에 대하여 BAA의 차별적인 비용을 부과하는 것은 공공이익에 부합되지 않는다고 보아 BAA 적용을 면제하는 것이다. 결국 RDP를 체결했다는 것은 그 자체로 미국의 공공이익에 기여하고 있다는 의

DFARS 252.225-7001 Buy American and Balance of Payments Program. 미국산구매법 및 국제수지 프로그램

(a) Definitions 정의
"Qualifying country" means a country with a reciprocal defense procurement memorandum of understanding or international agreement with the United States in which both countries agree to remove barriers to purchases of supplies produced in the other country or services performed by sources of the other country. Accordingly, the following are qualifying countries: 28 countries including Australia.
"적격국가"란 미국과 국방상호조달 양해각서 또는 국제협약을 체결하여 상대국에서 생산된 물자의 구매 또는 상대국의 공급원이 수행하는 용역에 대한 장벽을 제거하기로 합의한 국가를 의미한다. 이에 따른 적격국가는 호주 등 28개국이다.

⟨RDP 적격국가(Qualifying country)⟩

미이다. 2023년 9월 현재 호주 등 28개국이 적격국가로 지정되어 있다.

적격국가에 대해서는 BAA의 적용 면제, 국제수지 프로그램(Balance of Payments Program) 면제, 관세 등 일부 세제 면제 혜택을 부여하고 있다. 즉, 국방연방조달 분야에서 미국산 방산물자와의 가격 차별을 제거하여 해외 방산업체들이 미국 방산업체와 공정하게 경쟁할 수 있도록 BAA 등의 적용을 면제하는 것이다. DFARS에서는 "미국 국방부는 양해각서 및 기타 국제협약에 따라 오스트리아를 제외한 27개 적격국가로부터 요구조건을 충족한 최종제품을 획득하는 데 있어 BAA 또는 국제수지 프로그램을 적용하는 것이 공익에 부합되지 않거나 오스트리아로부터 요구조건을 충족한 최종제품의 개별구매가 공익에 반하는 경우 BAA 및 국제수지 프로그램 적용을 면제될 수 있다."고 명시하고 있다. 결국 RDP를 체결한 28개 적격국가(포괄구매 27개국, 개별

DFARS 225.103 Public interest exceptions for certain countries are in DFARS 225.872(Contracting with qualifying country sources). 공공이익으로 인한 예외의 적용은 DFARS 225.872에 명시된 적격국가로서 계약을 체결한 국가들에 해당된다.

DFARS 225.872-1 General.
(a) As a result of memoranda of understanding and other international agreements, DoD has determined it inconsistent with the public interest to apply restrictions of the Buy American statute or the Balance of Payments Program to the acquisition of qualifying country end products from the following qualifying countries : 28 countries including Australia. 양해각서 및 기타 국제협약의 체결로 국방부는 다음의 적격국가(호주 포함 28개국)의 최종제품을 획득하는 데 미국산구매법 또는 국제수지 프로그램을 적용하는 것이 공익에 부합하지 않는다.
(b) Individual acquisitions of qualifying country end products from the following qualifying country may, on a purchase-by-purchase basis, be exempted from application of the Buy American statute and the Balance of Payments Program as inconsistent with the public interest : Austria. 다음과 같은 적격국가(오스트리아)로부터 최종제품을 개별구매하는 경우 미국산구매법 및 국제수지 프로그램의 적용은 공익에 부합되지 않으므로 면제될 수 있다.

〈적격국가에 대한 BAA 등의 면제〉

구매 1개국) 모두 미국의 공익에 부합되지 않는 경우 BAA, 국제수지 프로그램, 관세 등의 적용을 면제할 수 있음을 의미한다. 다만, 국제수지 프로그램은 대부분 면제대상에서 제외되고 있다. 이에 대해서는 뒤에서 자세히 언급하겠다.

이처럼 미국은 28개국과 RDP를 체결하여 적격국가 지위와 더불어 BAA 면제, 관세 면제 등 가격경쟁 측면에서 미국 방산업체와 동일한 혜택을 부여하고 있다. BAA에 의하면 제조품의 경우 미국 내에서 제조되어야 하고, 미국산 구성품의 원가가 전체 구성품의 55%를 넘어야 미국산으로 인정된다. 55%를 넘지 않으면 수출원가에 50%의 차별적인 금액을 할증하여 부과하는데, 이 비율은 2024년에 65%, 2029년에는 75%까지 상향될 예정이다. RDP 체결국에 대해서만 이러한 적용을 면제하고 있어 RDP 체결국이 아닌 경우 가격경쟁력에서 밀려 사실상 미국 시장 진출이 어렵다. 한국도 BAA를 적용받기 때문에, 미국시장에서 경쟁국이 RDP 체결국이고 제품의 성능이 유사하다면 훨씬 저렴한 가격을 제시한다고 해도 오히려 더 비싼 것으로 평가되어 불이익을 받을 가능성이 높다.

주목할 점은 BAA에 있어서 미국산 판단은 생산시설의 위치를 기준으로 한다는 것이다. 이에 따라 미국 영토에 생산시설이 있다면 그 소유권에 무관하게 미국산으로 간

FAR 25.101(a)(2)(i) Except for an end product that consists wholly or predominantly of iron or steel or a combination of both, the cost of domestic components shall exceed 60 percent of the cost of all the components, except that the percentage will be 65 percent for items delivered in calendar years 2024 through 2028 and 75 percent for items delivered starting in calendar year 2029. 전체 또는 대부분이 철 또는 강철 또는 이들의 조합으로 구성된 완성품을 제외하고, 국내부품 비용은 전체 부품 비용의 60%를 초과해야 한다. 이 비율은 2024년부터 2028년까지 납품된 품목의 경우 65%, 2029년부터 납품되는 품목의 경우 75%가 적용될 것이다.

〈미국 연방조달규정의 미국산 인정비율〉

미국의 RDP와 한국의 방산수출전략

주하므로 미국 현지에서 생산한 무기체계를 납품하는 경우에는 BAA 적용을 받지 않는다. 따라서 미국 현지에 생산시설을 구축하고 법인을 설립하여 수출하는 경우 미국산으로 간주되어 RDP와는 무관하게 BAA 적용을 받지 않는다.

2.5 RDP 구성

RDP 협정서는 크게 기본협정서와 세부내용을 협의하여 추가하는 부속서(Annex)로 구분할 수 있다. 일반적으로 RDP 기본협정서에는 미국과의 방산협력의 틀을 마련하기 위한 기본적인 원칙, 범위 등에 대한 포괄적인 내용이 포함되고, 세부내용은 별도의 부속서를 통해 구체화하고 있다. 기본협정서는 미국 국방부의 표준양식이 있다. 기본협정서의 세부내용은 국가별로 유사한 부분도 많으나 합의내용에 따라 조금씩 다르다.

기본협정서는 전문, 본문, 서명의 세 가지 영역으로 구분된다. 첫째, 전문(Preamble)에는 체결목적 등 상호호혜 원칙하에 RDP 체결에 따른 양국의 기대사항을 기술한다. 둘째, 본문(Body)은 10개의 기본항목으로 구성되며, 양국 간 국방조달에서의 공정한 기회 보장이라는 원칙하에 적용범위, 무역 불균형 해소, 관세 및 세제의 면제, 조달 절차, 상호방문 원칙 및 절차, 효력발효일과 기간, 해지 등에 관한 내용을 포함한다. 셋째, 서명(Signatures of Both Parties)에는 조약체결 당사자의 서명이 포함되는데, 미국 국방부장관과 체결국 국방부장관이 조약체결 당사자로서 서명한다.

이에 비해 부속서는 RDP 이행에 관한 구체적이고 직접적인 협력내용 등을 포함하고 있으며, 정형화된 형식 없이 체결국과 미국과의 구체적인 협력내용 등을 담고 있다. 부속서는 최초 RDP를 체결하면서 함께 포함하거나 RDP 체결 이후 구체적인 협력방안을 논의하여 추가하는 두 가지 방법이 있다. RDP 체결로 인한 우려를 해소하기

Preamble(전문) : 상호호혜 원칙하에 MOU 체결에 따른 양국의 기대사항

- 체결목적 : 합리화, 표준화, 상호운용성 및 상호군수지원을 촉진

- 협정 당사자 요구사항

(1) 우호적인 관계로 발전 및 강화 (2) 각 국가의 방위사업 역량 강화

(3) 국방기술 교환의 촉진 (4) 국방자원의 합리적 사용 및 비용 대비 효과 추구

(5) 상호 유익한 범위 내에서 법, 규정, 국제적 책무에 부합되도록 차별적 장벽 제거

Body(본문) : 10개의 기본항목으로 구성

제1장 Applicability(적용범위) : MOU에 적용되는 국방조달의 범위 및 양국의 법률, 규정 및 정책에 의거 제외되는 예외조항(군수품과 연구개발의 조달에 적용되나 건설, 건설계약으로 제공된 건설물자 조달에는 미적용)

제2장 Principles(원칙): 상호조달을 위한 구매 장벽 제거, 상대국 기업에 대한 대우, 조달정보 제공 등에 관한 기본원칙

- 국방조달에 있어 각국의 책임기관은 공정한 경쟁을 허용

- 국방조달 시 무역장벽의 제거

- 조달관련 법, 규정, 정책 및 행정절차에 대한 정보의 교환

- 소요와 계획된 구매 관련 정보 제공

- 타국 회사의 제안서 제출에 대한 충분한 시간 제공

- 기술정보, 소프트웨어 및 재산권 보호

- 모순되는 언질을 주는 내용 작성 회피

- 타국 회사에 수주되는 국방조달 금액에 대한 통계 제공

제3장 Offset(절충교역) : Offset이 양국 방산기반에 미치는 부정적인 영향을 제한하는 방안을 논의

제4장 Customs and Duties : MOU에 적용받는 조달에 대한 관세 및 제세 면제

제5장 Procedures(절차) : 양국 입찰참가자에게 제공해야 할 정보, 시간, 통보사항

- 경쟁적 절차의 사용

- 조달기회 공고 : 계약대상품목, 오퍼/입찰 참가신청서 접수기간, 입찰서류 제출 및 관련 자료를 요청할 수 있는 주소

- 입찰신청을 권유할 기본규칙 : (1) 입찰권유의 가용성 및 입찰권유의 내용(특히 평가 판단기준),

(2) 업체선택절차

- 탈락업체에 대한 통지 및 결과 설명

- 항의, 논쟁 및 상소를 위한 절차 발표 및 적절성

제6장 Industry Participation(방산업체의 참여) : MOU 존재에 대한 관련업체 통보는 양국정부의 책임이지만, 조달사업에 대한 참여 기회의 발견은 양국 방산업체의 책임(비즈니스 기회를 발견할 주책임은 각 국가의 회

사에 달려 있음)

제7장 Security(보안) : MOU에 의거 제공된 군사정보 보안에 대한 일반협정을 존중
제8장 Implementation and Administration : 협정체결 후 합의서를 이행하기 위한 책임기관, 연락담당
제9장 Implementing Arrangements : 협정의 이행(부록)
제10장 Duration and Termination : 협정의 효력기간 및 종료

Signatures of Both Parties: 조약체결 당사자 서명

〈RDP 기본협정서 구성〉[19]

위해서 우선 미국과의 방산협력의 틀을 만들고 구체적인 협력방안에 대해서는 정례회
의를 통해 사안별로 논의하여 부속서로 추가하는 점진적인 방안도 좋은 대안이 될 수
있을 것이다.

기본협정서는 2010년 룩셈부르크 RDP 이후 내용과 형식 면에서 정형화되는 추세
이다. 2010년 이후 RDP를 체결한 국가들 중 일본을 제외한 7개국은 대부분 내용이
유사하여 정형화되는 경향을 나타내고 있다. 일본은 RDP 체결에 대한 내부의 반대와
우려가 많았기 때문인지 전체적으로는 유사하지만 내용과 형식에서 약간의 차이를 보
이고 있다. 2016년에 RDP를 체결할 당시에는 Agreement가 아닌 MOU를 체결하고
RDP 유효기간도 5년으로 제한하였다. 이는 아마도 체결 당시의 부정적인 여론을 무
마하기 위한 것으로 추정된다. 하지만 2021년 기존의 RDP 협정서를 내용의 변경 없
이 Agreement로 개정하였으며, 유효기간도 10년으로 확대하고, 2023년 4월에는 상
호 품질보증에 관한 부속서까지 추가하였다. 미국은 한국과의 RDP 협정서를 가장 최
근인 2021년에 체결한 리투아니아 RDP를 기준으로 할 것을 권고하고 있는데, 국내에

---

19 | SMI, "한·미 상호 국방조달협정의 방위산업 영향성 분석", 2020.2., pp46~48.

서도 일본이 처음 RDP를 체결했을 당시와 같은 우려의 목소리가 큰 점을 고려하여 리투아니아보다는 일본의 RDP를 기준으로 협상을 할 것을 권고한다.

2.6 RDP 한계

RDP로 인한 혜택이 체결국에게 무작정 유리한 것으로 보기는 어렵다. 왜냐하면, 첫째 RDP는 철저히 상호호혜의 원칙에 따라 작동되기 때문이다. 즉, RDP는 미국과 체결국 간의 상호호혜적 협력을 목적으로 하는 국제협약이므로 RDP 체결국도 결국 미국이 제공하는 혜택에 상응하는 반대급부를 요구받게 될 것이다. 많은 혜택을 받게 된다면 이에 상응하는 반대급부가 미국으로부터 요구될 가능성이 높다.

둘째, RDP 체결을 통해 받게 되는 혜택은 매우 제한적이기 때문이다. DFARS에 따르면 적격국가에 대해서는 ① BAA의 '미국 본토 내에서 제조 원칙'의 예외로서 차별적인 비용 부과의 면제, ② 국제수지프로그램의 적용 제외와 같은 혜택을 제한된 범위에서 받을 수 있는 것으로서 미국 방산업체와 모든 면에서 동일한 대우를 받을 수 있는 것은 아니다. 또한 국제수지 프로그램은 계약자가 미국 육군공병단(United States Army Corps of Engineers) 건설계약에 사용되는 건축 자재를 해외에서 구매할 수 있는 국가를 제한하는 규정으로 대부분의 RDP 체결국은 건설 및 건설계약을 협력범위에서 제외하고 있다. 건설 또는 건설계약은 인프라 및 시설물을 건설하거나 유지, 보수와 관련된 것으로, 국방 분야와의 직접적인 연관성이 적고 국가별로 법률 및 제도적 차이가 크기 때문에 표준화 및 상호운용성을 보장하는 것이 어렵기 때문이다. 결국 RDP 체결로 인하여 받을 수 있는 혜택은 BAA 적용 면제 및 관세 등의 세제 혜택 등으로 제한된다.

셋째, 미국에는 BAA 외에도 외국산구매의 규제에 관한 다양한 법규(Jones Act, 원가회계기준, 수출통제 규정, 비밀취급인가 규정, 사이버 보안규정 등)가 존재하며 이들 중 상당수는 RDP 체결과 무관하게 미국에서 생산 또는 제조된 품목에 대해서만 입찰의 참여를 허용하는 등 미국 방산시장으로의 진입을 엄격히 제한하고 있다. 외형상 RDP를 체결하면 미국 방산업체와 동등하게 미국 방산시장에 진출할 수 있는 것처럼 보이지만, 실상은 '보이지 않는 장벽'이 존재한다.

넷째, RDP 체결국에 대하여 BAA 적용을 면제하여 미국 방산시장에 진입하도록 허용하지만 제한 없이 수출을 확대할 수 있는 것은 아니다. RDP 체결로 자국산구매법에 의한 불평등한 기준의 적용을 면제하는 것으로 합의되었기 때문에 적어도 비용 등에서는 미국 방산업체에 비해 차별적인 적용을 받지 않고 무제한 미국 방산시장에 수출할 수 있는 것처럼 생각될 수도 있다. 하지만 미국 정부가 RDP 체결국에 개방하는 국방조달 규모를 철저히 통제하고 있기 때문에 BAA 적용을 면제하는 것은 전면적인 무제한적인 혜택이 아니라, 극히 제한되고 통제된 혜택이라 할 수 있다. 미국 국무부 자료에 따르면 BAA 면제는 2008년 이후 감소하였으며, 바이든 정부도 미국산우선구매(Buy American)를 강조하고 있어 BAA에 대한 면제가 완화되기는 어려울 것으로 전망된다.

2.7 RDP와 FTA

RDP는 미국과 상대국가와의 상호주의 원칙에 따라 양국의 방산시장을 상대국가에 개방함으로써 자유로운 경쟁을 보장하고 국내법·관세 등 무역장벽을 제거한다는 점에서 일부에서는 방위산업의 FTA라고 부르기도 한다. 하지만 FTA는 자유로운 무역과 공정한 경쟁을 통한 경제적인 목적이 가장 우선하는 데 비해, RDP는 국방 분야에 한정되어 방산협력을 주된 목적으로 한다는 점에서 크게 다르다. 또한 RDP를 체결하면 마치 모든 방산 분야를 전면적으로 개방해야 하는 것으로 오해하여 방산시장의 잠식을 우려하기도 하는데, FTA와는 다음과 같은 차이가 있다.

구분	FTA	RDP
기본취지	체결국 간 상품/서비스 교역에 대한 관세 및 무역장벽을 철폐하여 배타적인 무역특혜 부여	국방조달에 있어 상호 무역장애요소를 제거하고 공정한 경쟁을 허용
적용방식	협정과 달리 규정된 경우를 제외하면 체결국 상품에 대해 내국민 대우를 부여하는 등 무역장벽 철폐	미국의 국내법 및 규정에 합치되는 범위 내에서 BAA를 면제

〈RDP와 FTA 비교〉

첫째, RDP는 국방 분야에서 미국의 우방국이나 동맹국과의 상호 방산시장의 장벽을 낮추어 방산협력을 활성화함으로써 무기체계의 표준화, 합리화, 상호운용성 증진을 목표로 한다. 이를 통해 미국의 안보 및 동맹국과 협력을 강화함으로써 안정과 평화를 유지하고자 한다. 즉 미국의 국가안보 이해관계와 일치하는 국가들과 제한적으로 상호 방산시장을 개방함으로써 궁극적으로는 합동군사작전 수행능력을 향상하고 안보협력을 강화하기 위한 제도이다. 반면 FTA는 경제 분야의 자유무역협정으로, 양국 간 상업 및 투자에 대한 장벽을 낮추고 무역을 자유화하는 것이 주목적이다. FTA는 양국 간 모든 산업 분야에 적용될 수 있지만, RDP는 국방 분야에만 적용된다. 따라서 RDP는 국방 분야에서 미국의 동맹국과 협력을 강화하고 안보를 강화하는 목적을 가지며, FTA와는 목적과 적용대상이 다르다.

둘째, RDP 체결로 미국과의 방산협력이 활성화되고 BAA가 일부 면제되어 수출이 확대될 여지는 있으나, FTA와는 달리 전방위적인 시장개방은 불가하다. 법률, 규정에 합치되는 범위 내에서 미국 정부의 엄격한 제한 및 주도권 아래서 연방조달시장의 통제된 작은 시장을 두고 28개 RDP 체결국이 경쟁해야 한다. 이는 상호호혜의 원칙에 따라 RDP 체결 상대국에도 동일하게 적용될 수 있다.

셋째, WTO 정부조달협정(World Trade Organization Government Procurement Agreements, 이하 WTO GPA) 또는 FTA는 체결국 상호 조달시장을 개방하고 있으나, 국가안보를 위한 목적에서 사용되는 무기체계 및 물자 등은 예외로 명시되어 있어 국방조달시장을 개방하기 위해서는 별도의 협정이 필요하다. 즉, RDP는 WTO의 GPA, 미국과의 FTA와는 독립되어 별도의 대상 및 범위를 가진 개별협정이다. 이러한 이유로 미국은 동맹국 또는 우방국과 RDP를 체결하여 방산시장을 서로에게 개방하고 있다.

3장 선행연구 고찰

3.1 국내외 언론보도

RDP에 대해서는 국내에서 오랜 기간 찬반 논란이 팽팽히 지속되어 왔던 만큼 언론에서도 다양한 의견이 개진되어 왔다. 1980년대 RDP 체결이 논의된 때부터 현재까지의 모든 언론보도를 살펴보는 것도 좋겠으나, 언론이 시대적 상황을 반영하는 점을 고려하여 최근 언론보도 위주로 그 대상을 제한하였다. 실제 1980년대와 2020년대는 국제안보환경, 한국의 경제력, 방위산업 역량 등에서 큰 차이가 있으며, 언론은 당시의 국내외 여건을 기반으로 문제점 및 대안 등을 제시하므로 비교적 최근인 2022년과 2023년의 국내외 언론보도 위주로 분석하였다.

구분	작성자	주요내용
찬성	김만기, KAIST	"한미 방산 분야 FTA 체결이 시급하다"('22.3월, 한국경제) 국방연구원 영문 저널 논문 게재('22.6월)
	장원준, 산업연구원	뉴스투데이 기고('22.1월, '22.5월, '23.1월) 뉴스투데이 인터뷰(瓜.4월) 국가미래연구원 산업경쟁력포럼 세미나('22.10월)
	최기일, 상지대	한국법제연구원 '최신 외국법제정보'기고('22.10월) 아시아에이 인터뷰('23.1월) 녹색경제신문 인터뷰('23.1월)
	양낙규, 아시아경제	"한미 방산FTA 체결…수출혜택 기업은"('22.5월) "K-방산의 혁명을 이루려면"('22.8월) "방산중소기업 이탈 땐 국가안보위기"('22.8월)

미국의 RDP와 한국의 방산수출전략

	유동원, 조선일보	"윤 정부 한미 방산 FTA로 美시장 노린다"('22.5월)
찬성	권오은, 조선비즈	"현대중 군함 정비사업, 한미 방산무역협정 논의에 기대감"('22.6월)
	김상우, 아주경제	"K-방산 장기 호황 '한미 국방조달협정'에 달렸다"('23.1월)
	류화, 미국 Delta One	"RDP MOU, the FTA in defense?"('22.4월, 코리아중앙데일리)
	신대원 · 김성우, 헤럴드경제	"K-방산 양날의 칼 韓 RDP…득될까, 독될까?"('22.12월)
중립 /반대	이준곤, 건국대	"한미 국방조달협정과 다른 방산현장"('22.3월, 아시아경제)
	김한경, 뉴스투데이	"RDP-MOU 체결 속도조절론 대두, 상호주의 함정 피해야"('22.4월) "수출대상국이 요구하는 새로운 방산수출 방식에 부합된 방산지원제도 시급"('23.1월)
	김관용, 이데일리	美와 '방산 FTA'…"한국산우선구매법 있어야 대등한 협상"('23.1월)
	양문환, 방위산업진흥회	"한미 RDP, 속도보다 충분한 검토 선행돼야"('23.3월, 뉴스투데이)

〈2022~2023년 RDP 관련 국내 주요 언론보도 현황〉

3.2 선행문헌

앞에서 살펴본 바와 같이 한국의 방위산업 수출의 확대를 위해서는 미국의 방산시장을 개척함으로써 글로벌 방산시장에서의 경쟁력을 확보하는 것이 필요하며, 이를 위한 선행조치로서 미국 국방부와의 RDP 체결 필요성을 언급하였다. 미국시장에서의 경쟁상대인 미국 방산업체와 경쟁하기 위해서는 미국이 자국의 방위산업 및 방산업체를 보호하기 위해 해외업체에 차별적인 비용을 부과하는 것을 면제받는 것이 우선 필요하기 때문이다.

하지만 RDP와 관련된 과거 및 최근 연구문헌을 살펴본 결과 찬성과 반대 의견이 혼재하고 있음을 알 수 있다. 문제는 찬성과 반대 어느 쪽도 명확한 근거나 구체적인 자료가 부족하였고 다소 막연한 주장을 내세우는 경우도 적지 않았다. 구체적으로는 28개 RDP 체결국의 협정서에 대한 법적인 해석이나, 협정서 조항의 비교 및 분석이 미흡하여 찬성과 반대에 대한 명확한 근거를 제시하지 못하였다. 이로 인하여 아직까지도 RDP에 대한 정책방향을 정하지 못하고 우왕좌왕하는 상황에 이르게 된 것은 아닐까 싶다. RDP에 대한 본격적인 분석에 앞서 먼저 기존에 연구되었던 문헌들을 살펴보겠다.

3.2.1 국내 연구문헌

신현인 등(1999)은 장기적으로 국내 방산시장의 개방으로 경쟁이 확대되어 방산업체의 체질 강화 및 수요자 중심의 시장으로 전환 등 방산시장이 재편될 수 있어 긍정적이나, 미국에 비해 상대적으로 낮은 방산 경쟁력을 고려할 때 충분한 시간을 두고 RDP 체결을 결정할 것을 주장하였다.[20]

유규열(2008)은 RDP 체결은 단기적으로 미국의 방산업체에 의해 국내 방산시장이 잠식당할 우려가 있어 시기상조이며, 장기적인 관점에서 단계적인 체결을 추진할 것을 제안하였다. 즉, 초기에는 유보조항이나 단서조항 등에 의한 제한조치를 마련하여 점진적으로 시장을 개방하여 경쟁력을 확보한 이후 완전개방을 해야 한다는 것이다.[21]

김종열(2013)은 방산 분야에서의 한미 간 극심한 방산교역 불균형의 근본적인 원인을 BAA 등 미국의 자국산우선구매제도로 보았다. 이는 국내 방산업체의 미국 방산시장 진출을 위한 가장 큰 장애물로 RDP를 체결하여 이러한 장애물을 극복해야 한다고

---

20 | 신현인, "한미 상호조달 양해각서 체결의 타당성 연구", 한국국방연구원, 1997.

21 | 유규열, "한미 FTA 정부조달 협정에 따른 한·미 상호국방조달 MOU 추진방향", 「무역학회지」, 제33권 제2호, 2008, pp1~24.

미국의 RDP와 한국의 방산수출전략

주장하였다. [22] 하지만, 극심한 방위산업에서의 무역불균형은 미국의 BAA에 기인하기보다는 2006년 1차 핵실험을 시작으로 북한의 핵 고도화에 따른 레이더 · 유도탄 · 패트리어트 · 감시정찰장비 등 미국으로부터의 고가의 첨단무기체계 구매소요가 많았던 반면, 미국과의 국방과학기술의 격차로 인하여 미국시장 진출이 제한되었던 원인이 더 크다고 할 수 있다.

세종대학교(2017)에서는 긍정적인 시선으로 RDP를 바라보고 있다. 기존과는 달리 국내 대미 방산교역의 규모나 경쟁력이 개선되었기 때문에 RDP 준비가 일부 적정하다고 보았다. 하지만, 역시 국내 방산업체 보호를 위한 사전조치가 필요하다고 주장하였다. [23]

홍영식 등(2018)은 RDP 체결로 인한 영향에 대하여 분석하였다. RDP가 FTA와 유사하다는 가정하에 수출에 긍정적이며 국내 방산시장에 미치는 영향은 제한적일 것이라고 분석하였다. 또한 과거에 비해 국내 방산업체의 수출역량 강화 및 괄목할 만한 수출성장, 정부의 적극적인 수출지원제도 등으로 RDP 체결이 방위산업에 긍정적 효과를 미칠 것이라 하였다. [24] 하지만, 미국 정부는 민간 분야에서보다 방산 분야에 더 엄격한 제한을 두고 있다는 측면에서 RDP와 FTA가 유사하다고 한 가정은 설득력이 떨어지며, 특히 다른 연구사례에 비해 실제 RDP 협정내용을 세부적으로 분석하였으나, 아쉬운 것은 28개국 중에서 일본의 RDP 체결사례만을 대상으로 하였기 때문에 이를 일반화하기는 어렵다는 한계가 있다.

이재희(2020)는 미국 정부조달시장의 법체계 및 BAA 등 자국산 우대제도의 법적인 규율과 제도에 대하여 분석하였다. RDP와 같은 통상협정 체결국에 한하여 자국산 우

---

22 | 김종열, "대미 방산수출의 제도적 장벽에 관한 연구", 「융합보안 논문지」, 제13권 제5호, 2013, pp27~35.

23 | 세종대학교, "한국기업의 미국 국방공급망 진출 확대 전략 연구: 한 · 미 방산조달 협정(상호국방조달 양해각서)을 중심으로", 방위산업진흥회 용역과제 보고서, 2017.12.

24 | 홍영식 · 김만기 · 손영환, "한미 국방조달협정 체결의 예상 영향 연구", 「아태연구」, 제25권, 제4호, 2018, pp5~30.

대제도의 적용이 면제되기는 하지만, 미국 행정부가 자국산 우대제도를 강화하는 추세로서 향후 자국산 인정기준이 높아질 것이라고 전망하였다.[25]

신동협(2020)은 한국이 RDP 체결 후에도 미국 방산수출은 당분간 크게 증가하지 않을 것으로 전망하였다. 하지만 RDP는 경제학적인 분석으로만 결정되지 않을 수 있으므로 정부는 방위산업 핵심기술 확보 지원, 국내 방산업체의 미국 국방조달시장 진출 방안 등 RDP에 대비할 필요가 있다고 하였다.[26]

전세훈 등(2020)은 RDP는 '양날의 검'과도 같아서 RDP의 장점을 최대한 활용하면 이익이 될 수 있으나, 단점을 회피하면 기존의 제도나 체제까지 위협하는 상황에 놓일 수도 있다고 하였다. RDP를 반드시 체결해야 한다면, 국내 방산업체와 방산시장을 보호대책 및 RDP 체결로 인한 이득을 극대화시킬 수 있는 방안도 함께 마련해야 한다고 조언한다.[27]

이소영(2020)은 미국은 미국산 우선정책을 통해 해외로부터의 시장진입을 가로막는 여러 규정들을 만들어 놓고 있다고 보았다. BAA 및 하위규정인 행정명령 제10582조, 연방조달규정 및 국방조달규정의 관련 내용을 살펴보고, 구체적으로는 BAA의 적용을 받는 '미국산 제품'의 정의 및 외국산 제품이 미국산 제품에 비해 어떤 차별을 받는지 여부를 검토하였으며, 상호국방조달협정의 연혁과 성격, 주요 내용 등을 통하여 협정을 개괄한 뒤 상호국방조달이 어떻게 BAA의 예외가 되는지에 대하여 상술하였다.[28]

유형곤(2022)은 RDP 체결 시 국내 무기체계 획득사업 추진과정에서 미국 방산업체를 국내 방산업체와 완전히 동등하게 대우한다는 문구가 협정서에 포함된다면 국

---

25 | 이재희, "미국 조달법상 자국산 우대제도의 법리", 「한국공법학회지」, 제49집 제2호, 2020, pp505~528.

26 | 신동협, "한·미 상호조달 체결에 대한 방산수출 경쟁력 분석 연구", 2020.

27 | 안보경영연구원, "한미 상호조달협정의 방위산업 영향성 분석", 2020.

28 | 이소영, "미국의 자국산구매우선법과 상호국방조달협정에 관한 소고", 2020.

내 획득제도에는 대대적인 변화가 초래되고, 절충교역 적용이 제외되고 국내 방위산업 육성의 걸림돌로 작용될 것을 우려하여 반대하는 입장이다.[29] 하지만, RDP는 미국 방산업체와 체결국의 방산업체를 완전히 동등하게 대우하는 협정이 아니다. 28개국 협정서 어디에도 양국을 완전히 동등하게 대우한다는 문구는 없다. RDP는 자국의 방산시장을 보호하기 위하여 해외업체에 차별적인 비용을 추가로 부과함으로써 가격경쟁력을 떨어뜨리는 BAA의 적용을 면제해 주겠다는 것이지, 그 외 부분까지도 완전히 동등하게 대우하자는 협정이 아니라는 점에서 가정에 오류가 있다.

장원준 등(2022)은 한미 상호방위조달-MOU(RDP-MOU)를 중심으로 양국 간 방위협력 및 공급망 확대 전략을 제시하고자 하였다.[30]

김만기 등(2022)은 RDP 체결로 인한 국내 방위산업의 영향성 등에 대하여 상호 시장개방을 원칙으로 하지만, 국내 방위산업 육성을 위한 기존 제도에는 큰 영향은 없을 것으로 판단하였다. 적절한 정부 지원이 뒷받침된다면 도약의 계기가 될 것으로 전망하였다.[31]

심순형 등(2023)은 RDP를 계기로 대미 방산수출이 늘어날 것으로 기대되지만, 선제적으로 국내 방위산업에 미치게 될 영향에 대하여 면밀히 분석하고 국내 방위산업의 경쟁력을 보완하기 위한 대책을 수립할 필요가 있다고 하였다.[32]

29 | 유형곤, "한-미간 RDP-MOU(방산 FTA) 체결, '득'과 '실'을 냉철하게 진단해야 한다", 「국방기술포럼」, 제7호, 2022, pp26~31.
30 | 장원준·송재필, "한미 방산협력과 공급망 확대 전략에 관한 연구; 한미 상호국방조달협정(RDP-MOU)을 중심으로", 「한국국방경영분석학회지」, 제48권, 제2호, 2022, pp39~55.
31 | 김만기·윤영주·배선미·권영민, "한미 국방상호조달협정(RDP MOU)의 경제성 및 산업영향성 분석", 국방기술진흥연구소, 2022.
32 | 심순형·김미정, "국방상호조달협정(RDP-MOU)이 방산교역량에 미치는 영향 분석과 시사점", 산업연구원, 2023.

3.2.2 국외 연구문헌

RDP에 대한 미국 정부의 입장은 GAO에서 발간한 보고서를 통하여 확인할 수 있다. GAO는 두 번에 걸쳐서 RDP에 대한 영향을 분석하여 의회에 보고하였는데, 1991년 보고서에서는 1980년대 NATO 유럽 동맹국들과의 상호조달협정 체결을 통해 국방교역 활동들을 살펴보고, 미국 국방부(Department Of Defense, 이하 DOD) 및 상무부(Department Of Commerce, 이하 DOS)가 미국과 유럽 간의 방산교역과 협력을 어떻게 관리감독하고 평가하였는지에 대하여 조사하였다. 조사 결과 1970년대 후반부터 유럽 국가들과 미국의 방산교역 불균형이 상당히 감소하였음을 확인하게 되면서 RDP를 지속할 필요가 있는지에 대한 의문을 제기하기도 하였다.[33] 1992년 GAO 의회 보고서는 NATO 유럽 동맹 8개국의 RDP 이행에 대하여 조사한 결과, 미국은 유럽에 대하여 RDP 협정을 이행하였음에도 일부 유럽 국가들로부터 공정한 상호호혜적 대우를 받지 못했으며 이를 해결하기 위해서는 RDP 체결국들이 RDP를 이행하도록 권고하고, 감독 및 감시할 수 있는 체계를 구축해야 한다고 강조하였다.[34]

미국의 Drew B. Miller(2009)는 RDP가 1970년대 미국과 동맹국들이 국방 및 방산협력을 강화하여 군사 효율성을 증진하기 위한 목적으로 체결되었고, 정부조달의 국제무역 증가를 촉진하기 위한 FTA와 같은 제도에 비해 외국의 방산업체에 대한 자국산으로의 대우와 물품 및 용역의 건전한 국제교류를 보장하기 위한 실질적인 절차 요건이 부족하므로 RDP 의무조항의 수준을 다시 검토해야 한다고 주장하였다.[35]

---

33 | GAO, "European Initiatives: Implications for U.S. Defense Trade and Cooperation", 1991.4., pp2~3.

34 | GAO, "INTERNATIONAL PROCUREMENT; NATO Allies' Implementation of Reciprocal Defense Agreement", 1992.3.

35 | Miller, Drew B., "Is it time to reform reciprocal defense procurement agreements?", Public Contract Law Journal, Vol. 39, Issue 1(Fall 2009), pp93~111.

1960년대부터 1970년대 중반까지는 미국과 서유럽 동맹국 사이에 방위비 분담금에 대한 논쟁이 상당한 시기였는데, 미국은 서유럽 경제가 다시 부흥하고 있는 상황인만큼 분담금 증액을 원하였으나, 서유럽 동맹국은 자국 경제 여건에 대한 입장이 미국과 달라 증액을 반대해 오던 상황이었다. 게다가 미국은 동맹국들에게 미국산 무기 구매를 지속적으로 요구해 오던 터라 결국 절충안으로 방위비의 증액은 동결하되 미국산 무기 구매를 보다 완화하는 조건으로 RDP 체결을 제안하게 된 것이다.

유럽연합안보문제연구소(European Union Institute for Security Studies)에서 발간한 보고서에서 Daniel Fiott(2019)는 유럽연합(EU)과 미국의 군사적 협력에 대한 문제점과 해결책을 다루었다. 보고서는 먼저, EU와 미국 사이의 군사협력이 미국의 이익에 따라 결정되는 경우가 많고, EU가 자주 미국의 정책에 맞추어야 하는 상황이 발생하는 등, EU의 자율성이 제한되는 문제점이 있음을 지적하고 있다. 또한 RDP MOU는 BAA와 같은 장벽을 낮추기 위해 고안되었으나, 이러한 장벽을 낮추는 것은 미국이 BAA 법률을 어떻게 적용하는지에 달려 있다고 보았다. 미국 국방부 발표자료에 따르면 BAA 면제는 2008년 이후 감소하였으며, 미국 연방정부에 대하여 BAA에 대한 보다 엄격한 해석을 요구하는 대통령 행정명령에 따라 향후에는 BAA 면제가 더욱 감소할 것이라고 전망하였다.[36]

3.3 선행연구에 대한 고찰

이상의 선행연구들을 종합해 보면, 국내외에서 RDP에 관하여 다양한 논의 및 연

---

36 | Daniel Fiott, "The Poison Pill; EU defence on US terms?", European Union Institute for Security Studies, Brief 7, 2019, pp1~8.

구가 수행되었다는 것을 확인하였다. 정부는 RDP 체결에 관하여 과거 5회의 정책용역연구 수행을 하였으나, 찬성과 반대 의견이 혼재하였고 결과적으로 정부도 RDP 추진에 소극적이었다. 1999년 이후 이루어진 5회의 정책용역연구 결과를 살펴보면 RDP 체결은 국내 방산시장에 장기적으로는 긍정적이지만, 국방과학기술 등 미국에 비해 상대적으로 낮은 경쟁력으로 인하여 아직은 시기상조라는 의견이 대부분이었으나, 최근 2022년 연구 결과는 이전과는 다른 의견을 제시하였다.

반대의 경우 "국내 방산업계에 긍정적이나, 시기상조"라는 유보적인 의견이 많았으나 구체적인 근거를 제시하지 못했으며, 찬성의 경우에도 RDP 협정서 조항별로 세부적으로 비교 및 분석하여 구체적인 영향성을 제시한 사례가 많지 않았다. 즉 반대하는 쪽이나 찬성하는 쪽 모두 설득력이 부족하였다. RDP 체결국을 대상으로 협정서의 세부조항을 분석하기 위한 시도도 있었지만, 한계가 있었다. 홍영식 등(2018)은 일본 RDP에 대하여 분석하였으나 28개국 중에서 일본만을 대상으로 하였기 때문에 일반화시키기 어렵고, 김만기(2022)는 일본·호주·네덜란드 3개국으로 확대하여 분석하였으나 3개국 모두 세계 방산시장 점유율이 1% 미만으로서 세계 9위인 한국과는 상황이 다르므로 적절한 비교 대상으로 보기에는 다소 아쉽다.

무엇보다도 과거의 연구들은 RDP 협정서에 대한 세부적인 분석이 미흡하였다. 찬성하는 입장에서는 RDP의 세부적인 협정서를 살펴보고 사안별로 국내 방산업체에 미치는 영향에 따른 유불리를 분석했어야 하는데, 이에 대한 구체적이고 정확한 근거를 제시하지 못하고 다소 막연하게 RDP를 체결하면 미국에 대한 방산수출이 증가할 것이라는 주장으로 설득력이 부족했다. 또는 RDP를 체결하면 미국의 방산시장이 모두 개방되는 것으로 오해하여 엄청난 방산시장이 열리는 것처럼 호도하는 사례도 있었다.

반대 입장은 RDP 필요성은 공감하지만 국내 방산시장이 잠식당할 우려가 있기 때문에 시기상조라는 의견이지만, RDP 체결국의 협정서에 어떠한 내용이 세부적으로 명시되어 있으며 그러한 내용이 국내 방산시장에 어떠한 영향을 미치는지에 대한 분석은 미흡하다. 특히, 일부 연구에서는 방위산업에 대한 잘못된 인식을 통해 불필요한 우려를 재생산하면서 불안감을 조성한 경우도 있었다. 막연한 기대감이나 불안감이 RDP의 체결을 지연해 온 것이다. RDP 체결로 인한 영향성을 살펴보기 위해서는 기본협정서의 전문, 본문의 10개 기본항목 및 부속서 조문에 대한 배경, 목적, 기대효과 등 법제적 의미를 해석하고, 파급효과 등을 파악하는 과정이 반드시 선행되어야 할 것이다.

따라서 본 책에서는 미국과 RDP를 체결한 국가들이 어떠한 내용을 체결하였는지 협정서를 중심으로 살펴봄으로써 실질적으로 RDP로 인한 영향을 분석하고자 하였다. 다만, 미국과 RDP를 체결한 28개국 전체를 살펴보되, 필요한 경우 한국과 비슷한 방산역량을 보유한 국가들을 집중적으로 분석하였다.

제2부

·

가자!
세계 최대 방산시장, 미국으로

4장 방산수출을 제한하는 미국의 법규 및 제도[37]

4.1 미국산 우선정책(Domestic Source Restrictions)

미국 정부는 정책 실현수단으로 연방조달시장을 적극적으로 활용하고 있다. 민간의 자유로운 기업 활동은 보장하되, 정책적으로는 정부의 개입이 용이한 연방조달시장을 활용하여 해외로부터의 수입을 통제하는 것이다. 즉, 미국 연방조달시장의 해외 수입을 제한하는 다양한 법규 및 제도를 이용하여 연방기관의 공공조달 프로그램에서 외국산 제품의 사용을 제한하고 미국산 제품의 사용을 촉진함으로써 해외업체의 미국 시장 진입을 제한한다. 이를 통칭하여 미국산 우선정책(Domestic Source Restrictions) 이라 한다. 미국산 우선정책은 사무용품 및 유니폼과 같은 간단한 품목에서부터 복잡한 무기체계 및 항공·우주 등 최첨단 기술이 적용된 품목에 이르기까지 다양한 분야에 적용되고 있다.

하지만 미국산 우선정책은 원천적으로 해외에서의 공공조달을 금지하는 것이 아니라, 미국 내 공급원을 이용할 수 없거나 미국산 제품이 해외제품보다 월등히 비싼 경우 등에는 그러한 제한을 면제하는 등 국제무역협정, 경제 상황, 정치적 우선순위 등과 같은 요인에 따라 변경될 수 있다. 또한 연방조달시장에 개입하더라도, 조달의 효

---

37 | 이소영, "미국의 자국산 구매우선법과 상호국방조달협정에 관한 소고." 『고려법학』 제98호. 고려대학교 법학연구원. 2020. pp199~241.

율성과 통상협정과의 조화를 고려한다. 예컨대 BAA에 따라 연방기관이 필요한 물품을 조달하는 경우 미국산 물품을 우선적으로 구매하지만, 미국산 물품의 계약으로 일정 수준 이상의 비용이 증가하는 등의 경우에는 예외적으로 외국산 물품의 구매가 허용되기도 한다.[38]

앞서 알아본 바와 같이 국내 방위산업을 활성화하고 해외 방산수출을 지속적으로 확대하기 위해서는 우선 미국의 방산시장을 적극적으로 개척할 필요가 있지만, 미국은 자국의 방위산업과 방산업체를 보호하기 위하여 다양한 법과 제도 및 규정 등을 통해 미국산 우선정책을 강화함으로써 해외로부터의 방산수입을 엄격히 제한하고 있다. 따라서 미국 방산시장을 공략하기 위해서는 이러한 미국의 법령들에 대한 정확한 이해가 우선되어야 할 것이다. 2022년에 미국 정부가 미국 국방부 및 업체에 수출하는 영국 업체들을 위해 발행한 가이드북[39]에 따르면 미국산 우선정책과 관련된 법률(Acts Of Congress), 규정(Regulation), 정책(Policy) 및 지침(Guidance), 협정(Agreement) 등에 대하여 다음과 같이 안내하고 있다.

첫째, 미국의 거의 모든 미국산 우선정책은 의회법(Act of Congress)에서 시작되며, 의회 승인을 받은 후에는 그러한 규제의 적용 또는 예외는 규정(Regulation), 규칙(Rule) 또는 정책(Policy) 등에 의해 시행될 수 있다. 국방조달에 있어서도 미국의 방위산업 및 방산업체를 보호하기 위하여 해외에서의 국방조달을 제한하는 미국산 우선정책 관련 법률로는 미국산우선구매법(Buy American Act), 무역협정법(Trade Agreements Act), 기반투자/일자리법(Infrastructure Investment and Jobs Act), 베리수정법(Berry Amendment), 연안무역법(Jones Act), 국방수권법(National Defense

---

38 | 이재희, "미국 조달법상 자국산 우대제도의 법리", 「한국공법학회지」, 제49집 제2호, 2020, pp527~528.

39 | Holland & Knight LLP, "Domestic Source Restrictions In The United States, A Practical Guide For UK Companies Selling To The U.S. Department Of Defense And To U.S. Companies Under Contract To The DOD", 2022.3.

Authorization Act) 등을 들 수 있다.

■ **연방(Federal) 법률체계**

1. **연방헌법**: 미국 최상위법

2. **연방법률**(Act, Law, U.S. Code): 미국 연방의회에서 제정하며, 법안(Bill)이 의회 의결을 거쳐 대통령이 서명하면 공법(Public Law)으로 확정된다. 이 공법은 다시 주제별로 편찬되어 미국법전(United States Code; U.S.C.)의 형태로 발표되며 공법과 법전은 모두 법률로서 동등한 지위를 가진다.

3. **규정, 규칙**(Regulation, Rule): 연방정부의 행정법규를 말한다. 행정입법 권한이 있는 연방정부기관은 미국 관보(Federal Register)에 규정의 제정, 개정, 폐지에 관하여 게시하여 의견수렴 후 확정 또는 파기하는데, 확정된 안을 규칙(Rule)이라 하고, 규칙들을 주제별로 편찬하여 발표한 것을 규정(Regulation)이라 한다.

4. **대통령 입법**(Presidential Actions): 대통령은 행정명령, 대통령 메모, 대통령 포고령 등의 입법 권한을 가진다.

   가. **행정명령**(Executive Order): 일련번호가 부여되며, 관보에 게재해야 한다. 행정명령은 입법부 및 사법부의 견제대상이 되며, 연방의회는 법안을 통해 행정명령의 중지를 요구할 수 있으며, 대법원은 행정명령에 대하여 위헌 여부를 심사할 수 있다.

   나. **행정메모**(Executive Memorandum): 행정명령과 유사하나, 주로 행정부 내부 업무지시를 위해 발령된다. 관보에 게재되지 않으며, 일련번호도 부여되지 않는다.

   다. **행정포고령**(Executive Proclamation): 정부정책에 대해 국민에 발표하는 선언문으로 일반적으로 구속력이 없다.

■ **주(States) 법률체계**

1. **주헌법**(Constitution)

2. **주법률**(Law, General Laws, Code, Statutes): 주의회 의원이 발의한 법안을 주의회에서 의결, 주지사가 서명하면 법률로 확정된다. 명칭은 Laws, General Laws, Code, Statute 등 주마다 다르다.

3. **주규정**(Administrative Code, Rules, Regulations): 각 주의 행정법규를 말하며, 제정·개정·폐지 권한은 주정부의 각 행정부처에 있다.

〈미국의 법률체계〉

둘째, 규정(Regulation)은 훨씬 더 구체화된 규칙으로서 미국산 우선정책 관련 법률은 연방조달규정(Federal Acquisition Regulation, 이하 FAR), 국방조달규정(Defense Federal Acquisition Regulation, 이하 DFAR), 연방규정집(Code of Federal Regulations, 이하 CFR) 등을 통해 구체화된다.

셋째, 미국산 우선정책과 관련된 연방기관의 정책(Policy) 및 지침(Guidance)으로는 외국 비공개 지정(Not Rereleased to Foreign Nationals designation, 이하 NOFORN), 국방부 정책(DoD programs) 등이 있다. 미국 정부기관은 종종 정책서 또는 지침을 발표하기도 하는데, 이는 정부조달 계약자의 의무를 이해하는 데 도움이 될 수 있다. 명확하게 말하면 미국 정부기관의 정책서는 대부분 법적 효력이 없으나, 특정한 법률 또는 규정과 관련되어 이해하기 쉽도록 관련된 정보를 제공한다.

4.2 미국산 우선정책 관련 법률

미국의 방산수출이 정부 간 협약에 기반하여 추진되기 때문에 대부분 연방헌법, 법률, 규칙, 행정명령 등이 적용되므로 주(States) 정부의 헌법 및 법률, 규칙 등을 제외하고 연방의 법률에 한하여 살펴보기로 한다.

4.2.1 미국산우선구매법(Buy American Act, 41 U.S.C. Chapter 83)

미국산우선구매법(Buy American Act)은 미국 연방정부의 공공조달을 관리하는 가장 오래된 미국산 우선정책의 대표적인 법률로서 가장 널리 알려져 있다. 경제가 어려웠던 1993년 3월, 대공황을 타개하기 위하여 외국의 경쟁으로부터 미국 내 고용안정

과 산업을 보호해야 한다는 필요성이 제기되어 의회는 BAA를 제정하였다. BAA
는 다음과 같이 5개 부분으로 구성되어 있다.

구분	세부내용
§8301 Definitions 용어의 정의	(1) 'Buy American law'means any law, regulation, Executive order, or rule relating to Federal contracts, grants, or financial assistance that requires or provides a preference for the purchase or use of goods, products, or materials mined, produced, or manufactured in the United States, including 미국산우선구배법은 다음을 포함하여 미국에서 채굴, 생산 또는 제조된 상품, 제품 또는 재료의 구매 또는 사용에 대한 우선권을 요구하거나 제공하는 연방 계약, 보조금 또는 재정 지원과 관련된 모든 법률, 규정, 행정 명령 또는 규칙을 의미한다. (A) chapter 83 of title 41, USC(Buy American Act) (B) section 5323(j) of title 49, USC (C) section 313 of title 23, USC (D) section 50101 of title 49, USC (E) section 24405 of title 49, USC (F) section 608 of the Federal Water Pollution Control Act (33 U.S.C. 1388); (G) section 1452(a)(4) of the Safe Drinking Water Act (42 U.S.C. 300j−12(a)(4)); (H) section 5035 of the Water Resources Reform and Development Act of 2014 (33 U.S.C. 3914) (Ⅰ).section 4862 of title 10, USC(Berry Amendment) (J) section 4863 of title 10, USC
§8302 American materials required for public use. 공공재로서 요구되는 미국산 요건	41 U.S. Code §8302 − American materials required for public use (a) (1) Allowable materials. 허용되는 물자 Only unmanufactured articles, materials, and supplies that have been mined or produced in the United States, and only manufactured articles, materials, and supplies that have been manufactured in the United States substantially all from articles, materials, or supplies mined, produced, or manufactured in the United States, shall be acquired for public use unless the head of the Federal agency concerned determines their acquisition to be inconsistent with the public interest, their cost to be unreasonable, or that the articles, materials, or supplies of the class or kind to be used, or the articles, materials, or supplies from which they are manufactured, are not mined, produced, or manufactured in the United States in sufficient and reasonably available commercial quantities and of a satisfactory quality. 미국의 공공조달은 연방기관장이 공공의 이익에 부합하지 않거나, 그 비용이 불합리하다고 판단하거나, 사용할 등급이나 종류의 물품, 재료 또는 공급품 또는 이들이 제조된 물품, 재료 또는 공급품이 충분하고 합리적으로 이용 가능한 수량과 만족스러운 품질로 미국에서 채굴, 생산 또는 제조되지 않는다고 결정하지 않는 한 미국에서 채굴 또는 생산된 미가공품, 재료 및 공급품과 미국에서 제조된 물품, 재료 또는 공급품 중 실질적으로 모두 미국에서 채굴, 생산 또는 제조된 물품, 재료 및 공급품만을 획득해야 한다. (2) Exceptions 예외 (A) to articles, materials, or supplies for use outside the United States; 미국 외 지역에서 사용하기 위한 물품, 재료 또는 공급품 (B) to any articles, materials, or supplies procured pursuant to a reciprocal defense procurement memorandum of understanding, or a trade agreement or least developed country designation described in the Federal Acquisition Regulation; and 국방상호조달 양해각서 또는 연방취득규정에 기술된 무역협정 또는 최빈국 지정에 따라 조달된 물품, 재료 또는 공급품 (C) to manufactured articles, materials, or supplies procured under any contract with an award value that is not more than the micro−purchase threshold under this title. 본 계약에 따른 미세먼지 한계치 이하의 보상 가치를 가진 모든 계약에 따라 구매된 제조 물품, 재료 또는 공급품.

§8303 Contractsfor public works 공공조달계약	(a) In General. Every contract for the construction, alteration, or repair of any public building or public work in the United States shall contain a provision that in the performance of the work the contractor, subcontractors, material men, or suppliers shall use only 일반적으로 미국의 공공건물 또는 공공사업의 건설, 변경 또는 수리에 관한 모든 계약에는 계약자, 하청 업체, 자재 인력 또는 공급업체가 작업 수행에 있어서만 사용해야 하는 조항이 포함되어야 한다. (1) unmanufactured articles, materials, and supplies that have been mined or produced in the United States; and 미국에서 채굴 또는 생산된 미제조 물품, 재료 및 소모품; 그리고 (2) manufactured articles, materials, and supplies that have been manufactured in the United States substantially all from articles, materials, or supplies mined, produced, or manufactured in the United States. 미국에서 채굴, 생산 또는 제조된 물품, 재료 또는 소모품으로부터 실질적으로 모두 미국에서 제조된 물품, 재료 및 소모품. (b) Exceptions 예외 (1) In general. this section does not apply 일반적으로 위 조항은 다음에 적용되지 않는다. (A) to articles, materials, or supplies for use outside the United States; 미국 이외의 지역에서 사용하기 위한 물품, 재료 또는 소모품; (B) to any articles, materials, or supplies procured pursuant to a reciprocal defense procurement memorandum of understanding, or a trade agreement or least developed country designation described in subpart 25.400 of the Federal Acquisition Regulation; and RDP 또는 연방조달규정 하위 파트 25.400에 설명된 무역협정 또는 최빈국 지정에 따라 조달 된 물품, 재료 또는 공급품; 그리고 (C) to manufactured articles, materials, or supplies procured under any contract with an award value that is not more than the micro-purchase threshold under section 1902 of this title. 이 편 제1902조에 따른 소액 구매 임계값을 초과하지 않는 낙찰 가치를 가진 계약에 따라 조달된 제조된 물품, 재료 또는 공급품.
§8304 Waiver rescission 면제 취소	BAA 적용의 면제를 취소
§8305 Annualreport 연례보고서	매 회계연도 종료 후 60일 이내 국방부장관은 해당 회계연도에 국방부는 외국으로부터 구매한 금액에 대한 보고서를 의회에 제출해야 한다.

〈미국산우선구매법의 세부내용〉

BAA는 연방정부기관이 공공조달 시 미국인이나 미국법인과의 계약을 우선 체결하도록 강제하는 것을 주된 목적으로 하고 있다. 위에서 보는 바와 같이 미국의 연방정부기관의 공공목적의 물자는 원자재의 경우 미국에서 채굴 또는 생산된 것이어야 하며, 가공품의 경우에는 미국에서 채굴, 생산 또는 제조된 원자재가 일정 비율 이상을 차지해야 한다.

다만, BAA는 미국에서 생산되고 제조되어야 한다는 장소적 제한만 두고 있으므로 생산자 또는 제조자의 미국 국적 보유 여부, 생산/제조 법인 소유주의 미국 국적 보유

여부 및 미국 소재 여부는 미국산 제품인지를 판단하는 데 영향을 미치지 않고 있어서 [40] 해외기업이라도 미국 내에서 생산시설을 보유하고 영업활동을 하는 것은 허용된다.

BAA는 대통령 행정명령과 연방조달규정, 국방조달규정 등을 통하여 구체화되는데, 이들은 미국산 방산물자를 우선 구매하도록 함으로써 해외 방산업체의 미국시장 진입을 어렵게 하고 있다. 이렇듯 미국 정부는 BAA를 통하여 연방기관의 공공조달계약 시 원칙적으로 미국인 또는 미국법인과 계약을 체결할 것을 강제하기는 하지만, 원천적으로 금지하는 것이 아니다. 대통령 행정명령(Executive Order), 미국 정부기관의 연방조달규정(FAR), 국방부의 국방조달규정(DFAR) 등 하위 법령들을 통해 계약단계에서 외국산 제품에 일정 비율의 금액을 가산하여 평가함으로써 미국산 제품이 상대적인 가격우위를 갖도록 하는 것이다. 즉 해외업체가 제시하는 조달 입찰가에 50%의 추가 비용을 부과함으로써 가격경쟁력을 떨어뜨리는 것이다.

예를 들어 한국제품 단가가 1억 원이라면 미국 연방조달시장에 수출하려는 경우, 단가의 50%를 추가로 부과하여 1억5천만 원으로 평가받는다. 이러한 비율은 2024년에는 65%, 2029년에는 75%까지 상향될 계획으로 계속해서 장벽을 높이고 있어 RDP 체결 없는 미국 방산시장으로의 진입이 갈수록 어려워질 전망이다. 이러한 규정들은 연방 정부기관으로 하여금 미국산 물자를 우선 구매하도록 강제함으로써 해외기업에 대한 진입장벽을 높이고 있다. 하지만, 이러한 제한으로 인하여 미국제품에 비해 해외제품이 성능이 월등하게 우수하거나 비용이 훨씬 유리한 등 미국의 국익에 부합되는 경우에도 미국산 제품만을 구매할 수밖에 없는 부작용이 발생하였고, 이를 해결하기 위해 예외조항을 두게 되었다.

---

40 | John W. Chierichella, "The Buy American Act and the Use of Foreign Sources in Federal Procurements-An Issues Analysis", Public Contract Law Journa, 1977.

미국의 RDP와 한국의 방산수출전략

미국산 우선정책 및 RDP가 실행되는 법률적 프로세스는 다음과 같다. Title 19, USC section 2512(a)는 미국 대통령에게 1979년 무역협정법(Trade Agreements Act of 1979)의 당사자가 아닌 국가로부터의 해외구매를 금지하여 미국산 제품 및 미국업체에게 적절한 상호경쟁적인 정부조달 기회를 제공하도록 책임을 부여하고 있다. Title 19, USC section 2512(b)는 국방부와 RDP를 체결한 모든 국가에 대하여 BAA적용을 면제할 수 있도록 대통령이 국방부장관에게 권한을 부여할 수 있도록 하고 있다. 이를 근거로 미국 국방부의 비용·계약관리국(Office of Defense Pricing and Contracting)가 28개 RDP 체결국에 대한 BAA 적용의 면제를 관리하고 있다.

Title 19 U.S. Code § 2512 – Authority to encourage reciprocal competitive procurement practices may, with respect to procurement covered by the Agreement, take such other actions within the President's authority as the President deems necessary. 상호경쟁적 조달 방식을 장려하는 권한. 협정에 포함된 조달과 관련하여, 대통령이 필요하다고 인정하는 경우 대통령의 권한 내에서 기타 조치를 취할 수 있다.

(a) Authority to bar procurement from non-designated countries

(1) In general: Subject to paragraph (2), the President, in order to encourage additional countries to become parties to the Agreement and to provide appropriate reciprocal competitive government procurement opportunities to United States products and suppliers of such products— 비지정국가로부터의 조달금지 권한: (1) 일반적으로 (2)항에 따라, 대통령은 추가 국가들이 협정의 당사자가 되도록 장려하고 미국 제품 및 해당 제품의 공급자에게 적절한 상호 경쟁적인 정부 조달 기회를 제공하기 위해

(A) shall, with respect to procurement covered by the Agreement, prohibit the procurement, after the date on which any waiver under section 2511(a) of this title first takes effect, of products— 본 협정서가 적용되는 조달과 관련하여, 본 법률 제2511조 (a)에 따른 면제가 최초로 발효되는 날 이후 제품의 조달을 금지해야 한다.

(i) which are products of a foreign country or instrumentality which is not designated pursuant to section 2511(b) of this title, and 이 제목의 섹션 2511(b)에 따라 지정되지 않은 외국

또는 기구의 제품인 경우

(ii) which would otherwise be eligible products; and 달리 적격 제품일 수 있는 제품

(B) may, with respect to procurement covered by the Agreement, take such other actions within the President's authority as the President deems necessary. 협정서에 포함된 조달과 관련하여, 대통령이 필요하다고 판단하는 경우 대통령의 권한 내에서 기타 조치를 취할 수 있다.

(2) Exception: Paragraph (1) shall not apply in the case of procurements for which— 예외: 제1항은 다음에 해당하는 조달의 경우 적용되지 않는다.

(A) there are no offers of products or services of the United States or of eligible products; or 미국 제품이나 서비스 또는 적격한 제품의 제공이 없는 경우, 또는

(B) the offers of products or services of the United States or of eligible products are insufficient to fulfill the requirements of the United States Government. 미국의 제품이나 서비스 또는 적격 제품의 제공은 미국 정부의 요구사항을 충족하기에 불충분하다.

(b) Deferrals and waivers: Notwithstanding subsection (a), but in furtherance of the objective of encouraging countries to become parties to the Agreement and provide appropriate reciprocal competitive government procurement opportunities to United States products and suppliers of such products, the President may—

지연 및 포기: (a)항에도 불구하고, 국가들이 협정의 당사자가 되어 미국 제품과 해당 제품의 공급자에게 적절한 상호 경쟁적인 정부조달 기회를 제공하도록 장려하는 목적을 강화하기 위해, 대통령은 다음과 같이 할 수 있다.

(1) waive the prohibition required by subsection (a)(1) on procurement of products of a foreign country or instrumentality which has not yet become a party to the Agreement but— 아직 본 협정서 당사자가 되지 않은 외국 또는 기구의 제품 조달에 대해 (a)(1)항에서 요구하는 금지를 포기하는 것

(A) has agreed to apply transparent and competitive procedures to its government procurement equivalent to those in the Agreement, and 투명하고 경쟁력 있는 절차를 협정에 해당하는 정부조달에 적용하기로 합의한 경우

(B) maintains and enforces effective prohibitions on bribery and other corrupt practices in connection with its government procurement; 정부조달 관련 뇌물수수 및 기타 부패 관행에 대한 효과적인 금지를 유지하고 시행한다.

(2) authorize agency heads to waive, subject to interagency review and general policy guidance by the organization established under section 1872(a) of this title, such prohibition on a case-by-case basis when in the national interest; and 이 제목의 1872(a)절에 따라 설립된 기관의 기관 간 검토 및 일반정책 지침에 따라 국가 이익에 부합하는 경우 개별적으로 그러한

금지를 포기하도록 기관장에게 권한을 부여한다.

(3) authorize the Secretary of Defense to waive, subject to interagency review and policy guidance by the organization established under section 1872(a) of this title, such prohibition for products of any country or instrumentality which enters into a reciprocal procurement agreement with the Department of Defense. 국방부장관에게 본 제목의 제1872조 (a)에 따라 설립된 조직의 기관 간 검토 및 정책 지침에 따라 국방부와 상호조달협정을 체결한 국가 또는 기구 의 제품에 대한 금지를 포기할 수 있는 권한을 부여한다.

〈RDP 관련 미국 법률〉

4.2.2 무역협정법

(Trade Agreements Act 0f 1979, 19 U.S. Code Chapter 13)

무역협정법(Trade Agreements Act, 이하 TAA)은 미국과 다른 국가 간의 협상에 의한 무역협정에 관한 법으로, 1979년에 시행되어 북미자유무역협정(North American Free Trade Agreement, NAFTA)을 비롯하여 다른 국가 간 FTA의 법률적 기초가 되고 있다. TAA는 협상된 무역협정을 승인하고 이행하며 개방된 세계무역 시스템의 성장과 유지를 촉진하고 국제무역을 통한 미국의 통상기회를 확대하여 국제무역규칙을 개선하고 그 규칙의 집행을 규정함에 목적이 있다.

TAA는 연방조달 계약에 관한 재화와 서비스의 조달을 제한할 수 있다. 정부조달 협정 회원국에 대해서는 BAA가 적용되지 않는다. 일반적으로 미국 또는 지정된 국가에서 만들어진 제품에 대해서도 TAA의 준수가 요구된다. 지정된 국가란 미국과 자유무역협정을 체결한 캐나다·멕시코 등 국가와 일본·유럽·세계무역기구 정부조달협정 회원국, 아프가니스탄·에티오피아 등 최빈국, 코스타리카 등 카리브지역국가를 말한다. TAA에 의하면 미국 대통령에게는 미국과 무역협정을 맺거나 특정 기준을

■ 미국법전(United States Code, U.S. Code, U.S.C.) 표기방법

1. 미국법전은 연방법률을 하나로 모은 것이다. 가장 최근의 미국법전은 20만 페이지로 2012년에 발행되었으며 51개의 편(篇, Title)으로 구성되어 있다. "10 U.S.C. §2457"에서 '10'은 "Title 10. Armed Forces(군대)"를 말하는데, 10편에서는 미국 군대의 역할, 임무, 조직 및 미국 국방부에 대한 법적근거 등을 규정하고 있다.

Title 10 ⌐   ⌐ U.S. Code
10 U.S.C. §2457
└ Section 2457

2. 법전은 TITLE → Subtitle → PART → CHAPTER → Section으로 세분화된다. §2457는 Section 2457번으로 "Standardization of equipment with North Atlantic Treaty Organization members(북대서양조약기구와의 장비표준화)"에 관하여 규율하고 있다. "10 U.S.C. §2457"을 예로 들면, TITLE 10 Armed Forces → Subtitle A General Military Law → PART IV SERVICE, SUPPLY, AND PROPERTY → CHAPTER 145 CATALOGING AND STANDARDIZATION → Sections 2457 Standardization of equipment with North Atlantic Treaty Organization members의 순서에 의해 규정되어 있다.

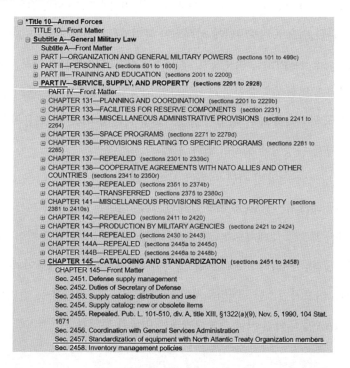

〈미국법전 표기방법〉

충족하는 국가의 적격제품(Eligible Products) 또는 공급업체를 차별하는 제한의 적용을 면제할 수 있는 권한이 허용된다. 미국 대통령은 이 권한을 통상대표부에 위임하였고, 통상대표부는 ① WTO GPA 및 ② FTA 가입국의 적격제품에 대해 BAA 적용을 포기하였다.

비록 BAA가 TAA를 면제사유로 하고 있다고는 하나 WTO GPA 및 FTA에서 주요 무기체계, 핵심부품 등에 관한 국방조달의 대부분을 적용에서 제외하고 있기 때문에 방산물자 수출입의 대부분은 WTO GPA 및 FTA에 따른 자유무역이 이루어지지 못하고 있다. 더불어 연방조달규정 자체에서도 무기, 탄약, 전쟁물자의 획득 또는 국가안보 및 국방 목적상 필수적인 조달에는 TAA가 적용되지 않는다고 명시하고 있어 국방조달의 대부분이 TAA 적용을 받지 못하고 BAA 적용을 받고 있는 실정이다.

4.2.3 기반시설투자/일자리법
(Infrastructure Investment & Jobs Act, 23 U.S.C. Chapter 1~6)

기반시설투자/일자리법(Infrastructure Investment & Jobs Act)은 초당적 기반시설 관련 법안으로 알려져 있으며 미국투자법(Invest in America Act)으로 제정되어 2021월 바이든 대통령이 서명하였다. 도로, 교량, 철도, 대중교통, 항구 및 공항을 포함한 미국 기반시설을 개선하고 정비하는 새로운 정책을 포함하고 있다. 도로와 교량의 개선 및 수리, 학교와 가정에 깨끗한 식수 제공, 기후 변화의 영향을 완화, 교통의 개선, 수백만 개의 고임금 일자리를 창출 등을 목적으로 한다.

4.2.4 베리수정법(Berry Amendment, 10 U.S.C. §2533a)

미국 하원의원이었던 엘리스 야널 베리(Ellis Yarnal Berry)의 이름을 딴 베리수정법 (Berry Amendment)은 BAA와 같은 미국산우선구매법으로서 미국 국방부, 육해공군 및 해병대 등에서 사용하는 특정 섬유, 의류, 그리고 식품은 미국에서 만들어지도록 요구하고 있다. 1973년 의회는 미국에서 '용해되거나 생산되지 않는' 특수금속 조달도 대상에 추가하였으며, 항공기 · 미사일 · 우주체계 · 함정 · 전차 · 무기체계 및 탄약의 금속을 포함하는 부품 또는 플랫폼에 적용된다.

---

10 USC Section 2533a - Requirement to buy certain articles from American sources; exceptions

미국산으로 구매해야 하는 품목 요구조건; 예외

(a) Requirement.—Except as provided in subsections (c) through (h), funds appropriated or otherwise available to the Department of Defense may not be used for the procurement of an item described in subsection (b) if the item is not grown, reprocessed, reused, or produced in the United States. (c)항부터 (h)항까지에 규정된 경우를 제외하고, 국방부가 충당하거나 달리 사용할 수 있는 자금은 해당 품목이 미국에서 재배, 재가공, 재사용 또는 생산되지 않는 경우 (b)항에 기술된 품목의 조달에 사용될 수 없다.

(b) Covered Items. 적용대상품목 —An item referred to in subsection (a) is any of the following: 미국산 구매품목

  (1) An article or item of—

    (A) food; 식품

    (B) clothing and the materials and components thereof, other than sensors, electronics, or other items added to, and not normally associated with, clothing (and the materials and components thereof); 센서, 전자제품 또는 일반적으로 의류 및 관련 재료 · 구성품과 관련 없는 다른 추가제품을 제외한 의류 및 관련 재료 · 구성품

    (C) tents, tarpaulins, or covers; 텐트, 방수포 또는 덮개

    (D) cotton and other natural fiber products, woven silk or woven silk blends, spun

---

silk yarn for cartridge cloth, synthetic fabric or coated synthetic fabric (including all textile fibers and yarns that are for use in such fabrics), canvas products, or wool (whether in the form of fiber or yarn or contained in fabrics, materials, or manufactured articles); or 면 및 기타 천연섬유제품, 직조 실크 또는 직조 실크 혼방, 카트리지 천용 방적 실크 원사, 합성 섬유 또는 코팅 합성 섬유(이러한 직물에 사용되는 모든 섬유 섬유 및 원사 포함), 캔버스 제품 또는 양모(섬유 또는 원사의 형태이거나 직물, 재료 또는 제조 품목에 포함됨) 또는

(E) any item of individual equipment manufactured from or containing such fibers, yarns, fabrics, or materials. 그러한 섬유, 원사, 직물 또는 재료로 제조되거나 이를 포함하는 개별 장비 품목.

(2) Hand or measuring tools. 수공구 또는 측정도구 (이하 생략)

〈베리수정법〉

4.2.5 미국 이외 상품조달에 관한 기타 제한

(Miscellaneous limitations on the procurement of goods other than United States goods, 10 U.S.C. §2534)

미국산 제품 이외의 특정한 품목별로 구매대상 생산업체에 대한 제한사항에 대하여 명시하고 있다. 국방부장관은 그러한 요구조건을 충족하는 경우 구매할 수 있으나, 해외에서 제조되거나 생산된 해군함정의 수리부속은 제외하고 있다.

10 USC §2534. Miscellaneous limitations on the procurement of goods other than United States goods

(a) Limitation on Certain Procurements.—The Secretary of Defense may procure any of the following items only if the manufacturer of the item satisfies the requirements of subsection (b): 특정조달에 대한 제한. 국방부장관은 품목 제조업체가 하위 조항 (b) 요구사항을 충족하는 경우에만 다음 품목 중 하나를 조달할 수 있다.

(1) Buses.—Multipassenger motor vehicles (buses). 다인승 버스

(2) Chemical weapons antidote. 화학무기 해독제

(3) Components for naval vessels. 해군 함정용 부품

(4) Valves and machine tools. 밸브 및 공작기계

(5) Ball bearings and roller bearings. 볼베어링 및 롤러베어링

(6) Components for auxiliary ships. 보조선용 부품

(b) Manufacturer in the National Technology and Industrial Base. 국가 기술 및 산업 기반 제조업체

(1) General requirement. A manufacturer meets the requirements of this subsection if the manufacturer is part of the national technology and industrial base. 일반 요구사항. 제조업체가 국가 기술 및 산업 기반의 일부인 경우 제조업체는 이 하위 섹션의 요구사항을 충족한다.

(2) Manufacturers of chemical weapons antidote. In the case of a procurement of chemical weapons antidote referred to in subsection (a)(2), a manufacturer meets the requirements of this subsection only if the manufacturer— 화학무기 해독제 제조업체. (a)(2)항에 언급된 화학무기 해독제 조달의 경우, 제조업체는 다음과 같은 경우에만 이 하위항의 요건을 충족한다.

(A) meets the requirement set forth in paragraph (1); (1)항에 명시된 요건을 충족

(B) is an existing producer under the industrial preparedness program at the time the contract is awarded; 계약 체결 당시 산업 준비 프로그램에 따라 기존 생산자

(C) has received all required regulatory approvals; and 필요한 모든 규제에 대한 승인

(D) when the contract for the procurement is awarded, has in existence in the national technology and industrial base the plant, equipment, and personnel necessary to perform the contract. 조달계약이 체결될 때 국가 기술 및 산업 기반에 계약을 수행하는 데 필요한 공장, 장비 및 인력 보유

(3) In the case of a procurement of vessel propellers, the manufacturer of the propellers meets the requirements of this subsection only if— 선박 프로펠러를 조달하는 경우, 프로펠러 제조업체는 다음과 같은 경우에만 이 항의 요구사항을 충족한다.

(A) the manufacturer meets the requirements set forth in paragraph (1); and (1)항에 명시된

〈미국 이외 상품조달에 관한 기타 제한법〉

4.2.6 1920년 연안무역법 제27조

(Jones Act, Merchant Marine Act of 1920 Chapter 24)

Jones Act는 해외에서 건조되거나 정비를 받은 함정은 미국 내에서 운항할 수 없도록 강제하는 1920년에 제정된 연안무역법(Merchant Marine Act of 1920)의 제27조를 지칭한다. 연안무역법은 전쟁이나 국가 비상사태에서 상업 활동을 지원하고 해군 보조 역할을 하기 위해 상선의 개발과 유지를 위한 지원을 확립하는 연방법이며, 이 중에서 제27조 Jones Act는 미국 내 해상운송 권한을 미국에서 등록되고 건조되거나 개조된 선박에 한하여 허락하며, 해군 함정의 건조 및 MRO를 해외에서 수행하는 것을 제한(해외 전진기지를 모항으로 하는 일부 함정의 MRO는 제외)하고 있다. 구체적으로 다음의 세 가지 요건을 강제하고 있다. ① 미국 항구를 오가는 화물운송 선박은 미국 회사가 소유해야 하며, 소유권의 75% 이상은 미국 시민이 보유해야 한다. ② 선박의 승무원은 대다수의 미국 시민으로 구성되어야 한다. ③ 선박은 미국에서 건조 및 등록되어야 한다.

Jones Act는 미국의 해상운송을 규제하는 보호주의 법으로서 다른 국가의 선박에 대한 차별을 이유로 WTO 등에서 많은 논란이 제기된 바 있지만 국가안보에 해당한다는 이유로 예외조항이 되었다. 한미FTA 협상에서 미국의 쌀 개방 요구에 대하여 한국은 Jones Act 폐지를 요구함으로써 미국으로부터 쌀 개방을 막아 내기도 하였다.

4.2.7 특수금속조항(Specialty Metals Provision, 10 U.S.C. §4863)

특수금속으로 알려진 특정한 금속 또는 금속의 합금을 포함하는 일부 품목은 미국에서 생산 또는 제조되어야 한다. 특수금속은 다음과 같이 정의하고 있다.

---

10 USC §4863. Requirement to buy strategic materials critical to national security from American sources; exceptions 국가안보에 중요한 전략물자를 미국에서 구매해야 하는 요건; 예외

(l) Specialty Metal Defined.—In this section, the term "specialty metal" means any of the following: 특수금속이란 다음과 같다.

(1) Steel 강철

(A) with a maximum alloy content exceeding one or more of the following limits: manganese, 1.65 percent; silicon, 0.60 percent; or copper, 0.60 percent; or 다음 한도 중 하나 이상을 초과하는 최대 합금 함량: 망간, 1.65%; 실리콘, 0.60%; 또는 구리, 0.60%

(B) containing more than 0.25 percent of any of the following elements: aluminum, chromium, cobalt, columbium, molybdenum, nickel, titanium, tungsten, or vanadium. 알루미늄, 크롬, 코발트, 콜럼븀, 몰리브덴, 니켈, 티타늄, 텅스텐, 바나듐 중 어느 하나라도 0.25% 이상 함유된 것.

(2) Metal alloys consisting of nickel, iron-nickel, and cobalt base alloys containing a total of other alloying metals (except iron) in excess of 10 percent. 총 10%를 초과하는 기타 합금 금속(철 제외)을 포함하는 니켈, 철-니켈 및 코발트 기반 합금으로 구성된 금속 합금.

(3) Titanium and titanium alloys. 티타늄과 티타늄 합금

(4) Zirconium and zirconium base alloys. 지르코늄과 지로코늄 기본합금

〈특수금속조항〉

4.2.8 국방수권법(National Defense Authorization Act)

국방수권법(National Defense Authorization Act, 이하 NDAA)은 1961년에 제정된 국

방예산 법안으로 다음 해 국방부 예산을 결정하기 위해 매년 12월 의회가 심의한다. 미국 의회는 주로 NDAA와 국방세출법안(Defense Appropriations Bills)이라는 두 가지 연간 법안을 통해 국방예산을 감독하고 있다. NDAA에는 미국 정부기관에 대한 광범위한 정책과 지침이 포함되며 미국산 우선정책과 관련하여 최근에는 미국산 제품을 사용할 것과 중국의 특정기술 사용을 금지할 것을 특별히 강조하고 있다.

4.2.9 국방생산성 향상법

(Defense Production Act of 1950, 50 U.S.C. Chapter 55)

미국 국방 산업을 보호하고 확장시키기 위하여 미국 정부가 국가안보와 관련된 물품, 서비스 및 기술의 생산과 유통을 조절할 수 있도록 하는 법률이다. 이 법이 적용되면 국가안보에 필요한 물품이나 서비스의 생산과 공급을 보장하기 위해 필요한 모든 조치를 취할 수 있으며, 미국 국방 산업에 대한 우선권이 부여되어 해외업체는 미국 국방 방산시장에서 경쟁할 수 있는 기회를 제한받을 수 있다.

한국이 미국에 방위산업 수출을 하는 경우, 국방생산성 향상법이 수출에 영향을 미칠 수 있다. 이 법은 국가안보와 관련된 모든 생산과 유통 활동을 조절할 수 있으므로, 미국 정부는 방위산업 수출에 대해 이 법률을 적용할 수 있다. 예를 들어 한국이 미국으로 방위산업 제품을 수출하는 경우, 미국 정부는 그 제품이 미국의 국가안보에 직간접적인 위협을 가할 가능성이 있는지 검토할 수 있다. 또한, 해당 제품이 미국 내에서 생산되는 제품과 경쟁하는 경우, 미국 내의 방위산업을 보호하기 위해 제한을 가할 수도 있다. 따라서 한국이 미국으로 방위산업 제품을 수출할 경우, 해당 거래가 미국 정부의 국가안보 정책과 일치하는지 확인할 필요가 있다.

4.2.10 Byrns-Tollefson Amendment, 10 U.S.C. §8679

미국 구매자를 국내 공급자로 제한하는 추가 법률로 Byrns-Tollefson 수정법이 있으며, 이에 따라 군은 운용하는 함정의 선체 또는 상부구조 주요부품을 제작 또는 재장착시 외국 조선소를 사용하지 못한다. 고속단정은 이후 적용대상에서 제외되었다.

4.2.11 무기수출통제법
(Arms Export Control Act section 36, 22 U.S.C. §2776)

무기수출통제법(Arms Export Control Act, 이하 AECA)은 대외군사판매(FMS), 직접상업판매(DCS), 대외군사차관(FMFP) 등 해외 방산수출에 대한 승인권을 제공하는 법이다. DFARS 252.225-7001에서는 RDP가 AECA의 제36조 및 10 U.S. §2457을 준수한다고 명시되어 있다. 22 USC §2776은 무기 수출에 대한 의회 보고 및 승인(Reports and certifications to Congress on military exports)에 대한 법이며, 10 USC § 2457은 NATO 회원국에 대한 장비 표준화(Standardization of equipment with North Atlantic Treaty Organization members)에 관한 법률로서 NATO 회원국과 함께 장비 표

DFARS 252.225-7001 Buy American and Balance of Payments Program. (a) Definitions. The memorandum or agreement complies, where applicable, with the requirements of section 36 of the Arms Export Control Act (22 U.S.C. 2776) and with 10 U.S.C. 2457. 양해각서 또는 협정은 무기수출통제법(22 U.S.C. 2776) 제36조 및 10 U.S. 2457조를 준수한다.

〈무기수출통제법〉

준화, 장비의 비용, 기능, 품질 및 가용성을 고려하여 표준화되거나 상호운용 가능한 장비를 획득하기 위한 조달 절차에 관한 내용을 담고 있다.

4.3 대통령 행정명령(Executive Order)

미국의 행정명령에 대한 헌법이나 법률에서 직접 명시된 정의는 없으나, 일반적으로 헌법이나 법률에 의해 근거한 권한으로 법률의 집행이나 효력 발생을 위한 대통령 지시라고 할 수 있다.[41] 통상 미국 대통령은 정책을 실현하기 위해 다양한 수단을 가지고 있다. 정책을 추진하기 위한 법률을 제정하도록 의회와 협의하거나, 행정기관으로 하여금 연방 하위법령을 제정 또는 개정하게 할 수 있는데, 행정부에 대한 지시사항을 조문형태로 명령하는 행정명령도 이러한 수단에 속한다. 즉, 대통령은 행정부에 대한 지시사항을 조문형태로 명령함으로써 자신의 정책을 실현할 수도 있는데, 이러한 조문형태의 문서를 행정명령이라 한다. 다만, 대통령 행정명령은 법률에 근거가 있는 경우 법적 효력이 발생된다.

BAA에서는 "관련된 연방기관장(Head of the Federal agency concerned)이 해당 물품을 획득하는 것이 공공의 이익에 부합하지 않거나, 그 비용이 불합리하다고 결정하지 않는 한 미국산을 구매해야 한다."고 하여 BAA의 적용범위에 대한 결정을 연방기관장에게 위임하고 있다. 이에 따라 대통령 행정명령 제10582호는 BAA의 적용범위 및 절차 등을 제시하고 있으며, 연방조달규정(FAR)에 구체화되어 효력을 유지하고 있다.

---

41 | Braunum, Tara L. "President or King – The Use and Abuse of Executive Orders in odern–Day America", 2002.

〈대통령 행정명령 제10582〉

트럼프는 2019년 행정명령 제13881호[42]를 발령하여 외국산 제품에 가격 가산비율을 높이고 "법적으로 허용되는 최대 수준까지(To the maximum lawful extent) 미국산 우선구매법과 정부정책의 목표를 가장 효과적으로 이행"할 것을 요구하는 등 BAA를 강화하였다. 행정명령 제13881호는 연방정부조달에서 해외조달 비중을 제한하고 미국 내 조달 비중을 높이는 것이지만, 궁극적으로는 연방조달을 통해 제조업 공급망을 미국 중심으로 재편하는 것이라고 할 수 있다. 하지만 구체적인 이행조치가 뒷받침되지 못해 실효성을 거두지 못한 것으로 평가되고 있다.

이에 반하여 바이든은 2021년 바이 아메리카(Buy America) 정책을 강화하는 Made in America 행정명령 제14005호[43]에 서명하였는데, 지금까지의 미국산우선구매 조치 중 가장 강력한 이행조치를 포함한 것으로 평가되고 있다. 바이든 행정부의 정책은 트럼프 행정부 때보다 구체적·체계적으로 강화되어 이행되고 있어, 해외 기업들의

---

42 | "Maximizing Use of American-Made Goods, Products, and Materials", 2019.7.15.

43 | Executive order 14005 on Ensuring the Future Is Made in All of America by All of America's Workers

미국의 RDP와 한국의 방산수출전략

미국 조달시장 진출이 더욱 어려워질 전망이다.[44]

행정명령 No.	서명일	행정명령	비고
13788	2017.4.18.	Buy American and Hire American	폐기
13796	2017.4.29.	Addressing Trade Agreement Violations and Abuses	
13806	2017.7.21.	Assessing/Strengthening the Manufacturing and Defense industrial Base and Supply Chain Resiliency of the U.S.	
13858	2019.1.31.	Strengthening Buy-American preferences for infrastructure projects	폐기
13873	2019.5.15.	Securing the information and communications technology and services supply chain	
13881	2019.7.15.	Maximizing use of American-made goods, products, and materials	개정
13917	2020.4.28.	Delegating Authority Under the Defense Production Act With Respect to Food Supply Chain Resources During the National Emergency Caused by the Outbreak of COVID-19	
13921	2020.5.7.	Promoting American seafood competitiveness and economic growth	
13944	2020.8.6.	Ensuring essential medicines, medical countermeasures, and critical inputs and made in the U.S.	
13948	2020.9.13.	Lowering Drug Prices by Putting America First	
13953	2020.9.30.	Addressing the Threat to the Domestic Supply Chain From Reliance on Critical Minerals From Foreign Adversaries and Supporting the Domestic Mining and Processing Industries	
13975	2021.1.14.	Encouraging Buy American Policies for the United States Postal Service	폐기
14005	2021.1.25.	Ensuring the Future Is Made in All of America by All of America's Workers	

〈트럼프 및 바이든 행정부의 'Buy America' 행정명령〉

---

44 | 박혜리, "바이든 행정부의 Buy America 강화 동향과 정부조달시장 전망", 대외경제정책연구원, 세계경제포커스, Vol.4 No.156, 2021.4.2.

4.4 미국산 우선정책 관련 규정

규정(Regulation)은 법률을 실효적으로 실행하기 위한 훨씬 더 구체화된 규칙으로서 미국산 우선정책 관련 법률은 연방조달규정(Federal Acquisition Regulation), 국방조달규정보충서(Defense Federal Acquisition Regulation Supplement), 연방규정집(Code of Federal Regulations) 등을 통해 구체화되고 있다.

4.4.1 연방조달규정(Federal Acquisition Regulation)

연방조달규정(Federal Acquisition Regulation, 이하 FAR)은 연방정부가 조달하는 물품 · 용역 · 건설 등의 구매에 적용되며 BAA와 대통령 행정명령 제10582호를 보다 구체화하여 연방기관의 구매담당자들이 BAA를 준수할 수 있도록 하는 세부적인 기준을 마련하였다. 다만, FAR은 모든 정부조달에 적용되는 규정이므로, 각 정부기관의 특성에 따라 필요한 경우 특정한 제한을 강화하거나 절차를 더 구체화하는 것이 필요할 수 있는데, 이를 위해 관련기관은 보충규정(Supplement)을 발행하여 FAR를 보충하고 있다. 다음에서 살펴볼 국방조달규정보충서(Defense Federal Acquisition Regulation Supplement, 이하 DFARS)는 FAR를 국방조달 분야에 구체화하기 위해 국방부에서 발행한 보충규정이다. 이 규제가 적용되면 해외업체는 미국 정부조달 계약에 참여할 수 있는 기회를 제한받게 된다.

미국의 RDP와 한국의 방산수출전략

4.4.2 국방조달규정보충서

(Defense Federal Acquisition Regulation Supplement)

국방조달규정보충서(Defense Federal Acquisition Regulation Supplement, 이하 DFARS)는 군수 물자 및 시설을 조달하는 절차를 규정한 것으로서, FAR의 국방조달 분야에 구체화하기 위해 국방부에서 발행한 보충규정이라고 할 수 있다. DFARS에서는 RDP에 대하여 다음과 같이 규정하고 있다. 미국의 공공이익에 부합되지 않는 경우 적격국가에 대하여 BAA 또는 국제수지 균형 프로그램의 적용을 제외할 수 있으며, RDP 체결국을 적격국가(Qualifying Country)에 포함하고 있다. BAA와 관련된 내용은 Part 225 Foreign Acquisition → Subpart 225.1 Buy American에 명시되어 있다.

4.4.3 미국 연방조달규정집(Code of Federal Regulations)

연방조달규정(Code of Federal Regulations, 이하 CFR)은 연방정부가 발령한 행정 명령을 집대성한 것으로 연방정부가 조달하는 제품과 용역에 대한 규제에 대하여 규정하고 있다. 규정집의 각권은 매년 한 차례씩 갱신되며, 주제별로 묶어서 분기별로 나뉘어 발간된다. 이 중에서 BAA와 관련된 내용은 Title 48 Federal Acquisition Regulations System → Chapter 1 Federal Acquisition Regulation → SubChapter D SocioEconomic Programs → Part 25 Foreign Acquisition → Subpart 25.1 Buy American - Supplies에 명시되어 있다.

4.4.4 국제무기거래규정(International Traffic in Arms Regulations)

미국에 방산수출에 대한 재량권을 부여하는 가장 엄격한 규정으로 국제무기거래규정(International Traffic in Arms Regulations, 이하 ITAR)을 들 수 있다. 미국은 군수품 목록(US Munitions List, 이하 USML)에 등재된 제품 및 기술에 대해서는 경쟁국에 대하여 기술적 우위를 확보할 수 있도록 기술, 데이터 및 지식의 이전(Transfer)을 엄격히 통제하고 있다. USML은 미국 정부가 국방과 관련된 물자, 용역, 기술로 분류한 품목으로 구성된 목록으로서 USML에 등록된 국방 물자 및 용역에 대한 수출입 관리에 ITAR를 적용하고 있으며 국무부를 포함한 다수의 정부기관들이 ITAR에 관여하고 있다. 미국 대통령은 국방 물자 및 용역에 대한 ITAR의 수출입 관리 권한이 있으나, 실제로는 국무장관에게 위임되었다. ITAR에 의하면 국무부가 승인한 경우를 제외하고는 국방 및 군사 관련 기술이 수반되는 정보 및 자료를 외국 정부기관 및 외국인, 해외 조직을 상대로 교류하는 행위를 금지한다. 또한 해외에 국방 물자를 제조 혹은 수출하려면 미국에 위치한 공급자는 국무부 산하 국방무역통제국(Directorate of Defense Trade Controls, DDTC)에 등록되어 있어야 한다.[45]

ITAR는 해외업체가 미국시장에 접근하는 것을 허용하기는 하지만, 지식·데이터·기술이 미국 영토를 벗어나지 않도록 통제한다. 또한, ITAR 제어기술 및 소프트웨어가 포함된 완성된 무기체계, 기술 및 데이터의 수출을 전 세계 어디에서나 제한할 수도 있다. ITAR 위반에는 막대한 벌금이나 징역형이 부과될 수 있어 ITAR는 미국 방산시장에 진입하는 데 많은 제한을 가한다. 미국 정부는 필요에 따라 USML을 수정하여 ITAR에 의해 통제되는 지식과 기술을 전략적으로 선택할 수 있다. 따라서 ITAR는 미국 외의 둘 이상의 제3국에 대해서도 방산수출을 통제하는 데 사용할 수 있다.

---

45 | 국방기술품질원, "미국 방산시장 동향분석 보고서", 2020.2., pp40~41.

이는 미국 정부가 특정한 국방과학기술에 대해 EU 회원국 간의 방산수출을 제한할 수 있는 권한을 가지고 있음을 의미하며, EU가 EU 회원국 간의 방산장비 이전에 대한 장벽을 낮추기 위해 취한 노력에 반하는 것이다. 또한 미국의 기술, 재료 또는 소프트웨어가 일부만 포함되어 있더라도 전체에 대한 방산수출 및 사용의 자율성을 상실하는 것과 같다.

4.5 미국산 우선정책 관련 정책 및 지침

미국산 우선정책과 관련된 연방기관의 정책(Policy) 및 지침(Guidance)으로는 외국 비공개 지정(NOFORN designation, 이하 NOFORN), 기타 국방부 프로그램(DoD programs) 등이 있다. 미국 정부기관은 종종 정책서 또는 지침을 발표하기도 하는데, 이는 정부조달 계약자의 의무를 이해하는 데 도움이 될 수 있다. 명확하게 말하면, 미국 정부기관의 정책서는 법적 효력이 없는 경우가 많지만, 특정한 법률 또는 규정과 관련된 이해하기 쉽도록 관련된 정보를 제공한다.

4.5.1 외국 비공개 지정

(Not Rereleased to Foreign Nationals designation, 이하 NOFORN)

NOFORN은 미국 해군의 핵 추진선박 설계, 배치, 개발, 제조, 테스트, 운영, 관리, 교육, 유지보수 및 수리에 관한 정보를 보호하기 위한 제도이다. NOFORN이 적용되는 경우, 계약자 또는 하청업체는 기밀 또는 분류되지 않은 모든 형태의 해군 핵 추진정보를 보호하기 위해 보안 담당자의 승인을 받아야 한다. 미국 시민 또는 미국 국민이 아닌 외국인 또는 이민 외국인의 접근은 허용되지 않는다. NOFORN은 발신자의 승인 없이 외국 정부, 국제조직, 외국 국적자 또는 이민자 외국인에게 어떤 형태로도 제공할 수 없다.

4.5.2 국제수지 프로그램(Payment Balance Program)

미국 본토 밖의 해외에서 미국 육군 공병대(U.S. Army Corps of Engineers)가 수행하는 건설공사에 사용되는 건설자재(Construction Material)를 미국산을 우선하여 구매하도록 제한을 두는 규정으로서 국방조달규정의 부록서(DFARS 252.225-7044)에 규정되어 있다. 국제수지 프로그램은 대외군사판매(FMS) 계약에 따라 수행된 것을 포함한다. 대부분의 RDP 체결국들은 협력범위에서 건축 분야는 제외하고 있으며, 이러한

DFARS 252.225-7044

(b) Domestic preference. This clause implements the Balance of Payments Program by providing a preference for domestic construction material. The Contractor shall use only domestic construction material or SC/CASA state construction material in performing this contract, except for
국산품 우선. 이 조항은 국내 건축자재에 대한 우선권을 제공함으로써 국제수지 프로그램을 구현한다. 계약업체는 다음을 제외하고 본 계약을 이행할 때 국내 건축자재 또는 SC/CASA 주 건축 자재만 사용해야 한다.

(1) Construction material valued at or below the simplified acquisition threshold in the Federal Acquisition Regulation; 연방조달규정의 표준 최소구매가 이하로 평가되는 건축 자재

(2) Information technology that is a commercial product; or 상용제품인 정보기술

(3) The construction material or components listed by the Government. 정부가 나열한 건축 자재 또는 구성 요소

〈국방조달규정에 규정된 국제수지 프로그램〉

미국의 RDP와 한국의 방산수출전략

경우 국제수지 프로그램의 면제를 적용받지 못한다.

4.5.3 외국인 투자 위원회
(Committee on Foreign Investment in the United States)

외국인 투자 위원회(Committee on Foreign Investment in the United States, 이하 CFIUS)는 미국 국가안보와 관련된 외국인에 의한 미국기업 인수, 합병 및 투자 등 외국 투자 거래를 검토하는 미국정부 위원회로서 국가안보와 관련된 외국 투자거래를 조사하고 승인 여부를 결정한다. 외국인 투자를 검토하고 승인하는 기관으로 위원회가 투자를 거부할 경우, 해외업체는 미국 내 투자 기회를 상실할 수 있다.

한국이 미국에 방위산업 수출을 하는 경우, 해당 거래가 CFIUS의 검토 대상이 될 수 있다. 특히, 외국기업이 미국의 방위산업 기업에 투자하는 경우, CFIUS는 해당 거래가 미국의 국가안보에 미치는 영향을 검토한다. CFIUS는 방위산업을 비롯한 다양한 산업 분야의 외국 투자 거래에 대해 규제를 적용할 수 있는데, 이를 위해 CFIUS는 특히 중요한 기술과 민감한 정보를 가진 기업, 미국의 국가안보에 직간접적인 위협을 가할 수 있는 기업 등을 대상으로 조사를 실시한다. 따라서 한국이 미국으로 방위산업 제품을 수출할 경우, 해당 거래가 CFIUS의 검토 대상이 될 가능성이 있다. CFIUS 결정에 따라 외국 기업의 인수, 합병 또는 투자가 거부될 수 있으며, 이는 한국의 방위산업 수출 계획에 영향을 미칠 수 있다.

4.5.4 기타 보이지 않는 손

이외에도 다음과 같은 규정들은 미국 방산시장에 진출하는 데 있어 보이지 않는 규제로 작용할 수 있기 때문에 사전에 이에 대한 철저한 확인 및 준비가 선행되어야 할 것이다. 이 중 CMMC를 예로 들면, CMMC는 미국 정부조달 계약의 필수인증으로 2025년 9월 30일부터 일괄 적용될 것이기 때문에 직접 진출을 희망하는 국내기업뿐만 아니라 절충교역을 활용한 간접진출을 희망하는 국내기업 역시 미리 대비하지 않

---

1. CMMC(Cyber Security Maturity Model Certification): DFARS 252.204-7012 & NIST SP 800-171, Protecting

Controlled Unclassified Information in Nonfederal Systems and Organizations

2. SCRM(Supplier Chain Risk Management): NIST SP 800-161 Supply Chain Risk Management Practices for Federal

Information Systems and Organizations

3. CAS(Cost Accounting System): DoD Accounting Systems, DFARS 252.242-7006

4. U.S. Defense Standardization Program

- Diminishing Manufacturing Sources and Material Shortages(DMSMS)

- Modular Open Systems Approach(MOSA)

- Government-Industry Data Exchange Program(GIDEP)

5. Data Assertion Rights

- DFARS 252.227-7017 Data Rights, Identification and Assertion of use, release or disclosure restrictions

6. Counterfeit Prevention

- US Defense Program

- DFARS 252.246-7007 Contractor Counterfeit Electronic Part Detection and Avoidance System

- DFARS 252.246-7008 Source of Electronics Parts

〈미국 방산시장 진출을 제한할 수 있는 규제들〉

미국의 RDP와 한국의 방산수출전략

으면 뛰어난 기술력과 품질을 갖추고 있더라도 향후 미국 글로벌 기업의 공급망에 진출하는 것은 불가능하다. 이에 따라 미국 정부조달 계약의 98%를 차지하는 미국의 4대 글로벌 방산업체(Boeing, LM, Raytheon, Northrop Grumman)에서는 지난해부터 국내 방산기업들에 CMMC 인증을 준비하지 않으면 앞으로 계약을 체결하지 않을 것이며, 할 수도 없음을 밝히고 CMMC 준비를 촉구해 오고 있다.

5장 RDP 체결사례 비교 · 분석

5.1 RDP 체결 현황

　미국 국방부는 캐나다와 최초로 RDP를 체결한 이후 2023년 9월 현재까지 28개국과 RDP를 체결하고 있다. 스웨덴 스톡홀름 국제평화문제연구소(SIPRI)에서 발표한 2018~2022년 세계 각국의 방산수출 순위를 보면 미국은 세계방산시장 점유율 40%로서 압도적인 우위를 차지하고 있는 가운데, 미국을 포함한 상위 10개국의 세계 방산시장 점유율은 90.78%에 이르고 있다. 한국은 방산수출 점유율 2.4%로 세계 9위이다. 상위 10개국을 들여다보면 미국과 RDP를 체결한 국가들이 다수 포함되어 있음을 알 수 있다. RDP를 체결한 28개국 중에서 프랑스, 독일, 이탈리아, 영국, 스페인, 이스라엘의 6개국이 10위권 내에 포진되어 있으며 이들은 1970년대부터 1980년대까지 미국과 RDP를 체결하였다. 상위 10개국 중에서는 미국을 제외한 중국 · 러시아 · 한국의 3개 국가만이 RDP를 체결하고 있지 않다.

　미국의 오랜 동맹국인 캐나다는 1963년에 가장 먼저 MOU를 체결하였다. 1970년대에는 주로 전통적인 우방국 및 서유럽이 포함된 9개국이 체결하였다. 1980년대 7개국, 1990년대 3개국, 2010년 이후에는 8개국이 각각 미국과 RDP를 체결하였다. 세계 방산수출 상위 10개국 가운데 중국과 러시아가 미국과 적대 또는 경쟁관계를 유지해 왔던 점을 고려하면, 미국의 우방국 중에서 한국만이 유일하게 RDP를 체결하고 있지 않다.

미국의 RDP와 한국의 방산수출전략

구분	체결국가	체결연도	방산수출 순위	구분	체결국가	체결연도	방산수출 순위
1	캐나다	1963	16위	15	스웨덴	1987	13위
2	스위스	1975	14위	16	이스라엘	1987	10위
3	영국	1975	7위	17	이집트	1988	36위
4	노르웨이	1978	22위	18	오스트리아	1991	40위
5	프랑스	1978	3위	19	핀란드	1991	29위
6	네덜란드	1978	11위	20	호주	1995	15위
7	이탈리아	1978	6위	21	룩셈부르크	2010	63위
8	독일	1978	5위	22	폴란드	2011	19위
9	포르투갈	1979	37위	23	체코	2012	26위
10	벨기에	1979	24위	24	슬로베니아	2016	43위
11	덴마크	1980	30위	25	일본	2016	48위
12	튀르키예	1980	12위	26	에스토니아	2016	54위
13	스페인	1982	8위	27	라트비아	2017	51위
14	그리스	1986	53위	28	리투아니아	2021	32위

〈RDP 체결 28개국의 체결연도 및 2018~2022년 기준 세계 방산수출 순위〉

5.2 RDP 체결국 분석대상 선정

RDP 체결국 사례를 분석하기 위해서는 28개국 전체에 대한 협정서를 모두 비교하는 것이 가장 좋을 것이다. 하지만 국가별 안보상황, 방산정책, 국방과학기술 수준 등에 따른 방산수출 역량에 차이가 있어 일률적인 비교가 오히려 결과를 왜곡시킬 가능성이 있다. 실제로 체결국 중 상당수는 방산수출 실적이 1% 미만이다. 20개국(71%)의 방산수출 점유율은 1% 미만이며, 이 중 12개국(43%)은 0.01% 미만으로 방산수출 실적이 미미하다. 이러한 국가들을 모두 포함하는 경우 실질적으로 영향이 있는 국가들의 평균치를 크게 벗어나 분석 결과를 왜곡할 가능성이 있다. 따라서 분석 결과의 신뢰도를 높이기 위해 RDP 형식 등 일반적인 내용은 전체 28개국을 대상으로 살펴보되, 방산 수출입 실적 등과 연계되는 부분은 한국과 유사한 환경의 국가들을 대상으로 집중 분석하였다.

이에 따라 아래와 같이 RDP 체결 28개국 중 8개국을 집중 분석대상으로 선정하였다. 먼저 세계 방산시장 점유율 2.4%로서 9위인 한국이 향후 세계 방산시장 점유율 확대를 위하여 실질적으로 경쟁하고 극복해야 할 대상으로 세계 방산수출 10개국 중에서 RDP를 체결한 프랑스 등 6개국을 선정하였다. 세계 방산시장 상위 10대국의 누적 점유율이 90.7%에 달하고, 11위인 네덜란드(1.35%) 및 12위 튀르키예(1.15%) 외에는 모두 1% 미만의 미미한 점유율을 보유하고 있기 때문이다. 추가로 비교대상을 확대하여 분석의 신뢰도를 높이기 위하여 방산수출 실적이 1% 이상인 네덜란드(1.35%)와 튀르키예(1.15%)를 포함하였다. 따라서 RDP를 체결한 28개국 가운데 앞서 언급한 8개국을 A그룹으로 구분하여 어떠한 내용으로 양해각서(MOU) 또는 협정서(Agreement)를 체결했는지 집중적으로 살펴보도록 하겠다.

미국은 1991년과 1992년 미국 GAO의 감사 결과 국방부에 RDP 이행에 대한 개선을 요구하였는데, 이후 2000년대 RDP 협정서가 정형화되는 경향이 두드러지고 있다. 한국도 2000년대 이후 협정서를 기반으로 미국과 협상이 진행될 것으로 예측된다. 따라서 방산수출 1% 미만인 경우라도 RDP의 최근 추세를 반영하기 위하여 8개국을 B그룹으로 구분하여 분석하였다. 이외에도 필요한 경우에는 체결 형식 등 일반적인 사항과 RDP 체결 이후 방산시장 잠식 등 부정적인 영향을 확인하기 위하여 28개국 전체로 분석대상을 확대하였다.

구분	체결국가	체결연도	세계 방산수출 점유율(%)	순위	구분	체결국가	체결연도	세계 방산수출 점유율(%)	순위
1	캐나다	1963	0.53	16위	15	스웨덴	1987	0.76	13위
2	스위스	1975	0.70	14위	16	Ⓐ이스라엘	1987	2.33	10위
3	Ⓐ영국	1975	3.18	7위	17	이집트	1988	0.06	36위
4	노르웨이	1978	0.27	22위	18	오스트리아	1991	0.04	40위
5	Ⓐ프랑스	1978	10.75	3위	19	핀란드	1991	0.09	29위
6	Ⓐ네덜란드	1978	1.35	11위	20	호주	1995	0.56	15위
7	Ⓐ이탈리아	1978	3.81	6위	21	Ⓑ룩셈부르크	2010	0.00	63위
8	Ⓐ독일	1978	4.18	5위	22	Ⓑ폴란드	2011	0.35	19위
9	포르투갈	1979	0.05	37위	23	Ⓑ체코	2012	0.20	26위
10	벨기에	1979	0.23	24위	24	Ⓑ슬로베니아	2016	0.03	43위
11	덴마크	1980	0.09	30위	25	Ⓑ일본	2016	0.01	48위
12	Ⓐ튀르키예	1980	1.15	12위	26	Ⓑ에스토니아	2016	0.00	54위
13	Ⓐ스페인	1982	2.60	8위	27	Ⓑ라트비아	2017	0.01	51위
14	그리스	1986	0.01	53위	28	Ⓑ리투아니아	2021	0.07	32위

〈세계 방산수출 점유율 및 순위에 따른 집중분석 대상(A, B그룹)〉

5.3 주요국의 국방상호조달협정 체결 사례 비교·분석

5.3.1 체결 목적

미국이 RDP를 체결하는 궁극적인 목적은 NATO의 군사력 확보 방향과 정확히 일치한다. NATO는 1949년 구소련 위협에 대항하기 위해 미국·캐나다 등 12개 국을 중심으로 창설되었으며, 1950년대 후반부터 합리화(Rationalization)·표준화

(Standardization) · 상호운용성(Interoperability)을 기반으로 회원국 상호 간의 국방협력을 추진하였다. 특히 표준화와 상호운용성은 NATO의 군사협력과 맞물려 있어 집단적인 작전을 실시하는 경우 군사력의 효율성을 직접적으로 증대시킬 수 있는 요소로 보았다.[46] 이처럼 RDP 체결을 통해 동맹국 및 우방국과의 국방조달의 합리화 · 표준화 · 상호운용성을 촉진하고 방산협력 및 군사대비태세를 강화하기 위한 목적은 NATO의 국방협력 추진 방향과 동일하다. 이는 미국이 RDP를 경제적인 수단으로 활용하기보다는 중요한 안보정책수단으로 활용하였음을 뒷받침한다.

　RDP 목적이 구체적으로 어떤 의미인지에 대하여 세부적으로 살펴보면 다음과 같다. 첫째, 합리화는 서로 다른 국가 간에 군수품 및 장비 등을 공동으로 개발하거나 구매하여 군수비용을 최소화하고 군수품 및 장비의 중복구매를 방지하여 미국 및 우방국의 국방자원의 효율성을 높이는 것을 의미한다.

　둘째, 표준화는 다양한 군수품 및 장비가 상호 호환되도록 표준을 정립하는 것으로서 각국이 보유한 장비들에 대하여 동일한 표준을 적용시켜 장비 간 상호호환성을 높이고 유지보수 및 운용을 용이하게 할 수 있도록 보장한다. 표준화는 한국이 글로벌 공급망에 참여하는 데 매우 중요한 역할을 한다. 하지만 미국 바이든 행정부의 "Made in America" 정책은 미국산 취득을 의무화하는 기존의 제도, 특히 BAA에 대한 면제 규모를 줄이고자 한다. 이러한 변화는 한국이 미국과 RDP를 체결한 28개국에 속하지 않기 때문에 미국을 중심으로 한 글로벌 공급망에 한국이 참여하는 것을 더 어렵게 만들 것이다. 왜냐하면 RDP는 국방조달을 위해 합의한 다수의 체결국 상호 간의 표준을 포함하기 때문이다.

　마지막으로 상호운용성은 다양한 군수품 및 장비를 사용하는 데 있어 우방국 간에 제약 없이 서로 호환되어 사용할 수 있는 것을 설계하고 구현하는 것을 의미한다. 서로 다

---

46 | 박성완, "EU 방위조달지침의 개관", 선진국방연구, Vol.2, No.3, 2019, pp53~70.

　　　　　　　　　　　　　　　미국의 RDP와 한국의 방산수출전략

Rationalization is any action that increases the effectiveness of allied forces through more efficient or effective use of defense resources committed to the alliance. 합리화란 동맹국에 위탁된 국방자원을 보다 효율적으로 또는 효과적으로 사용함으로써 동맹군의 효율성을 높이는 모든 활동이다.

Standardization is the process by which the DoD achieves the closest practicable cooperation among the Services and DoD agencies for the most efficient use of research, development, and production resources. 표준화는 연구, 개발 및 생산된 자원을 가장 효율적으로 사용하기 위해 국방부가 각군 및 국방부 관련기관과 가장 긴밀하고 실질적으로 협력을 달성하는 과정이다. Within NATO, standardization is the activity of establishing, about actual or potential problems, provisions for common and repeated use aimed at the achievement of the optimum degree of order in a given context. NATO 내에서 표준화는 실제적 또는 잠재적인 문제에 대해 주어진 환경하에서 최적의 질서 있는 수준을 달성하기 위한 목표로서 공통적이고 반복적인 사용을 위한 규정을 확립하는 활동이다.

(1) Operational standardization enables U.S. forces to operate as effectively, efficiently, and safely as possible with the forces of allied, coalition, multinational, and/or friendly nations. 작전 표준화를 통해 미군은 동맹국, 연합군, 다국적 및/또는 우호국의 군대와 가능한 한 효과적이고 효율적이며 안전하게 작전을 수행할 수 있다.

(2) Materiel standardization perpetuates harmonization of defense materiel capability needs, laying the groundwork for reciprocal international cooperation, specifically in the areas of research, development and testing, production, and procurement. 장비 표준화는 국방장비의 능력 요구의 조화를 지속시키며, 특히 연구개발 및 시험, 생산 및 조달 분야에서 상호 국제 협력을 위한 토대를 마련한다.

(3) Administrative standards facilitate alliance administration in various areas including terminology, finances, human resources, and military ranks. 행정 표준은 용어, 재정, 인적 자원 및 군대 계급을 포함한 다양한 영역에서 동맹 간의 행정을 용이하게 한다.

Interoperability is the ability to act together coherently, effectively, and efficiently to achieve tactical, operational, and strategic objectives. Within NATO, interoperability is the ability to act together coherently, effectively and efficiently to achieve allied tactical, operational, and strategic objectives. 상호 운용성은 전술적, 작전적 및 전략적 목표를 달성하기 위해 일관성 있고 효과적이며 효율적으로 함께 행동할 수 있는 능력이다. NATO 내에서 상호 운용성은 연합된 전술, 작전 및 전략 목표를 달성하기 위해 일관성 있고 효과적이며 효율적으로 함께 행동할 수 있는 능력이다.

〈RDP 체결 목적〉[47]

른 국가 간에 군수품이 상호운용 가능하다면, 연합작전이나 국제훈련 등 다양한 군사협력을 원활하게 수행할 수 있기 때문에 합동작전 수행능력을 크게 향상시킬 것이다.

이처럼 미국은 자유주의를 위협하는 존재에 대하여 집단적인 대응체계를 구축하기 위하여 동맹국이나 우방국과 RDP를 체결하여 표준화·합리화·상호운용성을 증진하기 위한 방산협력을 강화하고자 하였다. 이를 위해 RDP 체결국과는 방위산업에서의 차별적인 장벽을 제거하고 공정한 기회를 제공함으로써 양국의 방위산업 기반을 강화하고 기술발전을 도모하고자 한다. 특히, 최근에는 중국과의 패권경쟁이나 러시아의 군사적 행동에 대응하기 위하여 동맹국 간의 결속력을 강화하는 수단으로 RDP를 활용하고 있다. 예를 들면, 중국 및 러시아와의 갈등이 고조되면서 미국은 반도체, 배터리, 희토류, 극초음속 유도무기 등 국방핵심 분야에 대한 방산 글로벌 공급망 재편을 확대하고 있는데, 이러한 미국 중심의 글로벌 공급망에 속한 국가들은 대부분 RDP를 체결하였다.

5.3.2 체결 형식

미국은 양해각서(Memorandum of Understanding, 이하 MOU) 또는 협정서(Agreement)의 형태로 RDP를 체결하여 왔다. 다음과 같이 일반적으로 MOU는 주로 양자 간의 협력관계를 강화하기 위하여 체결하는 비공식적인 사전 합의서로서 구체적인 조항이나 법적 구속력이 없는 반면, Agreement는 MOU에 비해 구체적인 합의서로서 법적 구속력이 있다.

---

47 | Chairman Of The Joint Chiefs Of Staff Instruction, "Rationalization, Standarization, And Interoperability Activities", 2019.2.11.

구분	주요 특징
양해각서 (MOU)	· 일반적으로 정식계약보다는 비공식적인 합의를 의미 · 양측 간의 의사소통을 원활하게 하고, 협력관계를 구축하고 유지하기 위해 사용 · 주로 사전 합의를 위해 사용되며, 구체적인 조항이나 법적 구속력 없음 · 후속계약체결에 대한 준비단계로서, 양측의 의사결정을 돕고 기본원칙과 방향을 명확히 하는 역할
협정서 (Agreement)	· MOU에 비해 보다 구체적인 합의서 · Agreement는 대부분 정식계약으로서 양측 간에 구체적인 약정 사항을 정확하게 명시하며, 법적 구속력이 있음 · Agreement는 일반적으로 MOU 이후에 체결

〈MOU와 Agreement 주요 특징 비교〉

미국은 2023년 9월 기준 28개국과 RDP를 유지하고 있는데, 체결 형식을 살펴보면 18개국은 MOU를 체결(64%)하였다. 나머지 8개국은 Agreement를 체결하였고, 핀란드와 일본은 MOU를 체결하였다가 이후 Agreement로 변경하여 현재는 10개국이 Agreement를 체결(36%)하고 있다.

세계 방산수출 10대국으로 한정하면 프랑스(3위), 독일(5위), 이탈리아(6위), 영국(7위), 이스라엘(10위)의 5개국은 MOU를 체결했고, 스페인(8위)만이 Agreement를 체결하였다. 체결 시기를 기준으로 살펴보면, 캐나다와 최초로 RDP-MOU를 체결한 이후 1980년까지는 모두 MOU 형태를 취하였으나, 1982년 이후에는 MOU 또는 Agreement가 선택적으로 체결되었다. 2012년 이후 최근까지는 모두 Agreement를 체결하였다. 일본은 2016년 최초에는 MOU를 체결하였으나, 최근 2021년에 협정서의 내용 변경 없이 Agreement로 개정하였다.

이를 통해 다음과 같은 추론이 가능하다. 첫째, 미국 국방부는 RDP 체결 초기에는 MOU를 체결하였으나, 이후 글로벌 안보환경의 변화에 따라 동맹국 또는 연맹국과의 안보협력의 중요성이 점점 더 강조되면서 RDP를 통해 결속력을 더 강화하려는 의도에서 Agreement 형식을 선호하게 되었을 것이다.

구분	체결국가	체결	체결형식	구분	체결국가	체결	체결형식
1	캐나다	1963	MOU	15	스웨덴	1987	MOU
2	스위스	1975	MOU	16	이스라엘	1987	MOU
3	영국	1975	MOU	17	이집트	1988	MOU
4	노르웨이	1978	MOU	18	오스트리아	1991	MOU
5	프랑스	1978	MOU	19	핀란드	1991	MOU→Agreement
6	네덜란드	1978	MOU	20	호주	1995	Agreement
7	이탈리아	1978	MOU	21	룩셈부르크	2010	MOU
8	독일	1978	MOU	22	폴란드	2011	MOU
9	포르투갈	1979	MOU	23	체코	2012	Agreement
10	벨기에	1979	MOU	24	슬로베니아	2016	Agreement
11	덴마크	1980	MOU	25	일본	2016	MOU→Agreement
12	튀르키예	1980	MOU	26	에스토니아	2016	Agreement
13	스페인	1982	Agreement	27	라트비아	2017	Agreement
14	그리스	1986	Agreement	28	리투아니아	2021	Agreement

〈RDP MOU 또는 Agreement 체결 현황〉

둘째, 1991년과 1992년에 미국 GAO가 RDP가 체결국과 상호호혜적으로 기능하지 않고 미국 방산업체에 불리하게 작동되었으며 결과적으로 RDP 정책의 변화가 필요하다는 지적에 따라 이후 RDP를 정상화하는 과정에서 상호호혜 원칙에 대한 RDP 이행의 강제성을 강화하는 측면에서 Agreement를 선호하게 되었을 것이다. 실제로 1991년 이후부터 두 가지 형식이 혼용되다가 2012년 이후 모든 국가들은 Agreement를 체결하였다. 한국도 최근에 RDP 체결을 다시 검토하면서 MOU 체결을 추진하였으나, 미국에서 Agreement를 요구하는 것도 이러한 추세에 따른 것으로 이해된다.

셋째, RDP에 있어서 MOU 또는 Agreement의 형식에 따른 뚜렷한 법적 구속력의 차이가 있는 것으로 보이지는 않는다. 앞서 살펴본 바와 같이 통상적으로

MOU는 비공식적인 사전 합의서로서 구체적인 조항이나 법적 구속력이 없는 반면, Agreement는 MOU에 비해 구체적인 합의서로서 법적 구속력이 있다. 하지만 이러한 통상적인 개념이 RDP에서는 그대로 적용되는 것 같지 않다. 체결국들 간의 MOU와 Agreement를 살펴보면 구체적인 협력범위나 대상 등에 있어 국가별로 차이가 있기는 하지만, 체결 형식에 무관하게 전체적으로 내용이나 문구 등이 유사하다.

특히 핀란드의 경우 1991년 처음에는 MOU를 체결하였다가 2018년에 Agreement로 개정하였는데, MOU[48]와 Agreement[49]를 비교한 결과 형식·내용·문구 등이 대부분 동일하였다. 일본도 앞서 2016년에 체결한 MOU를 2021년에 내용의 수정 없이 Agreement로 개정하였다. 따라서 협정서의 내용과는 무관하게 MOU와 Agreement 형식에 의해서 법적 효력에 차이가 난다고 보기는 어려울 것 같다. 미국 정부도 2022년 RDP 체결을 위한 사전 실무협의 과정에서 방위사업청에 양자 사이에 효력의 차이가 없는 것으로 간주된다고 밝혔다.[50]

결국 RDP는 MOU 또는 Agreement 등 체결의 형식보다는 협정서의 내용이 더 중요하다고 보는 것이 타당하다. MOU는 정식계약과는 달리 "법률적 구속력"을 가지지 않는 것이 일반적이지만, RDP에서는 MOU 또는 Agreement와 같이 체결양식이나 명칭에 따라 효력의 차이가 발생한다기보다는, 내용 중에 "법률적 구속력"을 가지는 "특별한 경우"가 명시되었다면 정식계약과 같은 법률적 구속력이 발생될 수 있다. MOU 또는 Agreement의 법적 효력 등은 협정서 내용에 따라 좌우되므로 협정서 조항이나 부속서(ANNEX)의 내용을 꼼꼼하게 살펴야 한다.

---

48 | MOU between the Government of Finland and the Government of the United States of America concerning Reciprocal Principles in Defense Procurement, 1991.

49 | Agreement between the Government of the United States of America and the Government of Finland concerning Reciprocal Defense Procurement, 2018.

50 | 방위사업청 수출진흥과 질의에 대한 미국 국방부 답변, 2022.11.

따라서 MOU를 체결하는 경우라도 법률적 구속력이 없다고 판단하지 말고 반드시 합의내용을 잘 확인해서 법률적 구속력을 부여하는 조항들이 있는지 확인하는 것이 필요하다. 특히 문언, 내용, 취지, 동기 및 경위 그리고 체결 이후에 양국에 미치는 영향이나 상황 등을 종합적으로 다 고려한 뒤에 "법률적 구속력"을 가지게 되는 "특별한 경우"가 있는지를 면밀히 검토해야 한다. 미국 RDP 담당자는 RDP가 법적인 효력을 가짐을 강조하고 있다. 국가기관 상호 간의 협정이니 당연하다. 다만, RDP가 형식보다는 체결 내용이 더 중요하고 미국 국방부에서 MOU와 Agreement를 효력상 차이가 없는 것으로 간주하더라도, 다음과 같은 이유로 MOU로 체결할 것을 권고한다.

첫째, MOU와 Agreement 효력상 차이가 없다는 미국 국방부 의견이 사실이라면 법적인 영향성 측면에서 MOU와 Agreement 어떠한 형식이라도 무관하므로 굳이 미국이 특정한 형식을 고집할 이유가 없으며 결과적으로 한국이 자의적인 선택을 하도록 보장해야 할 것이다.

둘째, 외국정부와의 협정 체결 시 Agreement보다는 MOU가 일반적으로 약한 성격으로 받아들여지는 현실을 고려하여, MOU를 택하면 RDP 체결로 국내 방산시장이 잠식당할 것이라는 일부 방산업체 및 국내 여론의 우려를 완화시킬 수 있을 것이다. 뒤에서 설명하겠지만, RDP 협정서를 구체적으로 살펴보면 우려하는 것처럼 국내 방산시장을 잠식시킬 정도의 영향력을 미칠 것으로 생각되지 않는다. 그럼에도 막연한 두려움을 갖는 측에게는 RDP를 체결하고 그 영향성을 직접 확인하기 전까지는 좀처럼 수긍하지 않을 것이다. 다소 막연하기도 하고 근거도 부족하지만, 1980년대 초기부터 쌓아 온 주장을 깨뜨리는 것이 쉽겠는가? MOU는 그들의 마음을 조금은 편하게 해 줄 것이다.

셋째, 설령 MOU가 아닌 Agreement로 체결하게 되더라도 최소한 이를 협상대안으로 활용할 수 있을 것이다. 한미 RDP는 국내에서는 MOU 형태를 고려하였으나, 최근 미국의 요구로 Agreement 형태가 고려되고 있다고 한다. 이는 과거 NATO와의

RDP 이행 과정에서 체결국들이 합의내용을 잘 지키지 않았던 경험과 한국과도 확고한 국방협력을 위해 강한 성격의 RDP 체결을 원하는 미국 국방부가 Agreement를 선호하는 것이 아닌가 판단된다. 미국은 협상 과정에서 Agreement를 강력하게 권할 것으로 예상된다. 앞서 설명한 바와 같이 최근 2012년 체코를 포함하여 최근까지의 6건 모두 Agreement로 체결한 것을 볼 때, 한국이 MOU로 끝까지 버티기가 쉽지 않을 것이다. 그렇다고 쉽게 미국의 요구를 수용해서는 안 된다.

최근 심화되는 미중 패권경쟁에서 중국을 제외한 글로벌 보급망을 구축하려는 미국의 입장에서 동아시아에서 한국과의 국방협력이 그 어느 때보다 강조되기 때문에 이를 협상대안으로 활용해야 한다. 안 되더라도 최소한 한국에게 유리한 무엇인가와 맞바꿀 수 있는 카드로 써야 한다. 다행히 최근 일본의 사례를 들어 MOU 체결을 주장할 수 있을 것이다. 일본은 지금은 Agreement를 유지하고 있지만, 2016년 체결 당시에는 방산시장 잠식 등의 부작용을 우려하여 5년의 짧은 유효기간으로 MOU를 체결하였다. 이후 유효기간이 도래하여 2021년에 10년의 유효기간으로 특별한 내용의 변경 없이 Agreement로 개정하였다. 따라서 한국도 국내 부정적인 여론을 이유로 일본과 같이 최초에는 MOU를 체결하고, 문제가 없으면 유효기간이 도래한 시점에서 Agreement로 개정하는 것으로 요구하는 것도 필요하겠다.

넷째, RDP로 인한 미국과 체결국과의 분쟁이 표면화되어 보고된 사례는 아직까지 없었기 때문에 체결 형식으로 인한 실질적인 법적 차이를 판단하기는 어려우나, 방산수출 10대국을 포함한 대부분의 국가들이 MOU를 체결하였고 그대로 유지하고 있는 점을 고려하여 MOU 체결을 권고한다. 이 국가들은 최초에 MOU를 체결했을 뿐만 아니라, 최근까지도 대부분 최초 형식을 그대로 유지하여 RDP를 연장 또는 개정하고 있다. 핀란드와 일본만이 처음 MOU를 Agreement로 개정했을 뿐이다. 만약 미국이 Agreement만을 고집했다면 새로 연장하는 과정에서 모두 Agreement로 개정되었어야 하나, 핀란드와 일본 외에는 모두 최초 체결 형식을 그대로 유지하고 있다.

그러나 무리하게 MOU만을 고집할 필요는 없을 것 같다. 앞서 RDP 체결국의 사례를 살펴본 바와 같이 MOU와 Agreement는 효력의 차이가 없는 것으로 판단되며, 체결의 형식보다는 협정서의 내용이 더 중요하기 때문이다. 처음에 MOU를 체결하였다가 특별한 내용의 변경이나 수정 없이 Agreement로 개정한 핀란드와 일본의 사례가 이를 뒷받침한다. 무조건 MOU를 고집하기보다는 중요한 쟁점이 있는 경우 하나의 협상카드로 활용할 수 있다면 그것으로 족할 것이다.

5.3.3 체결 문구

RDP의 법적인 효력이나 영향성 측면에서 MOU 또는 Agreement의 체결 형식도 중요하지만, 협정서의 문구를 살펴보는 것도 의미가 있을 것이다. 협정서의 문구가 강한 구속력을 가졌는지 비구속적인지에 따라 협정서의 강제성을 가늠해 볼 수 있기 때문이다. 'shall, should, must' 등의 구속적인 문구가 많이 사용되는 경우에 'will, would, may, might' 등의 문구에 비해 구속성이 강하다는 가정하에 부속서를 제외한 RDP 기본협정서의 문구를 확인해 본 결과 몇 가지 흥미로운 점을 발견하였다.

첫째, 1970년대 RDP 체결 초기에는 'will, may'와 같은 비구속적인 문구가 비교적 많이 사용되었다. 이는 스위스, 영국, 프랑스 등 국가에서 유사하며, 특히 영국의 경우에 매우 두드러지게 나타났는데 거의 모든 조항에서 'will' 또는 'may'와 같이 비구속적인 용어가 사용되었다. 비교적 최근인 2016년 이후 일본, 라트비아 등의 RDP 협정서에서 'shall'이 가장 많이 사용된 것과는 차이가 있다.

둘째, 일반적으로 MOU보다는 Agreement가 더 구속성이 강한 것으로 알려져 있으나, RDP에서는 반드시 그렇다고 보기는 어려울 것 같다. 2010년 MOU를 체결한 룩셈부르크의 경우에는 다른 나라의 Agreement보다도 구속적인 용어가 훨씬 많이 사용되었기 때문이다.

구분	체결	shall	should	must	will	would	may	might	비고
캐나다	1963	24		1	52	1	24		MOU, 19p
스위스	1975	24	1	3	25	1	7		MOU, 10p
영국	1975		1	2	56	1	6	1	MOU, 10p
노르웨이	1978	13	1	1	25	1	5	1	MOU, 10p
프랑스	1978	3		1	29	1	6		MOU, 8p
네덜란드	1978	13	1		37		6		MOU, 8p
이탈리아	1978	49	3	4	4	1	8	1	MOU, 10p
독일	1978	15	3	1	33	1	4	1	MOU, 8p
포르투갈	1979	14	1	1	31		5		MOU, 8p
벨기에	1979	6	1	1	47		6		MOU, 7p
덴마크	1980	11	1		30		5		MOU, 8p
튀르키예	1980	12	4		18		5		MOU, 10p
스페인	1982	15	1		49		8		Agreement, 15p
그리스	1986	8			37		5		Agreement, 9p
스웨덴	1987	9		1	24	1	2		MOU, 5p
이스라엘	1987	8			23	1	6		MOU, 6p
이집트	1988	8			23	1	6		MOU, 6p
오스트리아	1991	10	1	1	17	1	2		MOU, 6p
핀란드	1991	47	1	4	2	1	6	1	Agreement, 8p
호주	1995	24	6		5		4		Agreement, 6p
룩셈부르크	2010	36	2	4	6		9	1	MOU, 10p
폴란드	2011	40	1	4	2	1	10	1	MOU, 14p
체코	2012	49	1	4	2	1	5	1	Agreement, 8p
슬로베니아	2016	43	1	4	5	1	4	1	Agreement, 8p
일본	2016		1	3	47	1	5		Agreement, 8p
에스토니아	2016	35	1	3	2	1	4	1	Agreement, 8p
라트비아	2017	43	1	1	5	1	5	1	Agreement, 8p
리투아니아	2021	49	1	3	2	1	5	1	Agreement, 8p

⟨RDP 체결국의 기본협정서 문구⟩

MOU 또는 Agreement 형식보다는 내용이 더 중요하다는 측면에서 협정서에서 사용된 문구가 강한 구속력을 가졌는가 비구속적인가에 따라 법적인 효력에서 차이가 있는 것이 일반적이지만, RDP 체결국 전체에서 이러한 일관적인 규칙성을 찾기 어려웠다. 과거에 비해 2012년 이후 최근까지 RDP는 모두 Agreement로 체결되었고, 구속적인 문구도 이전보다 많이 사용되었다. 하지만 여기서 주목할 점은 초기에 RDP를 체결한 국가들은 최근 RDP를 연장하면서 기존과 같은 MOU 형식과 비구속적인 문구를 그대로 유지하고 있다는 점이다. 1975년에 MOU를 체결한 영국은 2017년에 다시 개정하였으나, 여전히 'will'과 같은 비구속적인 문구가 대부분을 차지하고 있다. 미국이 형식이나 문구를 통해 강제성을 부여할 목적이 있었다면 개정하는 과정에서 강력하게 수정을 요구했을 것이다.

이는 RDP가 그 자체로 구속적인 강제의무를 발생시킴으로써 체결 형식이나 체결 문구 등에 영향을 받는 협정이라기보다는 미국과 체결국 간에 국방협력의 틀을 마련하는 일종의 프레임워크로서 협정서 형식이나 문구 등으로 인한 영향이 제한적이기 때문인 것으로 판단된다. 뒤에서 살펴보겠지만, RDP는 각 국가의 법 및 제도에 부합되는 범위 내에서만 유효한 것으로 설계되었으며, 별도의 정해진 절차 없이 사전에 서면으로 통지하는 것만으로도 상대국의 승낙 없이 종결이 가능하며 이로 인한 불이익이 28개국 협정서 어느 곳에도 포함되어 있지 않다는 점 등도 이러한 판단을 뒷받침한다.

그럼에도 아직까지 국내 방위산업의 잠식에 대한 우려가 있어, 이를 누그러뜨리는 한 방법으로 또는 최근 2017년에 기존의 비구속적인 문구를 그대로 사용한 영국 등의 사례를 들어 한국과의 RDP도 비구속적인 용어로 체결문을 작성토록 요구할 수 있을 것이다. 물론 미국은 2012년 이후 일본을 제외한 나머지 국가와는 모두 Agreement 형식으로만 체결하였으며, 협정서 문구도 구속적인 문구를 많이 사용해 왔기 때문에 한국에도 비슷한 요구를 할 것으로 생각된다. 특히, 2010년 이후에는 기본협정서가

미국의 RDP와 한국의 방산수출전략

정형화되어 있어, 한국에도 동일하거나 유사한 협정서를 요구할 것으로 판단된다.

5.3.4 체결 주체

주요국은 다음과 같이 모두 RDP를 미국의 국방부장관과 상대국 국방부장관이 체결하였으며, 이는 나머지 RDP를 체결한 국가들 모두 동일하다. 이는 RDP 이해당사자가 미국 국방부와 상대국 국방부로서 협정의 내용 및 범위도 국방협력 분야로 국한됨을 의미한다.

RDP를 체결하면 미국 국방부장관의 권한으로 체결국에 대한 BAA 적용의 면제를 결정할 수 있는데, 이러한 법적 근거를 살펴보면 다음과 같다. 41 U.S. Code §8304

구분		RDP 체결주체
A 그룹	프랑스 (3위)	프랑스 국방장관(Minister of Defense of the French Republic)
	독일 (5위)	독일연방 국방장관(Federal Minister of Defense of the Federal Republic of Germany)
	이탈리아 (6위)	이탈리아 국방장관(Minister of Defense of the Italian Republic)
	영국 (7위)	영국 국방장관(Secretary of State For Defense of the United Kingdom of Great Britain and Northern Ireland)
	스페인 (9위)	스페인 국방장관(Minister of Defense of the Kingdom of Spain)
	이스라엘 (10위)	이스라엘 국방장관(Minister of Defense of the Government of Israel)
B 그룹	8개국	체결국 국방부장관(룩셈부르크 등 8개국)
기타	12개국	체결국 국방부장관(캐나다 등 12개국)

〈RDP 체결 서명권자〉

에서는 RDP를 체결하는 경우 연방공공조달에 있어서 BAA 적용의 면제를 허용하고 있다. 다만 41 U.S. Code §8302에서와 같이 공공이익과 일치하지 않거나, 구매비용이 비합리적이지 않다는 미국 연방기관장(Head of Federal Agency)의 판단을 전제로 한다. 즉, 연방기관장은 공공조달에 있어 원칙적으로 미국산 제품을 구매하도록 강제되어 있지만, 공공의 이익과 일치하지 않거나 구매비용이 비합리적으로 고가인 예외적인 경우에는 해외구매를 결정할 수 있는 권한이 있다는 것이다.

---

41 U.S. Code §8304 Waiver Rescission 면제의 무효

(a) Type of Agreement.—An agreement referred to in subsection (b) is a reciprocal defense procurement memorandum of understanding between the United States and a foreign country pursuant to which the Secretary of Defense has prospectively waived this chapter for certain products in that country.

(a) 협정서 유형 — (b)항에 언급된 협정은 미국과 외국 간의 상호방위조달 양해각서이며, 이에 따라 국방부 장관은 해당 국가의 특정 제품에 대해 향후에 발효되는 본 장의 적용을 면제한다.

41 U.S. Code §8302 (a) (1) Allowable materials. Only unmanufactured articles, materials, and supplies that have been mined or produced in the United States, and only manufactured articles, materials, and supplies that have been manufactured in the United States substantially all from articles, materials, or supplies mined, produced, or manufactured in the United States, shall be acquired for public use unless the head of the Federal agency concerned determines their acquisition to be inconsistent with the public interest, their cost to be unreasonable, ~

(1) 허용 가능한 재료. 미국에서 채굴 또는 생산된 미가공 물품, 재료 및 공급품과 미국에서 제조된 물품, 재료 또는 공급품 중 실질적으로 모두 미국에서 채굴, 생산 또는 제조된 물품, 재료 및 공급품은 해당 연방기관의 장이 공공의 이익에 부합하지 않고 비용이 불합리하다고 판단하지 않는 한 공공용도로 취득할 것

〈BAA의 연방기관 책임자의 권한〉

미국의 RDP와 한국의 방산수출전략

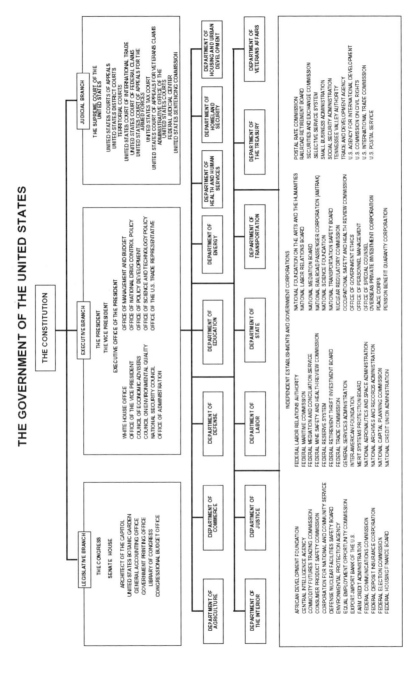

THE GOVERNMENT OF THE UNITED STATES

THE CONSTITUTION

LEGISLATIVE BRANCH

THE CONGRESS

SENATE HOUSE

ARCHITECT OF THE CAPITOL
UNITED STATES BOTANIC GARDEN
GENERAL ACCOUNTING OFFICE
GOVERNMENT PRINTING OFFICE
LIBRARY OF CONGRESS
CONGRESSIONAL BUDGET OFFICE

EXECUTIVE BRANCH

THE PRESIDENT
THE VICE PRESIDENT

EXECUTIVE OFFICE OF THE PRESIDENT

WHITE HOUSE OFFICE
OFFICE OF THE VICE PRESIDENT
COUNCIL OF ECONOMIC ADVISERS
COUNCIL ON ENVIRONMENTAL QUALITY
NATIONAL SECURITY COUNCIL
OFFICE OF ADMINISTRATION

OFFICE OF MANAGEMENT AND BUDGET
OFFICE OF NATIONAL DRUG CONTROL POLICY
OFFICE OF POLICY DEVELOPMENT
OFFICE OF SCIENCE AND TECHNOLOGY POLICY
OFFICE OF THE U.S. TRADE REPRESENTATIVE

JUDICIAL BRANCH

THE SUPREME COURT OF THE UNITED STATES

UNITED STATES COURTS OF APPEALS
UNITED STATES DISTRICT COURTS
TERRITORIAL COURTS
UNITED STATES COURT OF INTERNATIONAL TRADE
UNITED STATES COURT OF FEDERAL CLAIMS
UNITED STATES COURT OF APPEALS FOR THE ARMED FORCES
UNITED STATES TAX COURT
UNITED STATES COURT OF APPEALS FOR VETERANS CLAIMS
ADMINISTRATIVE OFFICE OF THE UNITED STATES COURTS
FEDERAL JUDICIAL CENTER
UNITED STATES SENTENCING COMMISSION

DEPARTMENT OF AGRICULTURE

DEPARTMENT OF COMMERCE

DEPARTMENT OF DEFENSE

DEPARTMENT OF EDUCATION

DEPARTMENT OF ENERGY

DEPARTMENT OF HEALTH AND HUMAN SERVICES

DEPARTMENT OF HOUSING AND URBAN DEVELOPMENT

DEPARTMENT OF THE INTERIOR

DEPARTMENT OF JUSTICE

DEPARTMENT OF LABOR

DEPARTMENT OF STATE

DEPARTMENT OF TRANSPORTATION

DEPARTMENT OF THE TREASURY

DEPARTMENT OF VETERANS AFFAIRS

INDEPENDENT ESTABLISHMENTS AND GOVERNMENT CORPORATIONS

AFRICAN DEVELOPMENT FOUNDATION
CENTRAL INTELLIGENCE AGENCY
COMMODITY FUTURES TRADING COMMISSION
CONSUMER PRODUCT SAFETY COMMISSION
CORPORATION FOR NATIONAL AND COMMUNITY SERVICE
DEFENSE NUCLEAR FACILITIES SAFETY BOARD
ENVIRONMENTAL PROTECTION AGENCY
EQUAL EMPLOYMENT OPPORTUNITY COMMISSION
EXPORT-IMPORT BANK OF THE U.S.
FARM CREDIT ADMINISTRATION
FEDERAL COMMUNICATIONS COMMISSION
FEDERAL DEPOSIT INSURANCE CORPORATION
FEDERAL ELECTION COMMISSION
FEDERAL HOUSING FINANCE BOARD

FEDERAL LABOR RELATIONS AUTHORITY
FEDERAL MARITIME COMMISSION
FEDERAL MEDIATION AND CONCILIATION SERVICE
FEDERAL MINE SAFETY AND HEALTH REVIEW COMMISSION
FEDERAL RESERVE SYSTEM
FEDERAL RETIREMENT THRIFT INVESTMENT BOARD
FEDERAL TRADE COMMISSION
GENERAL SERVICES ADMINISTRATION
INTER-AMERICAN FOUNDATION
MERIT SYSTEMS PROTECTION BOARD
NATIONAL AERONAUTICS AND SPACE ADMINISTRATION
NATIONAL ARCHIVES AND RECORDS ADMINISTRATION
NATIONAL CAPITAL PLANNING COMMISSION
NATIONAL CREDIT UNION ADMINISTRATION

NATIONAL FOUNDATION ON THE ARTS AND THE HUMANITIES
NATIONAL LABOR RELATIONS BOARD
NATIONAL MEDIATION BOARD
NATIONAL RAILROAD PASSENGER CORPORATION (AMTRAK)
NATIONAL SCIENCE FOUNDATION
NATIONAL TRANSPORTATION SAFETY BOARD
NUCLEAR REGULATORY COMMISSION
OCCUPATIONAL SAFETY AND HEALTH REVIEW COMMISSION
OFFICE OF GOVERNMENT ETHICS
OFFICE OF PERSONNEL MANAGEMENT
OFFICE OF SPECIAL COUNSEL
OVERSEAS PRIVATE INVESTMENT CORPORATION
PEACE CORPS
PENSION BENEFIT GUARANTY CORPORATION

POSTAL RATE COMMISSION
RAILROAD RETIREMENT BOARD
SECURITIES AND EXCHANGE COMMISSION
SELECTIVE SERVICE SYSTEM
SMALL BUSINESS ADMINISTRATION
SOCIAL SECURITY ADMINISTRATION
TENNESSEE VALLEY AUTHORITY
TRADE AND DEVELOPMENT AGENCY
U.S. AGENCY FOR INTERNATIONAL DEVELOPMENT
U.S. COMMISSION ON CIVIL RIGHTS
U.S. INTERNATIONAL TRADE COMMISSION
U.S. POSTAL SERVICE

〈미국의 정부 조직도〉

이러한 결정권한을 가진 미국의 연방기관은 다음 도표와 같이 434개[51]로서 국방부 등 15개의 부(Department)를 포함한다. 따라서 RDP의 체결주체인 미국 국방부장관에게도 예외적인 경우 미국산 이외의 해외제품을 구매할 수 있는 권한이 법적으로 부여되어 있으며, 결과적으로 RDP 체결국 방산업체에 대한 BAA 적용의 면제를 결정하는 것도 미국 국방부장관의 권한에 속한다.

더불어 RDP 체결국이 협정을 위반한 것으로 판단되는 경우, BAA 적용의 면제를 취소하는 권한도 미국 국방부장관에게 있다. 체결국이 RDP에서 합의한 의무의 준수를 거부하거나, 미국산 제품을 차별하여 RDP 합의를 위반했다고 판단하면 미국 국방부장관은 미국 무역대표부와 협의하여 BAA 적용의 면제 결정을 철회할 수 있다.

---

41 U.S. Code §8304 Waiver Rescission 면제의 무효

(b) Determination by Secretary of Defense.–If the Secretary of Defense, after consultation with the United States Trade Representative, determines that a foreign country that is party to an agreement described in subsection (a) has violated the agreement by discriminating against certain types of products produced in the United States that are covered by the agreement, **the Secretary of Defense shall rescind the Secretary's blanket waiver** of this chapter with respect to those types of products produced in that country. 국방부장관의 결정 – 국방부장관이 미국 무역대표부와 협의하여 (a)항에 기술된 협정의 당사자인 외국이 협정의 적용을 받는 미국에서 생산된 특정 유형의 제품을 차별하여 협정을 위반했다고 판단하는 경우, 국방부장관은 해당 국가에서 생산된 제품에 대한 국방부장관의 일괄면제를 취소해야 한다.

〈BAA의 적용 면제 취소 권한〉

이처럼 RDP 체결로 인한 BAA 적용의 면제 결정이 미국 국방부장관에게 위임된 것은 미국 방산시장에 진출하고자 하는 체결국(또는 방산업체)에는 일반적으로 유리하

---

51 | www.federalregister.gov/agencies

미국의 RDP와 한국의 방산수출전략

다고 할 수 있다. 왜냐하면, 미국 방산시장에 진출하기 위한 복잡한 행정절차를 완화시키고 행정기간을 단축시킬 수 있기 때문이다. 미국 의회는 해외로부터의 방산수입으로 인한 자국의 방위산업과 방산업체를 보호하기 위하여 관련 법을 강화하고 정기적인 모니터링 등 행정부에 대한 감시와 통제를 하고 있다. 이에 따라 미국 행정부도 다양한 제도와 규정에 따라 엄격하게 업무를 수행할 수밖에 없는데 RDP 체결로 인한 BAA 적용의 면제 결정이 국방부장관에게 위임되어 승인절차가 간소화되어 행정소요를 줄일 수 있는 것이다.

실제로 FMS의 경우 수출을 위해서는 대통령 및 의회 승인을 거쳐야 하므로 복잡한 절차와 오랜 기간이 소요된다. 하지만 RDP를 체결한 경우에는 차별적인 가격의 부과

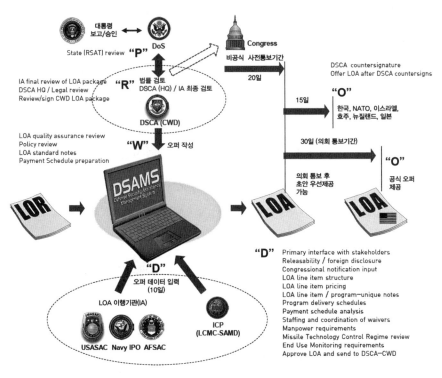

〈FMS 수출을 위한 대통령 및 의회 승인 절차〉[52]

를 면제받기 위해 엄격하고 복잡한 미국 의회 또는 대통령의 직접적인 통제를 벗어나 연방기관장인 국방부장관이 직접 결정하기 때문에 행정적인 절차 등이 간소화될 수 있다. 다만, 국방부장관의 이러한 결정에 대해서는 미국 의회 또는 대통령의 사후 감시 및 통제가 뒤따르기 때문에 법규로 정해진 예외조항에 대해서만 적용이 가능하다는 한계가 있다.

5.3.5 BAA 적용 면제대상

RDP 체결국의 방산업체는 미국의 국방 연방조달계약 시 BAA 적용을 면제받을 수 있는데, 면제대상이 국방조달 전체품목인지, 개별품목인지에 따라 포괄면제(Blanket Public Interest Exception, BPIE)와 개별면제(Purchase-By-Purchase Exception, PBPR)로 구분된다. 포괄면제는 RDP 체결국과의 모든 국방물자 구매계약에 대하여 포괄적으로 공공이익에 부합(Blanket Public Interest)된다고 보는 것으로, 국방부가 RDP 체결국으로부터의 방산조달에 대하여 일괄적으로 BAA 적용을 면제한다. 즉, 미국 국방부장관이 RDP 체결국으로부터의 방산물자 구매에 대하여 BAA 적용을 면제할 것인가를 포괄적으로 결정하면, 이후에는 개별품목에 대하여 추가적인 행정처리나 결정 절차를 거치지 않는다. 체결국 대부분 포괄면제 방식을 택하고 있다.

이에 반해 개별면제는 개별적인 구매계약 건별로 공공이익에 부합되는지를 확인하여 BAA 적용의 면제를 결정하는 방식이다. 즉, 체결국과의 한정적인 개별 구매계약에 대하여 BAA 적용의 면제를 결정하는 방식으로 필요한 품목이 발생할 때마다 새로운 협정을 체결하거나, 개정하는 등의 절차를 거쳐야 하는 불편함이 있다. 체결국 입

---

52 | 박태준, "미국의 FMS와 한국의 방산수출전략", 북코리아, 2015, p91.

장에서는 미국에 비해 기술력 등 경쟁력이 크게 떨어지는 개별품목은 제외하고 경쟁력이 있는 품목 위주의 선택적인 협정을 체결할 수 있어 개별면제가 더 유리할 것으로 생각할 수도 있으나, 미국도 상호호혜의 원칙에 따라 체결국과 동일하게 미국에 유리한 품목들 위주로 선택적인 결정을 할 수 있어 유불리를 가늠하기 어렵다. 또한, 새로운 품목이 추가될 때마다 번거롭고 시간이 많이 소요되는 행정절차를 거쳐야 하는 불편함이 있다.

이러한 이유로 인하여 RDP 체결국 대부분은 포괄면제 방식을 택하고 있다. 특히, 세계 방산수출 10위권 RDP 체결국들은 예외 없이 포괄면제를 택하였고, 오스트리아 및 핀란드만이 개별면제를 택하였다. 이처럼 체결국이 RDP에서 어떤 방식을 선택할

구분	체결국가	체결	체결유형	구분	체결국가	체결	체결유형
1	캐나다	1963	BPIE	15	스웨덴	1987	BPIE
2	스위스	1975	BPIE	16	이스라엘	1987	BPIE
3	영국	1975	BPIE	17	이집트	1988	BPIE
4	노르웨이	1978	BPIE	18	오스트리아	1991	PPER
5	프랑스	1978	BPIE	19	핀란드	1991	PPER→BPIE
6	네덜란드	1978	BPIE	20	호주	1995	BPIE
7	이탈리아	1978	BPIE	21	룩셈부르크	2010	BPIE
8	독일	1978	BPIE	22	폴란드	2011	BPIE
9	포르투갈	1979	BPIE	23	체코	2012	BPIE
10	벨기에	1979	BPIE	24	슬로베니아	2016	BPIE
11	덴마크	1980	BPIE	25	일본	2016	BPIE
12	튀르키예	1980	BPIE	26	에스토니아	2016	BPIE
13	스페인	1982	BPIE	27	라트비아	2017	BPIE
14	그리스	1986	BPIE	28	리투아니아	2021	BPIE

〈국가별 RDP 체결 유형〉

지는 미국 방산업체에 제공되는 호혜주의에 의존한다. 즉, 상호주의 원칙에 따라 체결국과 미국 모두 동일한 방식을 취해야 하며, 다른 유형을 선택하는 것은 불가하다. 실제로 체결국과 미국이 서로 다른 유형으로 RDP를 체결한 사례는 없다. 다만, 핀란드와 오스트리아는 1991년 같은 해에 미국과 각각 MOU를 체결하면서 동일하게 개별면제 방식으로 체결하였으나, 이후 핀란드가 2008년에 MOU를 Agreement로 변경하면서 체결 유형도 개별면제에서 포괄면제로 변경하였다. 현재는 오스트리아만이 유일하게 개별면제 방식을 취하고 있다.

포괄면제를 선택한 대부분의 국가들은 연구개발 · 양산 · 조달 · 군수지원 등 포괄적인 분야에서 협력하고 있으나, 개별면제를 취한 오스트리아는 군수품 조달 및 연

구분	RDP 협정서 세부내용
핀란드	(1991년 최초 체결된 MOU: PPER) This MOU covers procurements by the defense Ministry of Finland and the U.S. Department of Defense of 이 MOU는 핀란드 국방부와 미국 국방부에 의한 다음의 조달을 포함한다. 1. Supplies and related services 보급 및 관련 서비스 2. Research and development 연구 및 개발 Subject to exception required by law, regulation or national policy. (양국의) 법률, 규제 또는 국가정책에 의한 예외 적용 필요 (2018년 체결된 Agreement: BPIE) This Agreement covers the acquisition of defense capabilities by the Department of Defense of America and the Ministry of Defense of the Republic of Finland through 이 협정서는 미국 국방부와 핀란드 국방부에 의한 다음의 방위력 획득을 포함한다. 1. Research and development 연구 및 개발 2. Procurements of supplies, including defense articles: and 방산물자를 포함한 보급품 조달 3. Procurements of services, in support of defense articles. 방산물자를 지원하는 용역 조달
오스트리아	(1991년 체결된 MOU: PPER) This MOU covers procurements above $25,000 or equivalent, by the U.S. Department of Defense and the defense Ministry of Austria of 이 MOU는 미국 국방부와 오스트리아 국방부에 $25,000 이상 다음의 조달을 포함한다. 1. Supplies 보급품 2. Research and development 연구 및 개발 Subject to exception required by law, regulation, and international obligations of both Governments. 양국의 법률, 규제 또는 국제의무에 의한 예외 적용 필요

〈핀란드와 오스트리아의 RDP 체결 유형〉

미국의 RDP와 한국의 방산수출전략

구개발에 한정하여 협력하고 있다. 개별면제 방식은 RDP 협정서에 "양국의 법률, 규제 또는 국가정책에 의한 예외적용이 필요(Subject to exception required by law, regulation or national policy)"함을 명시적으로 추가하여 개별 구매건별로 양국의 자국 산구매법 적용 예외에 대한 결정이 필요함을 분명히 하고 있다.

5.3.6 RDP 협력범위

RDP 협력범위를 어떻게 설정하는지에 따라 RDP 체결로 인한 파급 효과에도 큰 차이가 발생할 수 있다. 따라서 미국과의 방산협력 범위에 어떤 범주까지를 포함시킬 것인가에 대한 결정은 RDP 협정서 전체에서 가장 중요한 부분이 될 것이다. 체결국의 사례를 살펴보면 RDP 협력범위는 조금씩 상이했으나, 대부분 RDP 협력범위를 국방 물자(Materials)에 국한하지 않고 용역(Services)까지 포함하였으며, 연구개발(Research & Development) · 양산(Production) · 조달(Procurement) · 군수지원(Logistics Support) 등 포괄적인 범위까지 확대하였다. 또한, 1990년대 이후에는 정형화되는 변화가 나타났다. 호주(1995)를 제외하한 핀란드(1991), 오스트리아(1991) 및 B그룹 등 10개국은 모두 연구개발, 군수품 및 용역의 구매를 협력범위로 설정하였으며 건설 분야에 대해서도 모두 명시적으로 협력범위에서 제외하였다. 이는 1990년대 초 미국 의회가 RDP 제도 개선 필요성을 지적한 이후에 나타난 변화로 판단된다.

주목할 점은 계약을 통해 공동연구개발 등 연구개발에 대한 참여를 높이는 것은 RDP의 주된 목표 중 하나로서 RDP 협력범위에 연구개발도 포함된다는 것이다. 국내 방산업계에서는 연구개발이 협력범위에 포함되어 있어 RDP 체결을 하면 국내 연구개발 시장을 완전히 개방해야 되는 것으로 우려하는 목소리가 크다. RDP의 연구개발이 국내연구개발과 유사한 용어이기 때문에 오해의 소지가 있기는 하지만, 현실적으로는 그렇지 않다.

구분		RDP 협정서 세부내용
A 그룹	프랑스 (3위)	· This MOU covers procurements by the U.S. department of Defense and the French Ministry of Defense for defense equipment, related spare parts, support equipment and services and corresponding supplies, research and development. 본 MOU는 국방장비 및 관련된 수리부속, 지원장비, 용역 및 관련 보급품, 연구개발에 대한 미국 국방부 및 프랑스 국방부 간 조달에 대하여 다룬다.
	독일 (5위)	· This MOU is intended to cover areas in which, in the view of both parties to the Agreement, bilateral cooperation could be achieved in conventional defense equipment research and development, production, procurement and logistic support. 본 MOU는 협정 당사국 쌍방의 관점에서 재래식 국방장비 연구개발, 생산, 조달 및 군수지원에서 양국 간 협력이 달성될 수 있는 분야를 포괄하기 위한 것이다.
	이탈리아 (6위)	· This MOU covers the acquisition of defense capability by the DoD and MoD through research and development, procurement of supplies including defense articles, procurement of services including defense services. 본 MOU는 미국 및 이탈리아 국방부가 연구개발, 국방물품을 포함한 물자의 조달, 용역을 포함한 조달을 다룬다.
	영국 (7위)	· This MOU covers the acquisition of defense capability by the U.S. DoD, the UK MoD and their designated government representatives through: Research and development, procurements of supplies, procurements of services and provision of government support for the procurement by the other Participant. 본 MOU는 연구개발, 보급품 조달, 용역 조달 및 상대국 조달에 대한 정부지원 제공을 통해 미국 국방부, 영국 국방부 및 지정된 정부 대표의 방위력을 획득하는 것을 포함한다.
	스페인 (9위)	· ntending to increase their respective defense capabilities through more efficient cooperation in the areas of research and development, production, procurement and logistic support of defense equipment. 국방장비의 연구개발, 생산, 조달, 군수지원 등의 분야에서 효율적인 협력을 통해 각국의 방위력을 증대하고자 한다. I
	이스라엘 (10위)	· This MOU and its Annexes set out the guiding principles governing mutual cooperation in research and development, procurement and logistic support of conventional defense supplies and services. 본 MOU 및 부속서에서는 연구개발, 조달 및 재래식 국방 보급품 및 용역에 대한 군수지원에서의 상호협력에 관한 주요지침에 대하여 규정한다.
B 그룹	8개국	1. Research and development 연구개발 2. Procurements of supplies, including defense articles; and 국방물자를 포함하는 군수품 조달 3. Procurements of services, in support of defense articles. 국방물자를 지원하는 용역의 조달
기타	오스트리아 (1991)	· This MOU covers procurements above $25,000, or equivalent of Supplies and Research and Development. 본 MOU는 $25,000 이상의 군수품, 연구개발 조달에 적용된다.
	핀란드 (1991)	1. Research and development 연구개발 2. Procurements of supplies, including defense articles; and 국방물자를 포함하는 군수품 조달 3. Procurements of services, in support of defense articles. 국방물자를 지원하는 용역의 조달
	호주 (1995)	· This Agreement shall apply to the following procurement of supplies. 본 협정서는 다음 군수품 구매에 적용된다. 1. In the case of Australia, procurements requiring Advanced Purchasing methods; and 호주는 선진구매방식이 요구되는 조달 2. In the case of the United States, procurements over the simplified acquisition threshold; or 미국은 간소화된 획득 임계치를 초과하는 조달 3. Procurements worth such other values as the Governments may mutually determine. 당사국이 결정하는 금액 가치에 해당하는 조달

〈RDP 협력범위〉

방위사업관리규정(2023.1.5.)에서는 무기체계 연구개발을 국내연구개발과 국제공동연구개발로 구분하고 있으며, 외국의 정부 또는 방산업체가 참여하여 공동의 연구개발목표를 위하여 개발비를 공동으로 부담하여 연구개발을 수행하는 것을 국제공동연구개발로 정의하고 있다. 국내연구개발은 국방과학연구소 또는 국내 방산업체 등에서 주관하여 수행되는 반면, 국제공동연구개발은 복수의 국가 또는 국내·외 방산업체가 공동으로 수행한다. 즉, RDP에서의 연구개발은 미국과 체결국이 공동의 연구개발목표를 위하여 상호 기술 교류, 비용의 공동부담 등을 통해 연구개발을 함께 수행한다는 측면에서 국제공동연구개발에 해당한다. 실제로 RDP 체결국 가운데 어느 국가도 자국의 국내연구개발 시장까지 미국에 개방한 사례는 없다.

25조(사업추진방법 구분)
② 무기체계 연구개발사업은 외국자본(외국정부 및 외국업체의 자본을 포함)의 참여 여부에 따라 국내연구개발사업과 국제공동연구개발사업으로 구분한다.
④ 국제공동연구개발사업은 하나 이상의 국내·외 연구개발주체가 공동의 연구개발목표를 위하여 개발비를 공동으로 부담하여 연구개발을 수행하고~

제60조(국제공동연구개발사업 추진)
① 통합사업관리팀장은 국제공동연구개발사업의 효율성 판단을 위해 비용의 절감 여부, 획득일정 충족 여부, 국내 연구개발 수준, 방산수출 가능성 등을 우선 검토사항으로 하여 선행연구의 조기 수행을 요청할 수 있다. 선행연구 결과, 국제공동연구개발이 효율적이라고 판단될 경우 통합사업관리팀장은 사업본부장의 승인을 얻어 정기 및 수시 국제회의(국제방산군수공동위, 기술협력회의 등을 말한다)에서 국제공동연구개발을 제안할 수 있다.
② 통합사업관리팀장은 외국 정부 또는 외국 업체·연구기관으로부터 무기체계 국제공동연구개발을 제안받았을 경우에는 기품원, 국과연, 국기연 및 방산기술센터의 지원을 받아 국제공동연구개발 필요성을 검토하여야 한다. 필요한 경우 유관기관들로 검토팀을 구성할 수 있으며, 개략적인 비용분석을 의뢰할 수 있다. 검토결과 국제공동연구개발로 추진이 요구되는 과제에 대하여는 사업추진기본전략(안)에 반영하여 위원회 심의 후 추진할 수 있다.

〈방위사업관리규정(2023.1.5.)에 규정된 국제공동연구개발〉

그럼에도 일부 국내 학자들은 RDP의 연구개발 개념을 혼동하여 RDP를 체결하는 경우 국내연구개발 시장까지도 모두 개방함으로써 국내 방산시장이 크게 잠식될 수 있다고 주장하기도 한다. 다음은 RDP 체결이 방위사업에 미치는 부작용에 대한 우려로서 구체적으로 살펴보면 연구개발에 대한 오해에서 비롯된 것임을 알 수 있다.

다만, 미국 국방부는 RDP에서의 연구개발은 미국과 체결국 각각의 국내연구개발도 모두 포함한다는 입장이다. 이는 잃을 것이 없는 미국의 입장에서 보면 맞는 말이

구분	RDP 체결 전	RDP 체결 후	오해와 진실
연구성과 소유권	업체주관 연구성과물은 정부 소유	미국업체 연구성과물 원칙적으로 미국업체로 귀속	한·미 RDP 협상에 의해 결정되나 통상 미국업체 개발 연구성과물 소유권을 한국 정부로 귀속하는 것은 곤란 ⇒ (진실) RDP는 조달(Procurement) 협정으로, 국내연구개발까지도 개방하는 협정이 아님. 해외구매에서의 연구성과물은 개발한 국가/방산업체로 귀속되며 RDP 체결 시에도 동일함. RDP 연구개발은 국제공동연구개발로서 연구성과물 소유권은 상호협의를 통해 결정되나, ITAR에 의한 수출통제 등의 적용을 받을 수 있음.
연구개발 방식	(국내)업체 주관 연구개발 우선 추진	국내업체 주관 또는 미국업체 주관 연구개발로 구분 시행	연구개발사업에 국내업체와 미국업체가 동등자격으로 참여하므로 미국업체가 무기체계 개발을 주관하는 연구개발사업 제도 및 관련 절차 신설 필요 ⇒ (진실) RDP는 차별적인 가격 부과 등의 면제만을 부여하며, 동등한 참여를 보장하지 않음. 또한 RDP 28개국 중 미국업체가 자국의 연구개발을 주관하도록 허용한 사례는 없음.
입찰공고, 제안서 평가 등	국내 연구개발은 국내업체만을 대상으로 허용	모든 국내연구개발의 업체선정 절차를 미국업체에게도 동일하게 제공	모든 획득사업(연구개발, 구매)에 미국업체를 대상으로 공고 및 설명회 개최 등 동일하게 수행함으로써 현행 국내연구개발사업 주관업체 선정 평가기준 등 변경 필요 ⇒ (진실) RDP는 기본적으로 국제공동연구개발을 대상으로 하므로 국내연구개발 절차 등에 영향을 미친다고 보기 어려움.
국산화율	국내업체가 제조 또는 국내 구매한 비용 위주로 집계	국내업체 이외 미국업체가 제조한 비용도 국산화율로 산정 필요	국내업체 대신 미국업체가 직접 또는 한국업체에 위탁하여 제조한 품목단가도 국산화 인정 필요 ⇒ (진실) RDP는 국제공동연구개발을 대상으로 하므로 국내연구개발에 적용되는 국산화율에 미치는 영향은 없음.
핵심 기술개발 사업	국내개발 무기체계 소요기술 선확보	미국업체 주관 무기체계 개발 시 기확보된 국내기술 활용 곤란	국방과학연구소 또는 국내업체가 기 개발한 국내 핵심기술을 미국업체에게 이전 및 활용하는 것은 곤란 ⇒ (진실) 국내연구개발을 통해 획득된 핵심기술의 소유권은 정부에 있으며, 필요한 경우 공동연구개발과정에서 미국과의 첨단기술교류 및 협력을 조건으로 활용될 수 있음.

〈RDP 체결로 방위사업에 미치는 영향에 대한 오해와 진실〉[53]

미국의 RDP와 한국의 방산수출전략

다. 즉, 미국은 다른 나라에 비해 뛰어난 국방과학기술력을 보유하고 있기 때문에 상호호혜적으로 국내연구개발 시장까지 개방했을 때 월등히 유리하며, 설령 한국의 국내연구개발을 미국 방산업체가 수행하는 경우에도 ITAR 등 미국의 법률에 의해 한국 정부는 그 산출물에 대한 소유권을 주장할 수 없으며 수출도 미국 정부의 승인을 받아야 하기 때문이다.

이러한 문제는 공동연구개발의 경우에도 발생되는데, 해외에서 생산되더라도 미국산 부품이나 국방과학기술 또는 SW 등이 사용된 경우 제3국에 수출을 할 때에는 반드시 미국의 수출승인을 받아야 한다. 그래서 RDP에는 연구개발로 명시되어 있음에도 국내연구개발까지 모두 개방한 국가는 없다. 결국 이는 선언적인 수준의 의미일 뿐 실제로 연구개발은 공동연구개발만을 포함한다고 보는 것이 옳다. 연구개발은 RDP 체결 이후 연구개발 범위와 절차 등 구체적인 협력범위에 대한 논의를 통해 진행되므로 체결국이 국내연구개발 시장을 개방하는 것으로 결정하지 않는 한 공동연구개발로 한정되어 수행될 것이다. RDP 체결국 중 호주(1995)를 제외한 나머지 국가들은 모두 연구개발을 협력범위에 포함하고 있다. 한국도 미국과의 기술 교류를 확대하기 위해서는 공동연구개발을 포함하여 포괄적인 상호협력을 하는 방향으로 RDP를 체결해야 한다.

대다수 국가들은 RDP 협력에서 제외되는 범위에 대해서도 언급하고 있다. 건설 또는 건설계약은 인프라 및 시설물을 건설하거나 유지 또는 보수와 관련된 것으로, 방산협력 분야와의 직접적인 연관성이 적고 국가별 법률 및 제도적 차이가 크기 때문에 표준화 및 상호운용성을 보장하는 것이 어려워 RDP 협력범위에서 제외하는 것이 일반적이다.

다만, 협력범위에 제외하는 방식은 두 가지 유형으로 구분할 수 있다. 첫째는 명시적으로 RDP 협정서에서 제외하는 것이다. 협력범위에 건설 및 건설계약을 명시적으

---

53 | 한국국방기술학회, "한-미간 RDP-MOU(방산 FTA) 체결, 득과 실을 냉철하게 진단해야 한다", 국방기술 포디움 제7호, 2022.3., p28.

로 제외한 국가는 17개국이다. 두 번째 방식은 협력범위에 포함하지 않는 것으로 A그룹의 독일, 스페인, 이스라엘 3개국과 기타 8개국의 RDP 협정서에는 이에 대한 언급이 없다. 이는 건설 및 건설자재를 협력범위에 포함시킨다는 의미가 아니라, 반대로 협력범위에 명시하지 않았기 때문에 자연스럽게 협력범위에서 제외되는 것으로 보아야 할 것이다.

구분	RDP 협정서 세부내용
유형 #1 (17개국)	• 건설 및 건설자재는 제외 - This Agreement(or MOU) does not cover either Construction or Construction material supplied under construction contracts. 스위스(1975), 영국(1975), 이탈리아(1978), 핀란드(1991), 룩셈부르크(2010), 폴란드 (2011), 체코(2012), 일본(2016), 슬로베니아(2016), 에스토니아(2016), 라트비아(2017), 리투아니아(2021) - This Agreement(or MOU) does not cover Construction and Construction materials. 오스트리아(1991), 호주(1995)
	• 건설은 제외 - 프랑스(1978) Types of contracts to be included for purposes of counting will consist of at least the Installation(other than construction) - 스웨덴(1987) Types of procurements to be covered will consist of at least the Installation(other than construction) - 그리스(1986) All defense items and services purchased by the Department of Defense or the Ministry of Defense including their respective agencies and/or industries from either country will be considered as eligible except for petroleum, subsistence, construction and support services. 석유, 생존, 건설 및 지원 용역을 제외하고 각 기관 및/또는 방산업체를 포함한 국방부 또는 국방부장관이 상대국으로부터 구매한 모든 국방 품목 및 용역은 적격으로 간주된다.
유형 #2 (11개국)	• 협력범위에 건설 관련조항 없음: 캐나다(1963), 독일(1978), 노르웨이(1978), 네덜란드(1978), 포르투갈(1979), 벨기에(1979), 덴마크(1980), 이스라엘(1987), 튀르키예(1980), 스페인(1982), 이집트(1988)

〈RDP 협력에서 제외되는 범위〉

5.3.7 부속서(ANNEX)

RDP는 기본협정서와 이에 별도로 추가된 부속서로 구분할 수 있다. RDP 협정서는 기본협정서와 부속서를 모두 포함한 개념이지만 여기에서는 부속서와 구분하기 위하여 기본협정서로 표현한다. RDP 기본협정서는 주로 방산협력의 틀을 마련하는 내용을 규정하고 있으며, 부속서는 협력범위 및 절차 등에 대한 구체적인 내용 등이 포함된다. 기본협정서는 국가별 합의 내용에 따라서 다소 차이가 있기는 하지만, 일반적으로 전문(Preamble), 본문(Body), 서명(Signatures of Both Parties)의 세 부분으로 구성된다. 협정서는 방산협력을 위한 기본원칙, 범위 등에 대한 포괄적인 내용을 포함하며 미국과 체결국 상호 간 협력의 틀(Framework)을 구성하는 역할을 한다. RDP 협정서는 2000년 이전까지는 내용이나 형식 면에서 국가별로 조금씩 다르기는 하지만 전체적으로는 유사한 조항이 많았으나, 특히 2000년 이후에는 형식이나 내용이 정형화되는 추세이다.

Preamble(전문)

Body(본문): 10개의 기본항목으로 구성

제1장 Applicability(적용범위)   제2장 Principles(원칙)

제3장 Offset(절충교역)   제4장 Customs and Duties(관세)

제5장 Procedures(절차)   제6장 Industry Participation(방산업체의 참여)

제7장 Security(보안)

제8장 Implementation and Administration(RDP 이행 및 행정사항)

제9장 Implementing Arrangements(협정이행)

제10장 Duration and Termination(유효기간 및 종결)

Signatures of Both Parties(조약체결 당사자 서명)

〈RDP 기본협정서의 구성〉

일반적으로 RDP 기본협정서에는 체결 당사국에 대한 구속력 있는 의무가 포함되어 있지만 구체적인 이행절차는 포함되어 있지 않으며, 세부적인 이행절차는 체결 이후 상호협의를 통해 결정하며, 필요한 경우 부속서 형태로 포함되기도 한다. 따라서 부속서는 구체적이고 세부적인 내용을 포함하고 있다.

한국 방위산업진흥회에서 영국 항공방산협회(UK Aerospace, Defence & Security Industries)에 보낸 RDP 영향성 질의에 대한 답변서한(2023.3.16.)에 의하면 RDP에서 실제로 가장 중요하고 직접적인 가치(The biggest, more direct value)는 부속서에 있다고 하였다. 영국은 미국과 2개의 부속서를 체결하였다. 상호 품질보증에 관한 부속서[54] 및 상호 계약감사에 관한 부속서[55]가 그것으로, 체결국이 요청하면 상대국이 요청한 국가를 대신하여 계약감사 및 품질보증에 관한 업무지원을 제공함으로써 관련기관의 원활한 업무 수행을 보장하고 있다. 만약 영국 정부가 미국과의 계약, 하도급 계약 및 FMS 계약 등을 대상으로 감사(Audit)가 필요한 경우 요청하면 미국 정부가 대신하여 감사를 수행함으로써 영국 정부의 감사 요구사항을 충족할 수 있도록 하고 있다. 이처럼 영국의 경우 RDP로 인한 영향성이 실제로 확인되는 부분은 상호 계약감사 및 품질보증에 관한 부속서였다고 하였다.[56]

1970년대에서 1980년대 후반까지 RDP를 체결했던 국가들은 평균 2~5종류의 부속서를 체결하였으며 네덜란드는 무려 9개의 부속서를 통해 민간연구소와의 교류 협력까지도 포함하고 있다. 이 시기에는 주로 상호 품질보증(Quality Assurance Services), 상호 계약감사(Contract Audit Services), RDP 이행 절차(Implementing Procedures), 조달 절차(Purchase Procedures), 공통장비 군수지원(Logistics Support of Common Equipment) 등을 체결하였으며, 네덜란드·이스라엘·이집트는 과학

---

54 | ANNEX I: Regarding Reciprocal Government Quality Assurance Services To The MOU Concerning Reciprocal Defense Procurement

55 | ANNEX II: Regarding Reciprocal Audit Services To Support The MOU Concerning Reciprocal Defense Procurement

56 | RDP로 인한 영향성 문의에 대한 영국 ADS 수출본부장 서신, 2023.3.16.

미국의 RDP와 한국의 방산수출전략

자 및 공학자 교환에 관한 부속서(Scientist and Engineer Exchange Program)를 체결하기도 하였다. 이외에도 이스라엘은 상호 수락시험(Mutual Acceptance of Test And Evaluation), 상호품질보증 표준화(Standardization Agreement for Reciprocal Qualification)에 관한 부속서를, 네덜란드는 정보보호(Protection Of Information), 안보공급망(Security Of Supply)[57] 등에 관한 부속서를 체결하였다. 튀르키예, 그리스, 노르웨이와 같이 양국 간 전차, 장갑차, 미사일 등 중점협력 분야를 명시하거나, 포르투갈처럼 상호협력 제한 분야를 기술하는 경우도 있다.

하지만 미국 GAO가 RDP 제도의 개선을 요구했던 1991년 이후부터 부속서를 체결하는 경우가 크게 감소하였다. 1990년 이후에는 호주(1995) 및 일본(2016)이 각 1건씩만을 체결한 것을 제외하고, 나머지 캐나다 등 9개국은 아직까지도 부속서를 체결하고 있지 않다. 이들은 캐나다(16위), 핀란드(19위)를 제외하면 모두 세계 방산수출 실적 20위 이상인 국가들이다.

구분		RDP 부속서
체결 (17개국) 체결	영국(1975)	ANNEX Ⅰ: Reciprocal Government Quality Assurance Services 품질보증 ANNEX Ⅱ: Reciprocal Audit Services
	노르웨이 (1978)	ANNEX Ⅰ: Implementing Procedures(1978) 이행절차 ANNEX Ⅱ: Indicative Product List(1978) 제안된 장비 목록 ANNEX Ⅲ: Reciprocal Quality Assurance Services(1986) ANNEX Ⅳ: Purchase Procedures(1991)
	프랑스 (1978)	ANNEX Ⅰ: Implementing Procedures(1980) ANNEX Ⅱ: Defense Contract Audit Services(1995) ANNEX Ⅲ: Principles Governing Contract Administration Services ANNEX Ⅳ: Principles Governing Reciprocal Purchases Of Defense Equipment(1990)
	네덜란드 (1978)	ANNEX Ⅰ: Principles Governing Implementation(1978) ANNEX Ⅱ: Principles Governing Logistics Support Of Common Equipment(1978) ANNEX Ⅲ: Terms Of References(1978) ANNEX Ⅳ: Principles Governing Contract Administration Services(1982) ANNEX Ⅴ: Protection Of Information(1982) ANNEX Ⅵ: Principles Governing Defense Contract Audit Services(1991) ANNEX Ⅶ: Purchase Procedures(1990) ANNEX Ⅷ: Principles Governing a Scientist And Engineer Exchange Program(1993) ANNEX Ⅸ: Principles Governing Security Of Supply(2005)

---

57 | SOSA(Security Of Supply Arrangement): 안보공급협정으로서 한국의 방위사업청과도 체결을 추진 중이다.

이탈리아 (1978)	ANNEX I : Quality Assurance Services(2009)
독일(1978)	ANNEX I (1979) ANNEX II : Principles Governing Research And Development(1979) ANNEX III : Principles Governing Logistics Support(1979) ANNEX IV : Terms Of Reference(1980) ANNEX V : Principles Governing Contract Administration Services(1983) ANNEX VI : Principles Governing Defense Contract Audit Services(1982) ANNEX VII : Principles Governing Procurement Procedures(1991)
포르투갈 (1979)	ANNEX I : Principles Governing Implementation(1980) ANNEX II : Principles Governing Logistics Support Of Common Equipment(1980) ANNEX III : Terms Of Reference(1980)
벨기에 (1979)	ANNEX I : Principles Governing Implementation(1983) ANNEX II : Terms Of Reference(1983) ANNEX III : Principles Governing Contract Administration Services(1983)
덴마크 (1980)	ANNEX I : Principles Governing Implementation(1980) ANNEX II : Terms Of References(1980) ANNEX III : Principles Governing Logistics Support Of Common Equipment(1980) ANNEX IV : Reciprocal Quality Assurance Services(1985) ANNEX V : Purchase Procedures(1994)

〈RDP 부속서 체결 현황〉

부속서는 기본협정서를 체결하면서 함께 체결하거나, 또는 RDP 체결 이후 별도로 추가되는데 대부분은 후자의 경우가 많다. 하지만 일단 체결되면 기본협정서와 같은 지위를 가지는 것으로 간주되고 있으며, 구체적인 내용이 포함되므로 방위산업에 직접적인 영향을 줄 수 있다. 다만, 부속서는 RDP 기본협정서에서 합의된 범위 내에서만 유효하다. 즉, 효력 면에서는 기본협정서가 우선한다. RDP 기본협정서에서 합의된 협력범위 등을 벗어난 부속서의 체결은 허용되지 않으며, 필요하다면 RDP 협력범위를 개정한 이후에 부속서를 체결해야 한다. 최근의 RDP 기본협정서에서는 당사자 간의 서면합의를 부속서에 추가하여 RDP 협정의 일부로 간주하지만, 충돌이 발생하는 경우에는 RDP 기본협정서의 조항을 우선한다고 명시하여 이를 분명히 하고 있다. 부속서의 수정은 당사자의 서면합의를 통하여 가능하다.

구분		RDP 협정서 세부내용
A 그룹	프랑스 (3위)	· 책임 있는 소요군이 협상하고 해당 정부기관이 승인한 부속서는 본 RDP 협정서의 일부에 해당된다. Annexes negotiated by the responsible services and approved by the appropriate Government authorities will be part of this agreement. · 부속서의 어떤 부분이 양국의 어느 정부의 법률과 충돌되는 경우, 그 법률이 우선한다. In the event conflicts arise between any aspect of this annex and the laws of either participating government, the laws shall prevail.
	독일 (5위)	· 여기에 명시된 원칙의 이행에 관련 세부사항은 본 MOU의 부속서에 명시될 것이다. Details pertaining to implementation of the principles set forth herein will be set out in annexes to this Memorandum of Understanding.
	이탈리아 (6위)	· 당사자들의 서면합의에 의해 MOU에 추가적인 부속서를 포함할 수 있다. 이러한 부속서는 MOU의 필수 부분으로 간주된다. Additional annexes may be added to this MOU by written agreement of the Parties. Such Annexes shall be considered an integral part of this MOU.
	영국 (7위)	· 당사자의 서면 결정에 의해 본 MOU에 부속서를 추가할 수 있다. MOU와 부속서가 충돌하는 경우, MOU가 우선한다. Annexes may be added to this MOU by written determination of the Participants. In the event of a conflict between a selection of this MOU and any of its Annexes, the language in the MOU will govern.
	스페인 (9위)	· 본 협정은 부속서를 포함하여 효력이 발생하며 계속 유효할 것이다. 책임 있는 공무원이 협상하고 적절한 정부당국이 승인된 보충적인 문서는 본 협정서에 포함되어 필수적인 부분이 될 것이다. This Agreement, including its Annexes, will enter into force and remain in force. Supplementary protocols which may be negotiated by the responsible officials and approved by the appropriate Government authorities will be incorporated in this Agreement and made an integral part thereof.
	이스라엘 (10위)	· 부속서는 RDP MOU의 구성요소이다. RDP MOU에 부속서를 추가하는 경우 책임 있는 정부담당자가 협상하고 관련기관 또는 당사국 정부승인을 받을 수 있으며, RDP의 일부분으로 간주된다. Annexes are an integral part of this MOU. Further annexes to this MOU may be negotiated by the responsible officers and approved by the appropriate authorities or each Government and will be treated as an integral part hereof.

그룹		내용
B 그룹	8개국	· 당사자 간의 서면 합의에 의해 본 RDP 협정에 부속서가 추가될 수 있다. RDP 협정서와 부속서가 충돌하는 경우, RDP 협정서가 우선한다. Annexes may be added to this Agreement by written agreement of the Parties. In the event of a conflict between an Article of this Agreement and any of its Annexes, the language in the Agreement shall prevail. 슬로베니아(2016), 에스토니아(2016), 라트비아(2017) · 당사자 간의 서면 합의에 의해 본 RDP 협정에 부속서가 추가될 수 있다. RDP 협정서와 부속서가 충돌하는 경우, RDP 협정서가 우선한다. 부속서는 본 RDP 협정서에 통합되어 그 일부분으로 간주된다. Annexes may be added to this Agreement by written agreement of the Parties. In the event of a conflict between an Article of this Agreement and any of its Annexes, the language in the Agreement shall prevail. Such annexes shall be incorporated into this Agreement and considered an integral part thereof. 체코(2012), 리투아니아(2021) · Annexes may be added to this MOU by written determination of the Participants. In the event of a conflict between a Section of this MOU and any or its Annexes. the language in the MOU will govern. 일본(2016) · Annexes may be added to this MOU by written agreement of the Parties. Such Annexes shall be considered an integral part of this MOU. 룩셈부르크(2010), 폴란드(2011)
기타		· 당사자 간의 서면 합의에 의해 본 RDP 협정에 부속서가 추가될 수 있다. RDP 협정서와 부속서가 충돌하는 경우, RDP 협정서가 우선한다. 부속서는 본 RDP 협정서에 통합되어 그 일부분으로 간주된다. Annexes may be added to this Agreement by written agreement of the Parties. In the event of a conflict between an Article of this Agreement and any of its Annexes, the language in the Agreement shall prevail. Such annexes shall be incorporated into this Agreement and considered an integral part thereof. 핀란드(1991) · 관련 내용 없음: 오스트리아(1991), 호주(1995)

〈RDP 부속서의 효력〉

RDP 체결국 사례를 살펴보면 최초 기본협정서를 체결한 이후 부속서를 통해 구체적인 협력 범위나 절차 등을 추가하거나, 개정(Amendment) 등을 통하여 지금까지도 RDP를 유지하고 있음을 알 수 있다. RDP는 미국 국방부와 특정주제에 대한 이행절차 등을 구체화한 협의내용을 부속서의 형태로 RDP 체결 시 포함되거나 또는 체결 이후 수시로 추가될 수 있다. 다만 기존의 RDP 내용은 변경하지 않고 체결형식만을 변경한 경우도 있다. 핀란드는 1991년에 MOU를 최초로 체결한 이후 2018년에 Agreement로 개정하였는데, MOU와 변경된 Agreement의 내용, 문구 등이 대부분 동일하였다. 일본도 MOU를 2021년 5월에 내용의 변경 없이 형식만을 Agreement

로 변경하였고, 2023년 3월에는 정부 간 상호품질보증지원(Reciprocal Government Quality Assurance Services) 협정을 부속서 형태로 추가하였다. 2000년대 이후 RDP를 체결한 B그룹에서 RDP를 개정한 것은 일본이 유일하다. 일본을 제외한 B그룹 7개국들은 별도의 부속서를 체결하지 않고 RDP 기본협정서만을 체결하였는데, 이는 RDP 체결에도 불구하고 미국과의 방산협력이 활성화되지 못한 결과로 분석된다.

구분	체결국가	최초체결	1차	2차	3차	4차~	구분	체결국가	최초체결	1차	2차	3차
1	캐나다	1963	1971	1984	1996		15	스웨덴	1987	2003		
2	스위스	1975	2006				16	이스라엘	1987	1993	1998	
3	영국	1975	2004	2014	2017		17	이집트	1988	1991	1999	
4	노르웨이	1978	1988	1989	1990		18	오스트리아	1991	1996		
5	프랑스	1978	1980	1989	1990	1995	19	핀란드	1991	2009	2018	
6	네덜란드	1978	1982	1989	1990	☞58	20	호주	1995	2013		
7	이탈리아	1978	2008	2009			21	룩셈부르크	2010			
8	독일	1978	1979	1980	1983	☞59	22	폴란드	2011			
9	포르투갈	1979	1980				23	체코	2012			
10	벨기에	1979	1983				24	슬로베니아	2016			
11	덴마크	1980	1985	1994			25	일본	2016	2021	2023	
12	튀르키예	1980	2001				26	에스토니아	2016			
13	스페인	1982	2014				27	라트비아	2017			
14	그리스	1986	1997				28	리투아니아	2021			

〈RDP 최초체결 및 이후 개정 현황〉

---

58 | 네덜란드: 7회에 걸쳐 개정(1978, 1982, 1989, 1990, 1991, 1993, 2005)

59 | 독일: 6회에 걸쳐 개정(1979, 1980, 1983, 1990, 1991, 1992)

5.3.8 절충교역(Offset)

방위사업법 제3조에서는 절충교역을 "국외로부터 무기 또는 장비 등을 구매할 때 국외의 계약상대방으로부터 관련 지식 또는 기술 등을 이전받거나 국외로 국산무기 · 장비 또는 부품 등을 수출하는 등 일정한 반대급부를 제공받을 것을 조건으로 하는 교역"으로 정의하고 있다. 미국의 무기수출통제법(Arms Export Control Act) 및 국제무기거래규정(International Traffic in Arms Regulation, 이하 ITAR)에서는 "군수품 및 관련 용역의 정부 간 또는 정부와 민간업체 간의 무기조달 계약조건으로 실행되는 산업 및 교역과 관련된 반대급부"로 정의하고 있다. 현대 무기체계가 첨단화 · 정밀화 · 복합화되고 구매비용도 고가화되면서 해외 무기체계 구매에 소요되는 막대한 국가재정 지출은 구매국에게 큰 부담이 아닐 수 없다. 따라서 반대급부로 수출국으로부터 선진 국방과학기술을 이전받거나 고용창출 · 산업발전 등 경제적인 이점을 제공받아 재정 부담을 상쇄시키기 위한 수단으로 절충교역에 대한 요구가 증가하는 추세이다.

한국은 방위산업 육성 및 발전을 목적으로 1982년에 「구(舊) 방위산업에 관한 특별조치법」에 근거하여 절충교역 제도를 도입한 이후, 1983년 전투기 구매 등 대형구매사업에 대한 절충교역 위주로 추진되었다. 당시는 취약한 국내 방위산업의 기반으로 인하여 방산업체의 제조 · 수출 물량확보를 통한 고용안정과 경제성장을 촉진하는 경제적 효과가 우선 고려되어 부품제작 및 정부 권장품목을 포함한 수출에 역점을 두어 추진되었다. 특히 도입 초기인 1984년에 포니 자동차(약 1,900만 달러 상당)의 절충교역을 통한 캐나다 수출은 국내 산업발전 기여 차원에서도 주목할 만한 일로 기록됐다.[60]

---

60 | 초창기 절충교역은 해외수출 확대를 위해 자동차, 섬유, 화학, 기계류 제품 등 위주로 시행하였으며, 1984년 우리나라 최초로 자동차의 캐나다 수출도 절충교역을 통해 시작되었다. 당시 지역접근 관제레이더를 캐나다 레이시언(Raytheon)에서 구매하면서 절충교역으로 포니 자동차 1,000대를 수출하였으며 이를 통해 국산 자동차의 선진국 시장 진출 교두보를 확보하는 계기가 되었다(당시 계약금액 1,900만 달러에 대하여 110%의 절충교역 비율을 적용하였다).

〈절충교역으로 캐나다에 수출되었던 포니자동차 광고(1984.5.4.)〉

1990년대에 들어와서는 국내 독자적인 무기체계 연구개발에 대한 요구가 커지면서 기술이전을 통해 국방핵심기술(무기체계 설계, 생산/제작, 시험평가 관련 각종 기술자료 및 교육)을 우선 확보하도록 정책을 변경하여 기술 획득 위주로 절충교역을 추진하였다. 2000년대 이후에는 국방핵심기술 획득과 더불어 이를 통해 개발된 부품 등의 수출물량 확보를 추진하는 등 지속적인 제도발전을 통해 절충교역을 확대해 왔다.

이처럼 과거 절충교역을 통해 획득된 핵심기술은 국내 무기체계 및 장비의 연구개발에 활용되어 국내 연구개발 능력을 향상시켰으며, 수출물량 확보를 통한 방산업체 가동률 향상 및 국내 방산기반 강화 등에 기여하였다. 대표적인 사례로 F-16 전투기를 구매하면서 절충교역으로 확보된 핵심기술을 활용하여 개발한 T-50 고등훈련기의 경우 인도네시아 · 필리핀 · 이라크의 3개국에 수출하였으며, 2013년 기준 단일품목으로는 방산수출 이래 최고의 수출금액을 기록하기도 하였다. 1980년대 초반기부터 절충교역으로 인한 여러 혜택을 경험하였기 때문에 국내에서는 아직까지도 해외구매 시 절충교역은 당연한 것으로 여겨지고 있다.

RDP가 체결되면 미국이 이러한 절충교역 제도의 축소 또는 폐지를 요구할 것이라는 판단에서 일부 국내 중소방산업체들의 우려가 크다. 실제로 미국 정부는 2021년 10월 DSCA 고위급 면담 시 절충교역의 산업협력 쿼터제 비율조정을 요청하였으며, 2022년 2월 전략·국제연구센터(Center for Strategic & International Studies) 콘퍼런스에서는 한국산우선획득제도 및 절충교역을 RDP 체결의 걸림돌로 이러한 장애를 제거할 필요가 있음을 언급하기도 하였다. 따라서 RDP 체결 이후 이행절차에 대한 논의를 진행하면서 절충교역에 대한 축소 또는 폐지 등에 대한 미국 국방부의 압력이 있을 것으로 예상된다. 하지만, 다음과 같은 이유에서 RDP 체결로 인한 미국과의 절충교역 영향은 없거나 제한적일 것으로 판단된다.

첫째, RDP를 체결한다고 해서 강제적으로 절충교역을 축소 또는 폐지해야 하는 의무가 발생하는 것은 아니다. RDP 체결국 대부분이 협정서에 절충교역에 관한 사항을 의무로 규정하고 있지 않다. 즉, 절충교역을 축소한다거나 폐지한다는 강제적인 의무조항을 RDP에 포함한 국가는 하나도 없다. 단지 절충교역으로 인한 역효과를 줄이는 방안에 대하여 상호 논의하는 데 합의를 하는 것으로 명시하는 수준이다. 물론 부속서를 통하여 절충교역에 대한 축소 또는 폐지 등에 관한 구체적인 사항을 포함할 수 있기는 하지만, 이는 RDP를 체결한 이후 정부의 정책적 결심에 따른 것이지 RDP 체결 자체로 인한 강제 의무사항은 아니다. RDP 체결국의 사례를 살펴보면, 28개국 중 협정서에서 절충교역에 대해 언급하고 있는 국가는 25개국으로, 그 내용에 따라 아래와 같이 4가지 범주로 구분할 수 있다.

RDP 체결국 대다수인 22개국은 절충교역이 미치는 부작용을 제한하기 위한 대책을 논의를 하는 데 동의하는 수준으로 협의하였다. RDP 체결로 인하여 절충교역이 축소 또는 원천적으로 금지될 수 있다는 우려는 사실과 다르다. 실제로 많은 국가들은 RDP 체결 후에도 절충교역을 유지하고 있다. 다만, 스웨덴은 "상호이익이 되는 범위 내에서"라는 단서를 달기는 하였으나, 절충교역에 대한 제한을 가할 수 있도록 하였으

　　　　　　　　　　　미국의 RDP와 한국의 방산수출전략

구분	RDP 협력서 세부내용
유형 #1 (22개국)	• 절충교역이 미치는 부작용을 제한하기 위한 대책에 대하여 논의하는 데 동의 　– 스위스(1975), 프랑스(1978), 이스라엘(1987), 이집트(1988) 양국의 정부는 절충교역이 각국의 방위산업 기반에 미치는 악영향을 제한하기 위한 대책을 논의하기로 합의한다. The Governments agree to discuss measures to limit any adverse effects that offset agreements have on the defense industrial base of each country. 　– 이탈리아(1978), 룩셈부르크(2010) The Parties agree to discuss measures to limit any adverse effects that offset agreements have on the defense industrial base of each country. 　– 그리스(1986) The Parties agree to discuss measures to limit any adverse effects of offsets that may have a negative impact on the defense industrial base of each country. 　– 독일(1978) The Governments agree to discuss measures to limit any adverse effects of offsets and other regulations on the defense industrial base of each country. 　– 덴마크(1980) The Governments agree to discuss measures to limit any adverse effects of offsets and other regulations and measures that may have a negative impact on the defense industrial base of each country. 　– 오스트리아(1991) The Governments agree to discuss measures to limit the adverse effects of offsets on the defense industrial base of the two countries. 　– 노르웨이(1978), 네덜란드(1978) The Governments intend to discuss measures to limit any adverse effects of offsets and other regulations on the defense industrial base of each country. • 절충교역 미규정, 절충교역이 미치는 부작용을 제한하기 위한 대책에 대하여 논의하는 데 동의 　– 영국(1975), 일본(2016) 본 MOU는 절충교역을 규제하지 않는다. 당사자들은 절충교역이 각국의 방위 산업 기반에 미치는 악영향을 제한하기 위한 대책을 논의할 것을 약속한다. This MOU does not regulate offsets. The Participants commit to discuss measures to limit any adverse effects that offset agreements have on the defense industrial base of each country. 　– 폴란드(2011) This MOU does not constitute the basis for limitation of the offset laws and regulations in force in the both Parties. The Parties agree to discuss measures to limit any possible adverse effects that offset agreements have on the defense industrial base of the other Party. 　– 핀란드(1991), 체코(2012), 슬로베니아(2016), 에스토니아(2016), 라트비아(2017), 리투아니아(2021) This Agreement does not regulate offsets. The Parties agree to discuss measures to limit any adverse effects that offset agreements have on the defense industrial base of each country.
유형 #2 (2개국)	• 양국의 조달에 절충교역이 포함되는 경우 절충교역 금액은 교역수지 계산에 포함 　– 벨기에(1979), 스페인(1982) 그러한 조달이 어느 한 국가의 정부와 다른 국가의 산업 간의 절충교역을 포함하는 경우, 그러한 절충교역 금액은 교역수지 계산할 때 적용되어야 한다. When such purchases involve offset agreements between the Government of either country and the industry of the other country, the amount of such offset shall be applied in calculating the balance.
유형 #3 (1개국)	• 상호이익이 되는 범위 내에서 정부가 부과한 절충교역 요건을 포함하여 RDP에 대한 장벽을 제거 　– 스웨덴(1987) 정부가 부과한 절충교역 요건을 포함하여 상호이익이 되는 범위 내에서 호혜적으로 국방 무역에 대한 장벽을 제거한다. Remove barriers to reciprocal defense trade to the extent mutually beneficial to include governmentimposed offset requirements.
유형 #4 (3개국)	• 절충교역 관련 조항 없음 　– 캐나다(1963), 포르투갈(1979), 튀르키예(1980)

〈RDP 체결국가의 절충교역 협력〉

며, 벨기에 및 스페인은 미국과의 방산교역으로 인한 무역수지를 계산하는 경우 절충교역 금액을 포함하는 것으로 명시하고 있다는 점이 다르다. 또한 RDP를 처음 체결했던 캐나다(1953), RDP가 가장 많이 체결되었던 1970~1980년대의 포르투갈(1979) 및 튀르키예(1980)의 경우에는 RDP 협정서에 절충교역 조항 자체가 포함되지 않았다.

이는 RDP를 체결함으로써 당연히 절충교역을 축소해야 한다거나 원천적으로 금지해야 하는 것이 아니라, 협상에 따라 해당 내용을 포함하지 않거나 또는 절충교역으로 인하여 발생하는 역효과를 최소화하는 방안을 논의하는 데 동의하는 수준으로 체결할 수도 있음을 의미한다. 실제로 1988년 이후 최근까지의 RDP는 모두 이러한 형태로 체결되었다. 설령 절충교역의 역효과를 제한하는 방안을 논의하는 데 동의하더라도 RDP 체결로 바로 절충교역 정책 변화가 발생하는 것이 아니라, 이후 방산협력 과정에서 국방과학기술의 유출 등 미국 또는 상대국 방위산업에 미치는 부정적인 영향이 발생할 경우 이에 대한 대응방안을 논의하는 것으로 해석하는 것이 타당하다.

둘째, RDP 체결로 인하여 국내 방산업체에 영향이 발생하더라도, RDP 당사자인 미국과의 절충교역에서만 영향을 미칠 것이다. 특히 미국으로부터의 방산수입 금액의 절반 이상을 차지하는 대외군사판매(Foreign Military Sales, 이하 FMS)를 통한 절충교역은 기본계약에 그 금액이 대부분 포함되는 유상이기 때문에 실질적인 영향이 없다고 보는 것이 타당하다. 이를 확인하기 위하여 먼저 한국이 미국으로부터 절충교역으로 인하여 어떠한 효과를 보고 있는지 살펴보자.

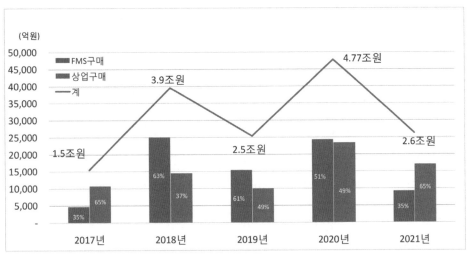

구분	2017년	2018년	2019년	2020년	2021년
FMS구매	4,694	25,068	15,403	24,370	9,234
상업구매	10,726	14,475	9.986	23,416	17,062
계	15,420	39,543	25,389	47,786	26,296

〈최근 5년간 국외 상업구매 및 FMS 구매 현황〉

(단위 : 억 원)

구분		계	2017년	2018년	2019년	2020년	2021년
	미국	41,943 (55.4%)	5,869	8,233	5,587	11,951	10,303
	스페인	2,076 (2.7%)	132	126	425	678	715
	영국	6,437 (8.5%)	1,618	1,511	547	773	1,988
	독일	2,109 (2.8%)	458	409	360	440	442
	이스라엘	6,103 (8.0%)	1,189	2,153	651	773	1,337
	기타	16,997 (22.5%)	1,460	2,043	2,416	8,801	2,277
	계	75,665 (100%)	10,726	14,475	9,986	23,416	17,062

〈최근 5년간 국외 국가별 상업구매 현황〉

2022년 방위사업청 통계연보에 의하면, 2017년부터 2021년까지 5년간 해외로부터의 무기 구매 규모는 13.6조 원(연평균 2.7조 원)으로 FMS와 상업구매(Direct Commercial Sales) 비율이 각각 51%와 49%를 차지하고 있다. 상업구매 중에서 미국으로부터의 상업구매는 55.5%로 다른 국가들에 비해 월등한 규모이다. FMS가 미국 정부에 의한 방산수출 제도인 점을 고려하면, 5년간 국외구매 15.4조 원 중에서 상업구매(4.2조 원)와 FMS 구매(7.9조 원)를 모두 포함하면 최근 5년간 국외구매의 78%인 12.1조 원 규모를 미국으로부터 구매한 것이다. 그렇다면 해외국가들에 비해 압도적인 방산수출 실적을 보유한 미국으로부터 한국은 어느 정도의 절충교역 효과를 보았는지 살펴보자.

구분	국외구매 수입금액(억 원)	절충교역 확보가치(백만 불)[61]
미국	120,712억 원(78.2%) *	156.1백만 불(21.2%)
이스라엘	6,103억 원(4.0%)	240.5백만 불(32.7%)
영국	6,437억 원(4.2%)	148.7백만 불(20.2%)
독일	2,109억 원(1.4%)	28.7백만 불(3.9%)
스페인	2,076억 원(1.3%)	52.7백만 불(7.2%)
기타	16,997억 원(11.0%)	108.6백만 불(14.8%)
합계	154,434억 원(100%)	735.5백만 불(100%)

* 미국은 상업구매(41,943억 원)와 FMS 구매(78,769억 원)를 모두 포함한 금액

〈최근 5년간 국가별 절충교역 확보가치〉

국외구매는 입찰에 참가한 국외업체들의 경쟁구도 · 구매조건 · 협상력 등 다양한 요소들에 의해 기본계약의 금액이 결정되며, 절충교역 이행은 기본계약 체결 이후에

---

61 | 방위사업청, "2022년도 방위사업 통계연보", p89.

미국의 RDP와 한국의 방산수출전략

진행된다. 따라서 동일 기간 동안의 국외구매 실적과 이로 인한 절충교역 확보가치의 비교를 통해 정확한 절충교역 효과를 판단하기는 어려우나 대략적인 추세 확인은 가능하다.

최근 5년(2017~2021년)을 기준으로 한국은 해외구매의 78.2%를 미국으로부터 구매하였으나, 이로 인한 절충교역 확보가치는 전체 확보가치의 21.2%에 불과했다. 반면 이스라엘로부터는 4.0% 규모의 국외구매를 했으나, 미국보다 훨씬 많은 32.7%의 절충교역 가치를 제공했다. 또한 미국으로부터의 국외구매 중 FMS 구매가 65%인데, 미국 방산업체는 FMS에 따른 절충교역 비용을 판매단가에 포함하여 정부로부터 절충교역 비용을 회수할 수 있다. 실제 미국은 2018년 관련 규정(DFARS 225.7303-2)을 개정하여, 간접절충교역 비용까지도 FMS 구매계약과는 별도의 추가계약으로 간주한다고 명시하여 미국 방산업체는 FMS에 따른 절충교역 비용을 청구할 수 있도록 하였다. 결국 FMS 구매와 관련된 직접 및 간접 절충교역[62] 모두가 무상 반대급부가 아니라, 별개의 독립적인 계약으로 각각에 대한 비용을 추가로 지불해야 하는 것이다.

이처럼 FMS 구매로 인한 절충교역은 사실상 기본계약에 그 비용이 포함되는 유상판매로 보아야 하며, 이러한 이유로 2017년에 감사원에서도 FMS 구매사업에 대해서는 절충교역을 적용하지 않도록 국방부에 제도 개선을 요구한 바 있다. 미국으로부터의 확보한 절충교역 가치 21.2% 중 FMS 구매로 인한 부분을 제외한다면 실제 미국으로부터 무상으로 제공받는 절충교역은 전체 절충교역 확보가치의 10% 미만일 것으로 추정된다. 따라서 RDP를 체결하여 최악의 경우 미국에 대한 절충교역이 모두 폐지되는 경우가 발생한다고 하더라도(물론 이런 경우는 발생하지 않을 것이라고 확신한다) 일부 국내 방산업체에서 우려하는 바와 같은 엄청난 파급효과를 초래하지는 않을 것이다.

---

62 | 간접절충교역(間接折衷交易): 구매하는 국방장비와 직접 관련 없는 기술이전 및 부품 수출 등에 관한 절충교역을 말한다. 반대로 구매하고자 하는 국방장비와 직접 관련된 기술이전 및 부품 수출 등에 관한 절충교역을 직접절충교역(直接折衷交易)이라 한다.

225.7303-2 Cost of doing business with a foreign government or an international organization.

(3) Offsets.

(i) An offset agreement is the contractual arrangement between the FMS customer and the U.S. defense contractor that identifies the offset obligation imposed by the FMS customer that has been accepted by the U.S. defense contractor as a condition of the FMS customer's purchase. These agreements are distinct and independent of the LOA and the FMS contract. 절충교역 협정은 FMS 구매조건으로 구매국이 부과한 절충교역 의무를 미국 방산업체가 수용한 것으로 FMS 고객과 미국 방산업체 간 계약이다. 이러한 계약은 LOA 및 FMS 계약과는 별개의 것이다.

(iii) The U.S. Government assumes no obligation to satisfy or administer the offset agreement or to bear any of the associated costs. 미국 정부는 절충교역 계약을 이행하거나 관리하거나 일체의 비용을 부담할 의무를 지지 않는다.

(iv) Indirect offset costs are deemed reasonable ~ with no further analysis necessary on the part of the contracting officer, provided that the U.S. defense contractor submits to the contracting officer a signed offset agreement or other documentation showing that the FMS customer has made the provision of an indirect offset a condition of the FMS acquisition. FMS customers are placed on notice through the LOA that indirect offset costs are deemed reasonable without any further analysis by the contracting officer. 간접절충교역 비용은 합리적인 것으로 간주된다. 미국 방산업체가 계약 담당자에게 FMS 구매국이 FMS 구매조건으로 간접절충교역을 합의했음을 보여 주는 서명된 절충교역 합의서 또는 기타 문서를 제출한다면, 미국 계약 담당자의 추가 분석은 필요하지 않다. FMS 구매국은 미국 계약 담당자의 추가 분석 없이 간접절충교역 비용이 합리적인 것으로 간주된다는 것을 LOA를 통해 통보받는다.

〈FMS에서의 절충교역 비용과 관련된 미국 획득규정〉

셋째, 절충교역의 효용성 측면에서 미국과의 절충교역에 있어서 기술이전은 매우 적은 비중을 차지하고 있기 때문에 그 영향도 제한적일 것이다. 일반적으로 절충교역의 가장 우선순위는 직접절충교역을 통해 수출국으로부터 선진 국방과학기술을 이전(移轉)받는 것이다. 하지만 선진국들은 국방과학기술의 해외 유출을 엄격히 통제하고

미국의 RDP와 한국의 방산수출전략

있어 절충교역을 통한 기술이전이 갈수록 어려워지고 있다. 이에 따라 절충교역 가치를 충족하기 위하여 구매하는 무기체계와 관련이 없는 부품의 제작 및 수출, 군수지원 및 고용창출·산업발전 등 산업협력 분야로까지 절충교역 범위를 확대하고 있는 것이 현실이다. 그렇다면 한국은 절충교역을 통해 어떠한 절충교역 가치[63]를 제공받았는지 최근 5년간의 절충교역 실적을 효용성 측면에서 살펴보겠다.

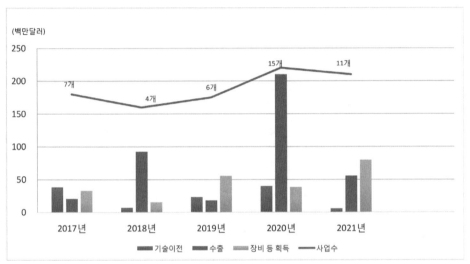

연도	계	기술이전	수출	장비 등 획득	사업수
2017년	92.8	38.7	20.9	33.3	180
2018년	115.2	7.2	92.5	15.5	160
2019년	97.5	23.6	18.1	55.7	175
2020년	288.7	40.0	210.1	38.6	220
2021년	141.3	5.8	55.6	79.9	210

〈연도별/유형별 절충교역 확보가치 현황〉[64]

63 | 절충교역 가치: 'Offset Value' 또는 'Offset Credit' 등으로 불리고 있으며, 해외업체에 제공해야 하는 절충교역 의무를 측정하고 표시하기 위해 사용하는 단위를 말한다. 화폐단위로 표시되지만, 실제 현금과 동등한 가치로 보기는 어렵다.

가치 유형별로 살펴보면, 무기체계 부품제작 및 수출이 54.0%(3.97억 달러)로 가장 높은 비중을 차지하고 있으며, 이어서 군수지원 장비의 획득 30.3%(2.23억 달러)이다. 기술이전은 15.7%(1.15억 달러)로 가장 낮으며, 이마저도 갈수록 그 비중이 축소되는 추세(2017년 41.6%, 2018년 6.3%, 2019년 24.2%, 2020년 13.9%, 2021년 4.1%)이다. 국내 참여업체의 확보가치 현황을 좀 더 살펴보면 국외구매 사업 수 및 예산의 증가에 따라 절충교역 확보가치도 함께 증가하기는 하였지만, 반면 기술이전은 해가 거듭될수록 감소하고 있으며 상대적으로 우선순위가 떨어지는 간접절충교역이 대부분을 차지하고 있어 절충교역의 효용성이 떨어지고 있음을 알 수 있다.

국내 방산업체의 최근 5년간 절충교역 확보가치를 살펴보면 45개의 국내업체가 참여하였으며, 중소기업이 69.0%의 절충교역 가치를 확보하여 가장 높게 나타났다. 이는 중소기업이 참여하는 경우 국외업체에 더 높은 절충교역 가치를 부여하는 등 정책적으로 장려하였기 때문일 것으로 보인다. 하지만, 절충교역의 가장 큰 기대효과인 기술이전 측면에서도 효용성이 떨어지고 있다. 국내 참여업체의 기술이전 실적은 대기업이 2.7%, 중견기업이 1.4%, 중소기업이 13.2%로서 전체의 9.7%에 불과하다. 이러한 기술이전도 세부적으로 살펴보면 연수, 견학 등이 대부분이어서 실질적인 핵심기술의 이전이 이루어지고 있다고 보기는 어렵다. 절충교역으로 획득한 가치가 이후에 어떻게 환류되었는지에 대하여 엄격한 사후평가를 해 본다면 이러한 현실을 정확히 알 수 있을 것이다.

이상에서 과거와 같이 절충교역을 통한 기술이전은 더 이상 어렵다는 것을 알 수 있다. 특히, 미국으로부터의 절충교역은 더욱 어렵다. 예전에는 자주국방을 위하여 초·중급 수준의 국방과학기술이 필요하였던 반면 현재는 인공위성·AI·감시정찰 장비 등 첨단무기체계 연구를 위한 첨단기술이 필요하지만, 미국은 첨단 핵심기술에

---

64 | 방위사업청, "2022년도 방위사업 통계연보", p88.

　미국의 RDP와 한국의 방산수출전략

(단위 : 백만$)

구 분 연 도	계	기술이전	수출	장비 등 획득
대기업	72.4 (15.7%)	2.0(2.7%)	69.2(95.5%)	1.3(1.8%)
중견기업	70.6 (15.3%)	0.1(1.4%)	69.7(98.6%)	-
중소기업	319.3 (69.0%)	42.0(13.2%)	258.3(80.9%)	19.0(5.9%)
계	462.4 (100.0%)	45.0(9.7%)	397.2(85.9%)	20.3(4.4%)

〈최근 5년간 국내 참여업체별 절충교역 확보가치 현황〉[65]

대해서는 엄격히 통제하고 있어 절충교역을 통한 첨단 국방과학기술이전은 매우 어렵다. 해외구매의 78.2%를 미국으로부터 구매하는 Buying Power를 가졌음에도 미국으로부터 확보한 절충교역 가치는 전체의 21.2%에 불과하여 Buying Power를 제대로 발휘하지 못하는 것도 이러한 현실을 반영하고 있다.

방위사업청은 미국으로부터 구매하는 사업의 경우 절충교역 이행가치를 확보하는 데 어려움을 겪기도 한다. 과거 절충교역 의무조항이 있던 시기에는 절충교역 비율을 맞추지 못하여 본 사업이 지연되는 경우도 빈번하게 발생하였다. 절충교역의 무상 여부도 문제다. 절충교역이 구매에 대한 무상급부를 받는 것이지만, 결국 본 사업에 대한 비용 상승으로 이어진다는 것은 공공연한 비밀이다. 미국·독일·프랑스·영국 등 주요 방산수출국은 절충교역으로 인한 국방과학기술의 해외유출을 우려하여 절충교역이 방산시장의 거래질서를 왜곡하고 가격을 상승시키는 요인으로 작용할 수 있다고 주장하고 있다. 핀란드 회계감사원 조사 결과에 따르면, 1999년 미국으로부터 F-18 구매 시 절충교역으로 인해 기본 계약금액의 3~6%의 추가 비용부담이 발생하였으며, 계약 건당 10~15% 가격 상승이 이루어진 것으로 보고되었다.

---

65 | 방위사업청, "2022년도 방위사업 통계연보", p90.

미국 대통령위원회 보고서(2001)에서는 절충교역 이행관리를 위해서는 기본계약 금액의 약 2~10% 수준의 비용이 추가로 소요되는 것으로 평가하였으며, 이에 따라 미국 정부는 절충교역이 궁극적으로 미군 또는 다른 FMS 구매국의 구매가격에 영향을 준다고 판단하여 제도를 개선하였다. FMS는 구매국 및 미군의 소요를 통합하여 저가 구매를 목적으로 하는데, 특정 구매국에 절충교역을 제공하는 경우 계약업체는 이를 생산단가에 포함시켜 결과적으로 미군을 포함한 모든 구매국에 간접적으로 비용을 전가함으로써 절충교역 비용을 상쇄할 수 있기 때문이다.

이에 따라 절충교역으로 인해 발생한 모든 비용은 절충교역을 제공받는 구매국의 부담으로 계약업체에 직접 보상해 주는 것으로 1995년에 새로운 지침[66]을 마련하였다. 이전에는 방산업체가 절충교역을 수행하는 데 소요되는 행정비용(Administrative Costs to Administer Specific Requirements of its Offset Agreement)만을 보상해 주었으나, 절충교역 이행에 소요되는 모든 비용까지도 보상해 주는 것으로 그 보상 범위를 넓혔다. 이처럼 무상 반대급부로 한 국방과학기술의 이전, 부품 수출 등을 확보하려는 절충교역의 가장 큰 목표가 퇴색되고, 이를 보완하기 위하여 우선순위가 떨어지는 부가적인 수출 · 군수지원 장비의 획득, 산업협력 등으로 절충교역 정책이 변화되고 있다. FMS의 경우에는 절충교역에 대한 제반 비용을 세부적인 내용도 알지 못한 채 지불해야 한다. 미국의 방산업체가 절충교역 비용을 미국 정부에 요청하면 FMS 담당자가 그 비용을 판단하여 FMS 비용에 포함하여 청구하는데 세부 비용은 구매국에 공개되지도 않고 있다.

한국의 방위산업도 과거 수입 일변도에서 이제는 세계 방산 9위 수출국으로 그 위상이 크게 변화되었다. 국내 연구개발로 제작된 무기체계의 해외수출이 빠른 속도로

---

66 | Office of the Under Secretary of Defense, "MEMORANDUM: Proposed Change to DFARS 225. 7303-2(a)(3), Offset Administration Costs", 1995.5.31.

미국의 RDP와 한국의 방산수출전략

증가하고 있으며, 이에 따라 절충교역으로 획득하는 가치의 효용성은 과거에 비해 떨어질 수밖에 없다. 즉 과거에는 국내 연구개발에 필요한 핵심적인 국방과학기술 및 구매대상 무기체계의 조립생산 참여, 기술이전을 통한 부품제작·수출 등 필요한 절충교역을 무상으로 확보할 수 있었지만, 미국이 한국 K-방산의 발전에 경계와 감시를 강화하고 있는 지금은 미국으로부터 첨단 기술이전이 더욱 어려워질 전망이다. 설령 기술이전을 받는다 하더라도 진부하거나 우선순위가 떨어지는 간접절충교역 위주로 수행될 것이다. 결과적으로 RDP 체결로 인하여 미국이 절충교역 축소 또는 폐지를 요구하더라도 그로 인한 영향은 제한적일 것이다.

이러한 현실을 고려하여 세계 방산수출 9위로 올라선 한국도 이제는 새로운 모델의 절충교역 정책이 필요하다. 이러한 점에서 최근 방위사업청과 보잉사와의 절충교역 MOU는 향후 미국과의 새로운 절충교역 모델로서 시사하는 바가 많다. 2023년 4월 방위사업청과 보잉사와 「첨단무기체계 공동연구개발 양해각서(MOU)」를 체결하였다. 방위사업청은 보잉과 함께 미래전(未來戰)에 대비한 무기체계의 공동연구개발을 통해 국방기술경쟁력을 확보하고, 방산수출 확대의 선순환 구조를 마련하고자 MOU를 체결하였다고 밝혔다.[67] 보잉과의 공동연구개발은 향후 국외무기체계 도입사업의 절충교역을 기반으로 추진되며, 기존의 단순한 절충교역 가치충족 방식에서 벗어나 전략적 파트너십을 토대로 공동연구개발을 통한 비즈니스 모델을 만들어, 절충교역을 새로운 형태의 산업협력으로 발전시키는 것을 목적으로 한다.

한국 입장에서는 내수 중심에서 수출 위주의 방위산업 패러다임 변화에 발맞춰, 고부가가치의 첨단무기체계 개발과 수출시장의 조기 확보를 위해 첨단무기체계 개발 능력을 보유한 세계적인 방산기업과의 협력 필요성이 증대되는 가운데, 보잉은 코로나-19 팬데믹 이후 우크라이나-러시아 사태 등 글로벌 공급망이 재편되는 국제안보

---

67 | 방위사업청, "미국 보잉(Boeing) 공동연구개발 양해각서(MOU) 체결, 글로벌 첨단무기시장 공략 본격화", 2023.4.13.

환경에서 한국의 뛰어난 국방기술력과 우수한 생산능력을 활용한 안정적인 글로벌 가치사슬(Global Value Chain)을 구축함으로써, 상호 상생(Win-Win)하는 기반을 마련할 수 있을 것이다.

이처럼 앞으로의 절충교역을 통한 기술의 확보는 미국으로부터의 일방적인 이전(Transfer)이 아니라, 미국과의 공동연구개발 등을 통한 상호교류(Interchange) 형태로 바꾸어야 할 것이다. 즉, 서로 주고받는 가운데 절충교역이 미국과의 공동연구개발을 촉진하는 마중물이 되도록 해야 할 것이다. FMS의 경우에도 미국 정부가 절충교역 비용을 사업비에 포함시키는 유상이지만, 적어도 미국의 유수한 방산업체와의 공동연구개발을 통한 기술 교류 등의 마중물 역할은 가능할 것이다. 공동연구개발을 통해 전략적 육성이 필요한 방산 중소기업들이 첨단무기체계 초기 개발단계부터 미국의 방산업체 글로벌 가치사슬에 지속적으로 참여하는 기회를 만들고, 이를 통해 해외수출시장에 함께 진출할 수 있을 것이다. RDP 체결국 중에서 이스라엘, 네덜란드, 튀르키예, 일본 등은 절충교역을 통해 군용 헬기 등 주요 무기체계의 공동개발·생산, F-35 아시아·태평양 최종조립생산시설(FACO; Final Assembly and Checkout facility)을 포함한 대규모 MRO 센터 설립, 현지생산시설 및 첨단 R&D 센터 등을 확보하는 추세이다.[68]

한편, 현행법에서는 원칙적으로는 절충교역 이행에 대하여 강제하고 있으나, 예외가 너무 많은 것도 문제다. 법에서는 절충교역을 원칙으로 하지만, 시행령을 통해 많은 예외를 허용함으로써 절충교역이 사실상 유명무실화되는 빌미를 제공해서는 안된다. 시행령에서는 1천만 달러(환율 1,300원 기준 130억 원) 이상인 경우에만 절충교역을 강제하며, 이마저도 수리부속품·핵심부품 구매·FMS 구매 등에 대해서는 절충교역을 제외할 수 있도록 규정하고 있다.

---

68 | 장원준, "방위산업 절충교역 이대로는 안 된다", 뉴스투데이, 2022.4.7. https://www.news2day.co.kr/article/20220406500191

방위사업법(2022.5.4.) 제20조(절충교역) ① 방위사업청장은 국외로부터 군수품을 구매하는 경우에 대통령령이 정하는 금액 이상의 단위사업에 대하여는 절충교역을 추진하는 것을 원칙으로 한다.

방위사업법 시행령(2022.10.4.) 제26조(절충교역 기준) ① 절충교역을 추진하여야 하는 군수품의 단위사업별 금액은 1천만 미합중국달러 이상으로 한다. 다만, 다음에 해당하는 경우에는 절충교역을 추진하지 아니할 수 있다.

1. 수리부속품을 구매하는 경우
2. 국방연구개발사업에 사용하기 위한 핵심부품을 구매하는 경우
3. 유류 등 기초원자재를 구매하는 경우
4. 외국정부와 계약을 체결하여 군수품을 구매하는 경우
5. 그 밖에 국가안보·경제적 효율성 등을 고려하여 위원회의 심의를 거친 경우

〈절충교역 관련법령〉

또한, "외국정부와 계약을 체결하여 군수품을 구매하는 경우, 위원회의 심의를 거친 경우"와 같은 예외조항은 RDP 체결 이후 미국의 절충교역의 축소 요구 등의 빌미를 제공할 가능성이 크다. 앞서 언급한 바와 같이 미국과의 방산교역에서의 Buying Power를 유지하여 절충교역을 통한 공동연구개발 등을 촉진하려면 절충교역 이행에 대한 좀 더 강한 법적인 압박이 필요할 것이다. 적어도 미국과의 절충교역은 Buying Power를 활용하여 과거의 일방적인 기술이전이 아니라 기술교류를 활성화하는 마중물로 활용할 수 있도록 제도를 개선하는 것이 필요하다. RDP는 각국의 법, 규정 등을 우선하므로 절충교역에 대하여 충분히 규제하고 있다면, 단순히 RDP 체결을 근거로 절충교역을 폐지하거나 축소할 수 없을 것이다. 법의 제정목적에 맞도록 제도를 시행하되, 국익을 위해 불가피한 경우에 한하여 엄격하게 예외규정을 적용하도록 하고, 예외를 적용한 경우에도 3년 또는 5년 주기로 그 영향성을 분석해 국회에 보고토록 하여 절충교역에 대한 입법기관의 감시 및 통제를 강화하는 등의 보완도 필요하다.

이상에서 살펴본 바와 같이 RDP 체결로 미국과의 절충교역 영향을 크지 않을 것

으로 생각되지만, RDP 체결을 계기로 절충교역 정책에 대한 전반적인 재검토가 필요하다.

5.3.9 RDP와 국내 관련 법·제도와의 충돌 가능성

RDP와 국내법 및 제도와의 충돌 가능성에 대한 우려도 RDP 체결을 지연시키는 주요 요인 중의 하나다. 하지만 대부분의 RDP 체결국 협정서를 보면 "각국의 국내법과 규정에 합치된 범위 내에서(consistent with their national laws, regulations)" RDP를 수행하는 것으로 명시되어 있다. 즉, 상호호혜의 원칙에 따라 양국의 시장개방을 원칙으로 하되 양국의 법·제도의 테두리 안에서 RDP가 작동되도록 설계되었기 때문에 상호충돌이 발생하는 경우 방산수입국의 국내법 또는 제도가 우선한다.

이것은 나머지 RDP 체결국 모두에 적용되고 있다. 다만, 1990년대 이전에는 이탈리아, 영국 등을 제외한 대부분이 체결 당사국의 "국내법과 규정에 합치된 범위 내에서" RDP가 유효한 것으로 규정하였으나, 1990년대 이후에는 호주를 제외한 모든 국가와는 "국내법과 규정, 국제규범에 합치된 범위 내에서" 유효한 것으로 체결하였다.

이 조항은 상호 간의 국내법 및 제도를 존중하는 가운데 RDP를 통한 국방협력을 강화하겠다는 것으로서, 미국이 경제적 또는 산업적 의도를 주된 목적으로 RDP를 체결하였다고 하기보다는 안보적 차원에서 동맹국과의 국방협력을 확대하는 것이 주된 목적이었음을 유추해 볼 수 있다. 실제로 GAO의 1991년 4월 하원 보고서[69]에서는 이를 명확히 하고 있다. 즉 RDP를 체결했다고 하더라도 미국의 국내 실정법 또는 규정과 상충한다면, 관세 및 자국산구매법의 적용을 면제하지 않아도 된다는 것으로서 이는 체결국과 미국의 현행 법체계를 우선 적용함을 의미한다.

---

69 | GAO, "European Initiatives; Implications for U.S. Defense Trade and Cooperation" 1991.4.

구분		RDP 협정서 세부내용
A 그룹	프랑스 (3위)	· MOU 이행을 위해 각국의 국방장관은 자국의 법률과 정책에 따라 상대국 방산업체의 시장참여를 제한하도록 설계된 모든 관세 또는 다른 제한사항의 적용이 면제되도록 노력해야 한다. For the implementation of this MOU, the Secretary of Defense or Minister of Defense shall, consistent with the law and policies of each country, attempt to obtain exemption from all applicable customs duties or other restrictions which are designed to limit participation by industries of the other country.
	독일 (5위)	· 양 당사자는 국방조달의 상대적인 기술 수준을 고려하여 국방조달의 상호작용을 촉진하고 각국의 국가정책과 일치하도록 한다. Both Parties intend to facilitate the mutual flow of defense procurement, taking into consideration relative technological levels of such procurement, and consistent with their national policies. · 양 당사자는 관련 법률 및 규정에 따라 동맹국의 표준화 및/또는 상호 운용성을 최적화하기 위한 협력적 연구개발, 양산, 조달, 군수지원에 대한 모든 요청을 최대한 고려한다. Both Parties will, consistent with their relevant laws and regulations, give the fullest consideration to all requests for cooperative R&D, and to all requests for production, procurement and logistic support which are intended to optimize Alliance standardization and/or interoperability.
	이탈리아 (6위)	· 상대방 국가의 업체가 생산하는 방위 물자나 용역의 조달에 대한 차별적 장벽을 상호이익이 되며 각국의 법률, 규정, 정책 및 국제의무와 일치하는 범위 내에서 제거하기를 희망함. Desiring to remove discriminatory barriers to procurements of defense supplies or services produced by industrial enterprises of the other country to the extent mutually beneficial and consistent with consistent with their national laws, regulations, policies, and international obligations. · 양국의 법률, 규정 및 국제의무에 상응하는 범위에서 양국은 오퍼를 평가하는 데 있어 상호호혜 원칙에 따라 관세, 세금 및 의무를 포함해서는 안 되며, MOU가 적용되는 조달에 대한 관세 및 의무에 대한 비용청구를 면제해야 한다. To the extent consistent with their national laws and regulations and international obligations, the Parties agree that, on a reciprocal basis, they shall not include customs, taxes, and duties in the evaluation of offers and shall waive their charges for customs and duties for procurements to which this MOU applies.
	영국 (7위)	· 상대방 국가의 업체가 생산하는 방위 물자나 용역의 조달에 대한 차별적 장벽을 상호이익이 되며 각국의 법률, 규정, 정책 및 국제의무와 일치하는 범위 내에서 제거하기를 희망함. Desiring to remove discriminatory barriers to procurements of defense supplies or services produced by industrial enterprises of the other country to the extent mutually beneficial and consistent with consistent with their national laws, regulations, policies, and international obligations.
	스페인 (9위)	· 국가의 법과 규정에 부합되는 한, 상대국에서 개발 또는 생산된 국방 제품에 대한 오퍼는 자국산 구매법 및 규정에 의한 비용의 차별 또는 수입관세비용을 적용하지 않고 평가되어야 한다. Ensure that, consistent with national laws and regulations, offers of defense items developed and/or produced in the other country will be evaluated without applying to such offers either price differentials under "buy-national"laws and regulations or the cost of import duties. · 양국은 관련 법률 및 규정에 따라 R&D 협력에 대한 모든 요청과 대서양 동맹과의 표준화 및/또는 상호 운용성을 향상시키기 위한 생산 및 조달에 대한 모든 요청을 완전하고 신속하게 고려할 것이다. The Governments will, consistent with their relevant laws and regulations, give full and prompt consideration to all requests for cooperative R&D, and to all requests for production and procurement which are intended to enhance standardization and/or interoperability with the Atlantic Alliance.
	이스라엘 (10위)	· 양국 정부는 국가 법률 및 규정에 따라 조달할 재래식 국방물자 및 상대국에서 수행할 용역의 제공은 다음과 같은 처리에 따라 적용된다. Consistent with national laws and regulations, each Government will accord the following treatment to offers of conventional defense supplies to be procured, and services to be performed in the other country.

〈RDP와 국내 법체계와의 관계〉

구분	국가별 유형
유형 #1	• Consistent with their national policies, laws, and regulations: 그리스(1986) • Consistent with the laws, regulations, and practices having the force of law of each Government: 스웨덴(1987) • Consistent with national laws and regulations: 스페인(1982), 이집트(1988), 이스라엘(1987) • Consistent with their respective laws, regulations and policies: 호주(1995)
유형 #2	• Consistent with national laws, regulations, policies, and international obligations: 오스트리아(1991), 핀란드(1991), 룩셈부르크(2010), 폴란드(2011), 체코(2012), 슬로베니아(2016), 일(2016), 에스토니아(2016), 라트비아(2017), 리투아니아(2021)

〈RDP와 국내 법체계와의 관계 2가지 유형〉

"European Initiatives; Implications for U.S. Defense Trade and Cooperation", GAO(1991. 4.)

DoD's General Counsel (International) concluded that the signatories were not specifically obligated to waive duties and buy-national laws if the waiver conflicted with national laws and regulations. 미국 국방부의 일반 변호사들(국제)은 서명권자들은 관세 및 자국산구매법의 적용을 면제하는 것이 자국의 국내법 및 규정과 충돌하는 경우 이러한 면제를 특별히 강요당하지 않는다고 결론지었다.

〈RDP와 국내법 충돌 가능성〉

만약 미국이 경제적 목적으로 RDP를 활용하려 했다면, RDP의 상호협정의 이행에 대한 강제력을 더 강화했을 것이다. 하지만 우방국과의 국방협력이 필요했던 미국으로서는 방산교역에서의 심각한 불균형에 불만을 가진 NATO 국가들의 불만을 해소하고 국방협력을 강화하기 위한 수단으로 RDP를 통해 BAA의 적용을 면제하여 미국의 방산시장을 개방하는 당근을 제시했던 것이다. 이 과정에서 RDP 체결국에 BAA 적용 면제라는 혜택을 부여함으로써 외형적으로는 방산시장을 개방하는 것처럼 보였지만, 현행 각국의 법체계를 우선 적용한다고 함으로써 미국 국내법이나 규정 등을 포함한

'보이지 않는 손'을 통해 방산수입을 제한하는 것으로 기능하도록 RDP를 설계한 것으로 판단된다.

또 하나는, RDP에서는 외형적으로는 자국산우선구매법에 의한 불평등한 기준의 적용을 면제하는 것으로 명시되어, 미국 방산시장에 수출하는 경우 미국 방산업체에 비해 차별적인 적용을 받지 않고 동일한 조건에 경쟁이 가능한 것처럼 오해할 수 있다는 점이다. 하지만 미국의 연방조달시장은 다음과 같이 매우 제한적으로 개방되고 있다.

첫째, RDP 체결로 인한 효과는 미국 방산업체와 동일한 여건을 보장하는 것이 아니라, 단지 차별적인 비용의 부과만을 면제하는 것이라 할 수 있다. RDP는 미국과 체결국의 국내법이나 규정에 부합되는 범위(consistent with national laws and regulation) 내에서 효력이 발생된다. 반대로 생각하면, 국내법이나 규정과 충돌하지 않는다면 RDP 합의내용이 유효하다는 것이다. 문제는 미국의 경우 BAA, Jones Act, ITAR 등 자국산우선구매를 강제하는 다양한 법 및 규정 등이 존재하는데, RDP를 체결했을 때에는 단지 BAA, 국제수지프로그램, 관세 등 세제에 대해서만 적용을 면제하고 있다는 점이다. 즉, 차별적인 비용을 부과를 적용받는 것 외에는 다른 법과 규정에 의해 제한을 받기 때문에 미국 방산업체와 전혀 동등하지 않다.

둘째, RDP 체결국에 대해서는 BAA에 의한 차별적 비용 부과의 적용을 면제하는 혜택을 주는 것 같지만, 이는 무제한적인 혜택이 아니라 극히 제한된 범위에서만 가능하다. 미국 국무부 자료에 따르면 BAA 면제는 2008년 이후 감소하였으며, 2017년 4월 18일에 미국 연방정부기관의 대하여 BAA에 대한 엄격한 해석을 요구하는 대통령 행정명령[70]을 발령하였다. 바이든 대통령도 취임 이후 미국산 제품 구매(Buy American)를 강조하고 있어 BAA에 대한 면제가 완화되기는 어려울 것으로 전망된다.

---

70 | The Buy American and Hire American Executive Order

이처럼 RDP에는 '미국의 법률 및 규정에 합치되는 범위 내에서 자국산우선구매법(미국의 경우 BAA)의 적용을 면제한다.'는 단서조항을 포함하고 있어, 국익과 상충된다고 판단되는 경우에는 언제라도 미국 정부에 의한 자의적인 통제가 가능하다. 실제로 미국 정치권에서는 자국산우선구매법의 적용을 확대해야 한다는 목소리가 높아지고 있어 미국에 수출하는 방산물자에 대한 BAA의 면제는 더욱 감소할 것으로 예상된다.

결론적으로 RDP 체결과 동시에 거대한 미국 방산시장이 열리는 것이 아니라, 미국 정부에 의해 통제되는 제한된 시장 내에서 28개 RDP 체결국이 경쟁하는 것이다. 외형상으로는 미국 방산시장에서 미국 방산업체와 경쟁하는 것이지만, 전체 수출시장 규모를 미 정부가 강력하게 통제하고 있기 때문에 실제로는 RDP 체결국 상호 간의 경쟁인 것이다. 또한 최근의 CMMC와 같이 미국에서 형성된 각종 표준을 요구하고 있는데, 표준화 및 상호호환성을 촉진하기 위한 수단이기는 하지만 때로는 표준을 근거로 한 제한이 가해질 수도 있기 때문에 이러한 미국 정부의 "보이지 않는 손" 또는 "보호대책(Umbrella)"에 동등하게 대응할 수 있는 근거법 및 제도를 마련할 필요가 있다. 왜냐하면, 미국은 자국의 법률·제도 등에 체결국이 부합되지 않으면 안된다는 입장을 내세우고 있기 때문이다. 미국과 체결국 서로가 자국의 법률·규정·제도만을 이유로 RDP 효력을 인정하지 않는 경우에는 다툼이 발생할 소지가 있다. 충돌이 발생하는 경우 원론적으로는 체결 당사국의 "국내법과 규정에 합치된 범위 내에서" 또는 "국내법과 규정, 국제규범에 합치된 범위 내에서" RDP가 유효하다고 하였으나, 이에 대한 해결방안을 당사국끼리만 해결하도록 규정하고 있어, 문제를 해결하는 과정에서 미국의 힘의 논리에 의해 체결국에게 불리하게 작용될 수도 있다.

결국 RDP는 미국과 체결국의 국내법, 규정 및 국제적 의무와 합치되는 범위 안에서 상대국 방산업체를 차별적인 가격의 부과 없이 동등하게 대우하는 데 동의하는 협정인 것처럼 보일 수 있으나, 실상 이 조항은 체결국보다는 미국을 위한 조항인 것으로 여겨진다. 즉, RDP를 통해 미국 방산시장을 제한적으로 개방하기는 하지만, BAA

등 일부를 제외한 미국의 법률·규정 등과 충돌하는 경우 RDP 협의는 후순위로 밀려날 수밖에 없기 때문이다. 체결국의 법률·규정 등에 합치하지 않는 경우에도 RDP 효력이 없어지는 것이 아니냐고 할 수 있겠지만, 체결국 간의 다툼은 당사자 간에 해결하도록 되어 있으므로 종국에는 힘의 논리에 따라 결정될 것이다. 이러한 조항을 포함한 것은 체결국에게 미국과 동등한 협정인 것처럼 여겨지게 하는 측면도 있겠지만, 미국 국방부 입장에서도 RDP와 충돌하는 미국의 법·규정 등에 대하여 모두 알지 못하기 때문에 RDP 체결을 했더라도 나중에 다른 법이나 규정 등과 충돌이 발생하는 경우 RDP 합의내용을 무효화하기 위한 근거가 필요하기 때문인 것으로 보인다.

따라서 RDP 체결 이전에 미국의 미국산 우선제도와 관련된 법률·규정·지침 등을 명확히 이해하고 서로 상치되는 부분이 없는지 확인해야 하며, RDP 협정서에는 각각의 국내법 및 규정에 합치된 범위라는 문구를 좀 더 명확히 정의하고, 분쟁 해결 과정에서도 어느 한 국가의 법률·규정·지침 등만을 일방적으로 요구하지 않도록 하는 안전장치가 필요하다. 다행히 아직까지 미국과 충돌이 발생하여 RDP를 종결한 사례가 알려진 바는 없다.

5.3.10 정기적인 협의

RDP 체결은 방산시장의 진입장벽을 낮추어 방산협력을 활성화하기 위한 일종의 포털(Portal) 또는 프레임워크(Framework)를 구축하는 시작점이라 할 수 있다. 즉, RDP 그 자체가 구체적인 방산협력 절차·의무·권리 등에 대한 강력한 의무 내지는 구속이라기보다는 미국과의 효과적인 방산협력을 위한 접근방법 및 합리적인 국외조달을 위해 지속적으로 소통하고 협의하기 위한 협력의 틀을 만드는 것이다.

미국 국방부의 낸시(Nancy Dowling)는 연방관보 제72권 제200호(2007.10.17.)에

서 이러한 RDP 성격에 대하여 명확하게 설명하였다. 즉, RDP는 동맹국 및 우방국과 국방장비의 합리화, 표준화 및 상호운용화를 촉진할 목적으로 효과적인 국방협력에 영향을 미치는 시장 접근 및 조달 문제와 관련하여 지속적인 커뮤니케이션을 위한 프레임워크를 제공한다는 것이다.[71] RDP를 체결함으로써 국방협력에 대한 합의가 완료되는 것이 아니라, RDP 체결로 인하여 형성된 프레임워크를 기반으로 이후 상호협력을 위한 회의체를 구성하고 정기적으로 구체적인 방안을 협의함으로써 국방협력을 확대해 나가는 것이다.

실제로 RDP 협정서를 살펴보면, 대부분 RDP를 체결한 이후 정기적인 협의체를 구성하여 RDP 이행을 위한 구체적인 협력방안이나 절차에 대하여 협의하고 문제를 해결하며 이행실태를 점검하는 등의 활동을 하고 있음을 알 수 있다. 프랑스 · 스페인 · 이탈리아 등이 매년 1회 이상 정기적인 회의를 실시하며, 다른 국가들도 정기적인 회의를 하고 있다.

구분		RDP 협정서 세부내용
A 그룹	프랑스 (3위)	· FACDE(Franco-American Committee for Defense Equipment)는 협정을 이행하기 위해 필요한 만큼 자주, 그러나 적어도 1년에 한 번은 회의를 할 것이다. The FACDE(Franco-American Committee For Defense Equipment) will meet as frequently as necessary, but not less than once a year, to implement the agreement.
	독일 (5위)	· 상호협력을 위한 독일-미국 위원회는 MOU를 이행하기 위한 절차를 검토하기 위하여 상호 협의된 바와 같이 또는 어느 일방의 요청에 의해 만날 것이다. The German-American Committee for mutual cooperation will meet as agreed or at the request of either Party to review progress in implementing the MOU.
	이탈리아 (6위)	· MOU에서 발생하는 문제를 논의하기 위한 회의는 필요에 따라 소집하는 것으로 한다. Meetings to discuss problems arising this MOU shall be called an as-needed basis.

---

71 | Nancy Dowling, "Negotiation of a Reciprocal Defense Procurement Memorandum of Understanding with Itay, A Notice by the Defense Acquisition Regulations System on 10/17/2007", National Archives and Records Administration

미국의 RDP와 한국의 방산수출전략

	영국 (7위)	· 체결국 각각의 책임 있는 기관 대표자는 MOU를 이행하기 위한 절차를 검토하기 위하여 정기적으로 만난다. The representatives of each Participant's responsive authority will meet on a regular basis to review progress in implementing this MOU.
	스페인 (9위)	· 위원회는 각 정부의 요청에 따라 합의된 대로 회의를 하지만, 최소 1년에 한 번은 이 협정의 이행상황을 검토한다. The Committee will meet as agreed at the request of either Government, but a minimum of once a year to review progress in implementing this Agreement.
	이스라엘 (10위)	· 위원회는 각 정부의 요청에 따라 필요에 따라 회의를 하지만, 매년 한 번 이상 각국이 교대로 회의를 개최하여 MOU 이행상황을 검토한다. The Committee will meet as required pursuant to the request of either Government, but not less than once every year, alternating in each country, to review progress in implementing the MOU.
B 그룹	8개국	· 당사국의 책임자는 이 협약(또는 MOU)을 이행하기 위해 절차를 토의하기 위해 정기적으로 만나야 한다. The representatives of each Party's responsible authority shall meet on a regular basis to review progress in implementing this Agreement(Or MOU). 룩셈부르크(2010), 폴란드(2011), 체코(2012), 슬로베니아(2016), 일본(2016), 에스토니아(2016), 라트비아(2017), 리투아니아(2021)

〈RDP 이행을 위한 위원회의 정기적인 협의〉

5.3.11 RDP 유효기간 및 연장

RDP는 대부분 협정의 유효기간을 설정하고 있다. 체결국마다 차이는 있으나 5년 내지는 10년 이내의 범위에서 유효기간을 두고 있는 것이 일반적이다. 양해각서 또는 협정서는 유효기간이 도래하는 경우 체결국 중 일방의 탈퇴 의사가 다른 정부에 통보되지 않는 한 별도의 절차를 거치지 않고 기합의된 유효기간 동안 자동으로 연장된다. 반대로 종결을 원하는 경우에는 상대국에게 사전에 서면으로 종결을 통보해야 한다. 이러한 종결에 있어 상대방의 동의는 필수요건이 아니다.

구분		RDP 협정서 세부내용
A 그룹	프랑스 (3위)	· (1978년) 본 협정은 양국 정부가 달리 합의하지 않는 한 서명 후 10년간 유효하다. This agreement will remain in effect for a ten-year period following its signature unless otherwise agreed by both Governments. · (1990년) 본 MOU는 한 정부의 탈퇴 의사가 다른 정부에 통보되지 않는 한 5년 주기로 자동연장된다. This MOU will be automatically extended for successive five years periods unless any withdrawal intention by one Government is notified to the other Government.
	독일 (5위)	· (1978년) 본 MOU는 서명 후 6년간 유효하다. 양국 정부가 달리 합의하지 않는 한 다음 6년 주기로 연장된다. This MOU will remain in effect for a six-year period following its signing. Unless otherwise agreed by both Parties, the duration will be extended for another six years. · (1991년) 본 협정은 5년간 유효하며, 양국 정부가 달리 합의하지 않는 한 연속하여 5년 주기로 연장된다. This agreement shall remain in force for five years, and shall be extended for successive five-year periods unless otherwise agreed by the two Parties.
	이탈리아 (6위)	· 본 MOU는 당사자에 의해 종결되지 않는 한 10년간 유효하다. This MOU shall remain in force for ten years unless terminated by the Parties.
	영국 (7위)	· 본 MOU는 상호동의에 의해 종결되지 않는 한 10년간 유효하다. This MOU will remain in effect for ten years, unless terminated by mutual consent by the Participants.
	스페인 (9위)	· 본 협정은 5년간 유효하다. 당사자가 서면으로 달리 의견을 제시하지 않는 한 MOA 기간은 연속하여 5년 주기로 자동연장된다. This MOA shall remain in force for five years. Unless otherwise stated in writing by either Participant, the duration of the MOA shall be extended automatically for successive five-year periods.
	이스라엘 (10위)	· (1998년) 본 MOU는 서명 후 10년간 유효하며, 체결국이 상대국에 서면으로 MOU 종결의사를 통보하지 않는 한 5년 주기로 자동연장된다. This MOU will remain in effect for a ten year period following its signing and will be extended automatically for five-year periods unless written notification of an intention to terminate is provided by one Government to the other Government.
B 그룹	8개국	· 본 협정은 10년간 유효하다. This Agreement(Or MOU) shall remain in force for ten years. 룩셈부르크(2010), 체코(2012), 리투아니아(2021) · 본 MOU는 10년간 유효하다. 당사자 간 별도로 협의하지 않는 한 5년 주기로 연장될 것이다. This MOU will remain in effect for a ten-year period and will be extended for successive five-year periods, unless the Governments mutually decide otherwise. 폴란드(2011) · 본 협정은 5년간 유효하다. 그러나 체결국이 다른 정부에게 적어도 6개월 이전에 통보하여 협정을 종료할 수 있다. (→ 2021년 개정) 본 협정은 2021년 6월 3일부터 10년간 연장된다. The present agreement shall remain in force for five years. However, either Government may terminate the present agreement at all time by giving to the other Government at least six months. The Agreement shall be extended for a period of ten years from June 3, 2021. 일본(2016) · 본 협정은 5년간 유효하며, 상대방에게 6개월 전 서면 통지로 종료되지 않는 한 5년 주기로 자동 연장된다. This Agreement shall remain in force for five years, and be extended automatically for successive five-year periods unless terminated by either Party upon six months prior written notice to the other Party. 슬로베니아(2016), 에스토니아(2016), 라트비아(2017)

기타	캐나다	· 상호 동의에 의하여 종료될 때까지 매년 효력을 유지해야 한다. 그러나 6개월 이전에 서면으로 종결을 통지한 경우, 12월 31일 또는 6월 31일에 종료할 수 있다. It shall remain in force from year to year until terminated by mutual consent; however, it can be terminated on the 31st day of December or the 31st day of June in any year by either party provided that six months notice of termination has been given in writing.
	그리스	· 본 협정은 최초 5년간 유효하다. 최초 5년 기간이 종료된 후에는 5년간 효력을 유지하며, 6개월 전에 일방 당사자에 의해 종료되지 않는 한 5년 주기로 자동연장된다. This Agreement shall remain in force for an initial period of five years. At the end of the initial five year period, the Agreement shall continue in force for another five years, and will automatically renew for successive five year periods unless terminated by either Party on six month's notice.
	호주	· 본 협정은 달리 합의하지 않는 한 또는 종료되지 않는 한 10년간 유효하다. 협정은 당사국의 종결 의사를 상대국에 통보되지 않는 한 10년 주기로 자동연장된다. This Agreement shall remain in force for ten years unless otherwise agreed by the Governments, or unless terminated. This Agreement shall be automatically renewed for successive ten year periods unless the withdrawal intention by one Government is notified to the other Government.

〈RDP 유효기간 및 기간연장〉

5년에서 10년 이내의 유효기간을 설정한 대부분의 체결국과는 달리 캐나다(1963년)와 같이 RDP 체결 시 상호동의에 의해 종결될 때까지 무기한 효력을 유지하는 것으로 합의한 경우도 있다. 스페인은 최초 협정(1982)에는 종결에 대한 언급이 없었으나, 2014년에 개정하면서 5년의 유효기간을 설정하였다.[72]

유효기간의 연장은 서면으로 RDP 종결을 요청하지 않는 한 해당 유효기간만큼 자동으로 연장되는 경우가 많았다. 특히 RDP를 체결하여 유효기간이 경과한 후부터 5년 주기로 연속하여 자동 연장하는 경우가 가장 많다. 호주만이 10년 주기로 연속하여 자동연장하고 있으며, 캐나다와 같이 유효기간을 설정하지 않아 별도의 연장이 필

---

72 | Section IX. Duration and Termination, MOA between Department of Defense of the United States of America and the Ministry of Defense of the Kingdom of Spain regarding Reciprocal Government Quality Assurance Service, 2014.5.14.

요하지 않는 경우도 있다.

10년을 유효기간으로 한 경우에는 유효기간이 도래하면 종결의사를 통보하지 않는 한 자동으로 연장하거나 또는 반드시 상호협의를 통해 연장하는 두 가지 형태를 취하고 있다. 2000년 이후에는 5년 주기 자동연장 또는 10년 효력 유지 후 상호협의에 의해 연장하는 방식을 많이 택하고 있다.

구분	RDP 협정서 세부내용
5년 주기 자동연장	· 벨기에(1979), 포르투갈(1979), 덴마크(1980), 프랑스(1990), 독일(1991), 오스트리아(1995), 그리스(1997), 이스라엘(1998), 이집트(1999), 스위스(2006), 튀르키예(2001), 스페인(2014), 슬로베니아(2016), 에스토니아(2016), 라트비아(2017)
10년 주기 자동연장	· 네덜란드(1978), 스웨덴(1987), 호주(1995)
10년간 효력 유지 (연장 협의 필요)	· 노르웨이(1978), 이탈리아(2009), 룩셈부르크(2010), 폴란드(2011), 체코(2012), 영국(2017), 핀란드(1991), 일본(2021), 리투아니아(2021)
유효기간 미설정	· 캐나다(1963)

〈RDP 유효기간 연장방식에 따른 분류〉

일본은 2016년 RDP 체결 시 5년의 유효기간을 택하였으나, 유효기간이 도래한 2021년에 RDP 협력범위 및 절차 등의 내용 변경 없이 유효기간을 10년으로 연장하였다.

앞서 살펴본 바와 같이 1963년 이후 28개국은 RDP 체결 이후 개정이나 유효기간 연장 등을 통하여 지금까지 모두 RDP를 유지하고 있다. RDP를 체결하면 구체적인 협력범위, 절차 등을 협의하기 위하여 통상 매년 1회 이상 정기적으로 양국 간 회의를 개최하는데, RDP가 자국의 방산시장에 미치는 부작용이 크거나 기타 사유가 있는 경우에는 유효기간이 남아 있더라도 정기적인 협의를 통해 RDP 협력범위 및 절차 등을 변경하는 것도 가능하다. 다만, 이러한 경우 상대국의 동의가 필요하다.

미국의 RDP와 한국의 방산수출전략

Excellency,

I have the honor to acknowledge the receipt of Your Excellency's Note of today's date, which reads as follows:

"I have the honor to refer to the agreement between the Government of Japan and the Government of the United States of America concerning the reciprocal defense procurement, which was effected by the Exchange of Notes dated June 3, 2016 (hereinafter referred to as "the Agreement").

In consideration of the continuing mutually beneficial relationship between the two Governments in the field of cooperation on reciprocal defense procurement, I have further the honor to propose, on behalf of the Government of Japan, that the Agreement shall be extended for a period of ten years from June 3, 2021.

I have further the honor to propose that, if the foregoing is acceptable to the Government of the United States of America, this Note and your reply shall constitute an agreement between the two Governments, which shall enter into force on the date of your reply.

I avail myself of this opportunity to renew to you the assurance of my high consideration."

I have further the honor to confirm on behalf of the Government of the United States of America that the foregoing is acceptable to the Government of the United States of America and to agree that Your Excellency's Note and this reply shall constitute an agreement between the two Governments, which shall enter into force on the date of this reply.

His Excellency
　　Mr. MOTEGI Toshimitsu
　　　　Minister for Foreign Affairs
　　　　　　of Japan

〈일본의 RDP 연장 동의 서한〉

5.3.12 RDP 종결

RDP는 상대국의 승인이나 승낙이 없어도 종결이 가능하다. RDP를 이행하는 과정에서 심각한 불이익 또는 양국 간 방산교역 불균형이 심화되는 경우에는 일방적으로 종결을 상대방에게 통보할 수 있어 언제든지 RDP를 종결시키는 것도 가능하다. 종결에 대한 법적인 구속력 없이 임의로 RDP 종결이 가능한 것이다. 종결을 위한 제한사항으로는 사전에 서면으로 통보 및 기존 체결된 계약의 효력 인정이라는 두 가지를 제시하고 있다.

첫 번째 요건은 사전 서면 통보(Prior Written Notice) 조건이다. 종결을 원하는 경우 RDP를 종결하겠다는 의사를 6개월 이전에 상대국에게 통보해야 한다. 즉, 정해진 기간 이전에 사전통지만 하면 종결할 수 있는 것으로, 상대방의 승낙을 반드시 요하는 등의 절차적 요건을 강제하고 있지 않다. 통보 방법으로는 대부분 서면으로 통보할 것을 강제하고 있으나, 프랑스 및 일본 등은 통보 방법을 별도로 지정하지 않고 있다. 영국의 경우에는 특이하게 "종결 의사를 180일 이내에 서면으로 통지함으로써 MOU에서 탈퇴할 수 있다."는 조항과 "상호동의에 의해 종결되지 않는 한 10년 동안 효력이 유지된다."는 내용이 RDP에 함께 포함되어 있어 종결에 있어서 상대국의 동의가 필요한지에 대한 다툼이 발생할 여지가 있다.

구분		RDP 협정서 세부내용
A 그룹	프랑스 (3위)	· 당사자 일방이 10년의 유효기간이 끝나기 전에 MOU에 따른 참여를 중단할 필요가 있다고 판단하면, 종결의사를 6개월 이전에 상대국에 통보해야 한다. If either Government considers it necessary to discontinue its participation under this MOU before the end of the ten-year period, any withdrawal intention must be notified to the other Government six months in advance of its effective date.
	독일 (5위)	· 당사자 일방이 6년의 유효기간이 끝나기 전 또는 유효기간 연장 전에 MOU에 따른 참여를 중단해야 하는 부득이한 국가적 이유로 인해 필요하다고 판단되는 경우, 6개월 이전에 상대국에 서면으로 종결의사를 통보한다. If either Party considers it necessary for compelling national reasons to discontinue its participation under this MOU before the end of six-year period, or any extension thereof, written notification of its intention will be given to the other Party six months in advance of the effective date of discontinuance.
	이탈리아 (6위)	· MOU는 당사자 일방이 상대국에게 6개월 전 서면으로 통보함으로써 종료될 수 있다. This MOU may be terminated by either Party upon six months prior written notice to the other Party.
	영국 (7위)	· 체결국은 상대국에게 종결의사를 180일 이전에 서면으로 통보함으로써 MOU를 종결할 수 있다. 이러한 통지는 당사국들이 철회로 인한 결과를 충분히 평가하고 결정할 수 있도록 하며 본 MOU에 따른 활동을 마무리하기 위한 적절한 절차를 결정할 수 있도록 양국의 즉각 협의 대상이다. Either Participant may withdraw from this MOU upon giving 180 days written notice to the other Participant of its intent to withdraw. Such notice will be the subject of immediate consultation by the Participants to enable them to evaluate fully and determine the consequences of such withdrawal and to decide upon the appropriate course of action to conclude activities under this MOU.

구분		RDP 협정서 세부내용
A 그룹	프랑스 (3위)	· 당사자 일방이 10년의 유효기간이 끝나기 전에 MOU에 따른 참여를 중단할 필요가 있다고 판단하면, 종결의사를 6개월 이전에 상대국에 통보해야 한다. If either Government considers it necessary to discontinue its participation under this MOU before the end of the ten-year period, any withdrawal intention must be notified to the other Government six months in advance of its effective date.
	독일 (5위)	· 당사자 일방이 6년의 유효기간이 끝나기 전 또는 유효기간 연장 전에 MOU에 따른 참여를 중단해야 하는 부득이한 국가적 이유로 인해 필요하다고 판단되는 경우, 6개월 이전에 상대국에 서면으로 종결의사를 통보한다. If either Party considers it necessary for compelling national reasons to discontinue its participation under this MOU before the end of six-year period, or any extension thereof, written notification of its intention will be given to the other Party six months in advance of the effective date of discontinuance.
	이탈리아 (6위)	· MOU는 당사자 일방이 상대국에게 6개월 전 서면으로 통보함으로써 종료될 수 있다. This MOU may be terminated by either Party upon six months prior written notice to the other Party.
	영국 (7위)	· 체결국은 상대국에게 종결의사를 180일 이전에 서면으로 통보함으로써 MOU를 종결할 수 있다. 이러한 통지는 당사국들이 철회로 인한 결과를 충분히 평가하고 결정할 수 있도록 하며 본 MOU에 따른 활동을 마무리하기 위한 적절한 절차를 결정할 수 있도록 양국의 즉각 협의 대상이다. Either Participant may withdraw from this MOU upon giving 180 days written notice to the other Participant of its intent to withdraw. Such notice will be the subject of immediate consultation by the Participants to enable them to evaluate fully and determine the consequences of such withdrawal and to decide upon the appropriate course of action to conclude activities under this MOU.
	스페인 (9위)	· 체결국은 MOA 종결 6개월 이전에 상대국에게 서면으로 종결의사를 통보함으로써 MOA를 종결할 수 있다. Either Participant may terminate this MOA by providing written notification of its intention to the other Participant six months in advance of the effective date of the termination.
	이스라엘 (10위)	· 체결국이 10년 주기가 도래하기 전에 합리적인 국가적인 사유로 MOU를 종료해야 하는 경우, 종결의사를 서면으로 6개월 전 상대국에 통보한다. If either government considers it necessary for compelling national reasons to terminate its participation under this MOU before the end of the ten-year period, written notification of its intention will be given to the other Government six months in advance of the effective date of termination.
B 그룹	8개국	· 본 협정은 체결국이 상대국에게 6개월 이전에 서면으로 통보함으로써 종료할 수 있다. This Agreement(Or MOU) may be terminated by either Party upon six months prior written notice to the other Party. 룩셈부르크(2010), 폴란드(2011), 체코(2012), 리투아니아(2021) · 본 협정은 체결국이 상대국에게 적어도 6개월 이전에 통보하여 협정을 종료할 수 있다. Either Government may terminate the present agreement at all time by giving to the other Government at least six months. 일본(2016) · 본 협정은 상대국에게 6개월 이전에 서면으로 통보로 종료되지 않는 한 5년 주기로 자동 연장된다. This Agreement shall be extended automatically for successive five-year periods unless terminated by either Party upon six months prior written notice to the other Party. 슬로베니아(2016), 에스토니아(2016), 라트비아(2017)

〈RDP 종결 절차〉

두 번째 요건으로는 RDP 종결과는 무관하게 기존에 기체결된 계약의 효력은 그대로 보장되어야 한다는 것이다. 미국 또는 RDP 체결국 중 일방의 요청에 의해 갑자기 종결되는 경우에도 기존에 체결된 계약으로 인한 피해가 발생하지 않도록 "RDP 조건과 일치하는 모든 계약은 자체적인 조건에 따라 계약이 해지되지 않는 한 계속 유효"함을 명시하고 있다. 이는 계약의 안정성과 유효성을 보장하기 위한 것으로, RDP가 종결되더라도 RDP를 근거로 체결된 계약에 대해서는 그 효력을 그대로 인정해야 한다는 것이다.

구분		RDP 협정서 세부내용
A 그룹	프랑스 (3위)	· 당사자들에 의해 MOU가 해지될 수 있지만, 본 MOU의 조건과 일치하는 모든 계약은 자체적인 조건에 따라 계약이 해지되지 않는 한 계속 유효하다. Although the MOU may be terminated by the Parties, any contract entered into consistent with the terms of this agreement shall continue in effect, unless the contract is terminated in accordance with its own terms.
	독일 (5위)	· 당사자들에 의해 MOU가 해지될 수 있지만, 본 MOU 조건과 일치하는 모든 계약은 자체적인 조건에 따라 계약이 해지되지 않는 한 계속 유효하다. Although the MOU may be terminated by the Parties, any contract entered into consistent with the terms of this MOU shall continue in effect, unless the contract is terminated in accordance with its own terms.
	이탈리아 (6위)	–
	영국 (7위)	· 본 MOU 중단은 MOU의 유효기간 중 체결된 계약에 영향을 미치지 않는다. Discontinuing of this MOU will not affect contracts entered into during the term of this MOU.
	스페인 (9위)	· 이 협정의 만료에도 불구하고 이 협정의 계약조건에 따라 체결된 계약은 자체 계약조건에 따라 종결되지 않는 한 계속 유효하다. Notwithstanding the expiration of termination of this Agreement, any contract entered into consistent with the terms of this Agreement will continue in effect, unless the contract is terminated in accordance with its own terms.

미국의 RDP와 한국의 방산수출전략

	이스라엘 (10위)	· 당사자들에 의해 MOU가 해지될 수 있지만, 본 MOU에 따라 체결된 모든 계약은 자체 조항에 따라 계약이 해지되지 않는 한 계속 유효하다. Although the MOU may be terminated by the Parties, any contract entered into consistent with the terms of this MOU shall continue in effect, unless the contract is terminated in accordance with its own terms.
B 그룹	8개국	· 본 MOU의 중단은 MOU의 유효기간 중 체결된 계약에 영향을 미치지 않는다. Discontinuance of this MOU will not affect contracts entered into during the term of this MOU. 일본(2016) · 본 협정의 종결은 협정의 유효기간 중 체결된 계약에 영향을 미치지 않는다. Termination of this Agreement shall not affect contracts entered into during the term of this Agreement. 체코(2012), 슬로베니아(2016), 에스토니아(2016), 라트비아(2017), 리투아니아(2021) · 관련 내용 없음: 룩셈부르크(2010), 폴란드(2011)

〈기체결된 계약의 보장〉

하지만 이러한 종결규정에도 불구하고 28개국 중에서 개정을 통하여 최초 체결한 내용을 변경한 경우는 있어도 RDP를 종결한 사례는 아직까지 없었다. 종결보다는 지속적으로 수정·개정 등을 반복하면서 방산협력의 범위 및 절차 등을 발전시켜 오고 있다. 일부의 우려와 같이 체결국의 방산시장이 잠식되는 등의 부작용이 발생하였다면 1963년 이후 지금까지 RDP 체결국들이 RDP를 유지해 오지는 않았을 것이다. 28개국 중에는 세계 방산수출 점유율 1% 미만인 20개국(71%)과 0.01% 미만인 12개국(43%)도 포함되어 있으나, 모두 RDP 체결 이후 종결 없이 아직까지도 유지하고 있다.

미국이 RDP를 경제적인 수단으로 활용하였다면, 상대적으로 방위산업 기반이 취약한 국가들의 방산시장이 크게 잠식되어 아직까지도 RDP를 유지하고 있지는 않았을 것이다. 이는 RDP가 우려하는 바와 같이 체결국에 일방적으로 불리하여 방산시장을 잠식하였다기보다는 미국 또는 상대국의 필요에 따라 협력방안을 정기적으로 또는 수시로 논의하고 지속적으로 보완함으로써 양국의 방위산업 발전을 위해 부족한 부분을 채우는 방향으로 활용되었다고 보는 것이 더 타당할 것이다.

구분	체결국가	세계 방산수출 점유율(%)	순위	구분	체결국가	세계 방산수출 점유율(%)	순위
1	캐나다	0.53	16위	15	스웨덴	0.76	13위
2	스위스	0.70	14위	16	이스라엘	2.33	10위
3	영국	3.18	7위	17	이집트	0.06	36위
4	노르웨이	0.27	22위	18	오스트리아	0.04	40위
5	프랑스	10.75	3위	19	핀란드	0.09	29위
6	네덜란드	1.35	11위	20	호주	0.56	15위
7	이탈리아	3.81	6위	21	룩셈부르크	0.00	63위
8	독일	4.18	5위	22	폴란드	0.35	19위
9	포르투갈	0.05	37위	23	체코	0.20	26위
10	벨기에	0.23	24위	24	슬로베니아	0.03	43위
11	덴마크	0.09	30위	25	일본	0.01	48위
12	터르키예	1.15	12위	26	에스토니아	0.00	54위
13	스페인	2.60	8위	27	라트비아	0.01	51위
14	그리스	0.01	53위	28	리투아니아	0.07	32위

〈RDP 체결국 중에서 세계 방산수출 점유율 1% 미만 국가〉

좀 더 면밀한 검토가 필요하지만, 상대방의 승낙 없이 사전 서면통보를 통해 언제든지 종결할 수 있음에도 1963년 이후 28개국 중 RDP를 종결한 경우가 없었던 것을 보면, 우려하던 것처럼 RDP 체결국의 방산시장이 일방적으로 잠식당하는 일은 발생하지 않은 것 같다.

미국의 RDP와 한국의 방산수출전략

5.3.13 비용의 차별적인 제한 면제

RDP는 상호호혜적으로 미국과 체결국 모두 상대국 방산업체에 대하여 차별적인
비용을 부과하는 것을 면제하도록 함으로써 동일한 경쟁 여건을 보장하고 있다. 미국
의 BAA는 미국산 제품의 조달을 촉진하는 자국산구매법이지만, RDP를 체결한 상대
국 방산업체에게는 미국 방산시장에서의 가격경쟁에서 차별적인 불이익을 받지 않도
록 하고 있다.

구분		RDP 협정서 세부내용
A 그룹	프랑스 (3위)	· 오퍼는 자국산구매법(미국은 BAA)에 따른 가격 차이를 적용하지 않고 평가될 것이다. Offers will be evaluated without applying price differentials resulting from Buy National laws (In the United States, the Buy American Act). · 각국의 국방장관은 자국의 법률과 정책에 따라 상대국 방산업체의 시장 참여를 제한하도록 설계된 모든 관세 또는 다른 제한사항의 적용이 면제되도록 노력해야 한다. The Secretary of Defense or Minister of Defense shall, consistent with the law and policies of each country, attempt to obtain exemption from all applicable customs duties or other restrictions which are designed to limit participation by industries of the other country.
	독일 (5위)	· 오퍼 또는 제안은 자국산구매법 및 규정에 따른 가격 차이 또는 수입관세를 부과하지 않고 평가된다. 즉, 현행 법률에서 허용되는 한 관세 및 수입 관세가 부과되지 않는다. Offers or proposals will be evaluated without applying price differentials under buy national laws and regulations and without applying the cost of import duty; customs and import duties should not be charged as far as this is admissible under current laws.
	이탈리아 (6위)	· 상대국의 방산업체가 응답성이 낮고 책임감 있지만 자국산구매법 요구조건을 적용하는 오퍼를 제출하면 양국은 자국산구매법 요구조건을 면제하는 데 동의한다. When an industrial enterprise of the other country submits an offer that would be the low responsive and responsible offer but for the application of any buy-national requirements, both Parties agree to waive the buy-national requirement. · 양국의 법률, 규정 및 국제의무에 상응하는 범위에서 양국은 오퍼를 평가하는 데 있어 상호호혜 원칙에 따라 관세, 세금 및 의무를 포함해서는 안 되며, MOU가 적용되는 조달에 대한 관세 및 의무에 대한 비용청구를 면제해야 한다. To the extent consistent with their national laws and regulations and international obligations, the Parties agree that, on a reciprocal basis, they shall not include customs, taxes, and duties in the evaluation of offers and shall waive their charges for customs and duties for procurements to which this MOU applies.
	영국 (7위)	· 상대국의 방산업체가 우선 제안자 또는 입찰자이지만, 자국산구매법 요구조건이 적용되는 경우 양국은 자국산구매법 요구조건을 면제한다. When an industrial enterprise of the other country submits an offer that would be the preferred offeror or bidder but for the application of any buy-national requirements, both Participants will waive the buy-national requirement.

스페인 (9위)	· 국가의 법과 규정에 부합되는 한, 상대국에서 개발 또는 생산된 국방 제품에 대한 오퍼는 자국산구매법 및 규정에 의한 비용의 차별 또는 수입관세비용을 적용하지 않고 평가되어야 한다. Ensure that, consistent with national laws and regulations, offers of defense items developed and/or produced in the other country will be evaluated without applying to such offers either price differentials under "buy-national"laws and regulations or the cost of import duties.	
이스라엘 (10위)	· 이러한 오퍼들은 자국산구매법 및 규정에 근거한 가격 차이를 적용하지 않고 평가된다. These offers will be evaluated without applying price differentials resulting from "Buy National"laws and regulations.	
B 그룹	8개국	· 당사국의 법률, 규정 및 국제 의무에 따라 허용되는 경우, 당사자들은 상호호혜적으로 오퍼에 대한 평가 시 관세, 세금을 고려하지 않아야 하며, 본 협정이 적용되는 구매에 대한 관세에 대한 비용을 면제해야 한다. When allowed under national laws, regulations, and international obligations of the Parties, the Parties agree that, on a reciprocal basis, they shall not consider customs, taxes, and duties in the evaluation of offers, and shall waive their charges for customs and duties for procurements to which this Agreement applies. 리투아니아(2021) · 본 협정서의 종결은 협정서 유효기간 중 체결된 계약에 영향을 미치지 않는다. Termination of this Agreement shall not affect contracts entered into during the term of this Agreement. 체코(2012), 슬로베니아(2016), 에스토니아(2016), 라트비아(2017), 리투아니아(2021) · 관련 내용 없음: 룩셈부르크(2010), 폴란드(2011)

〈비용의 차별적인 제한 면제〉

RDP는 상대국 방산업체를 차별하지 않겠다는 상호 약속이다. 국가별 법률 또는 규정에 의한 제한이나 특정 상황으로 인한 예외 등이 발생할 수는 있지만, 기본적으로 국방 조달시장에 대한 접근 장벽을 낮추겠다는 것으로 상호 간에 상대국가의 방산업체를 차별하지 않겠다는 약속이라고 봐야 할 것이다. 다만 주의해야 할 것은 모든 분야에 대하여 자국의 방산업체와 동일하게 대우하는 것이 아니라, 가격경쟁 부분에 있어서 차별적인 비용부담의 적용을 면제한다는 것이다.

5.3.14 갈등의 해결

RDP 이행 과정에서 갈등 또는 분쟁이 발생하는 경우에는 양국이 협의에 통하여 해결책을 찾도록 하고 있다. 이탈리아, 영국, 스페인, 이스라엘 등은 분쟁이 발생하는 경우 국제재판소나 제3자에 의존하지 않고 당사자 간의 협의에 의해서만 해결되도록 하고 있다. 독일의 경우에도 당사자 간의 협의에 의해 해결되어야 함을 분명히 하고 있다. 이는 분쟁이 발생하면 당사자 간의 합의를 통하여 해결하기 위해 노력하지만, 합의가 되지 않는 경우에도 외부의 도움이나 지원이 배제되므로 체결국은 끝까지 미국과 개별적으로 다투어야 한다. 결국에는 힘의 논리에 의해 해결방안이 모색될 가능성이 큰데, 미국의 우월적인 영향력으로 인하여 미국에 유리하게 해결될 가능성이 높다.

구분	RDP 협정서 세부내용
프랑스 (3위)	· 양국은 적절한 대표자를 통해 이 협정의 효율적인 운영을 저해할 수 있는 문제에 대해 협의할 것이다. 협의는 MOU를 바탕으로 한다. The Governments, through their appropriate representatives, will consult concerning any problem which may inhibit the efficient operation of this arrangement. Such consultations will be conducted on the basis of this MOU.
독일 (5위)	· 본 협정서 및 부속서 해석/이행에 대한 의견 차이는 미국 국방부와 독일 국방부 간 협의를 통해 해결해야 한다. Any differences of opinion over the interpretation and implementation of this Agreement and its Annexes shall be resolved by consultation between the DoD and MoD.
이탈리아 (6위)	· 이 MOU와 상충되는 약속을 피하기 위해 최선을 다한다. 충돌이 발생할 경우, 당사자들은 MOU에 따른 활동을 손상 없이 해결책을 모색하기 위해 협의하기로 동의한다. Make every effort to avoid commitments that conflict with this MOU. If such conflicts should occur, the Parties agree to consult to seek resolution without impairment of activities under this MOU. · MOU 관련 분쟁은 당사자 간의 협의에 의해서만 해결될 것이며, 해결을 위해 법원, 국제재판소, 제3자 또는 다른 협의체에 의존하지 않는다. Dispute between the Parties arising under or relating to this MOU will be resolved only by consultation between the Parties and will not be referred to a national court, an international tribunal, or to any other person or entity for settlement.
영국 (7위)	· 이 MOU와 관련된 당사자 분쟁은 당사자 간의 협의에 의해서만 해결될 것이며, 해결을 위해 법원, 국제재판소, 제3자에 의존하지 않는다. Dispute between the Parties arising under or relating to this MOU will be resolved only by consultation between the Parties and will not be referred to a national court, an international tribunal, or third party for settlement. · 당사자 간 상호협의를 통해 해결할 수 없을 때에는 MOU는 중단된다. If the Participants are unable to resolve any issues through consultation, then this MOU will be discontinued.
스페인 (9위)	· MOA 해석 또는 적용과 관련된 오해는 당사자 간의 협의에 의해 해결되어야 하며 국제재판소 또는 제3자에게 해결을 요청해서는 안 된다. Any misunderstanding regarding the interpretation or application of this MOA shall be resolved by consultation between the Authorities or the Participants and shall not be referred to any international tribunal or third party for settlement.
이스라엘 (10위)	· 본 부속서의 해석 또는 적용에 관한 정부 간의 의견 불일치는 정부 간 협의를 통해 해결한다. 어떠한 경우에도 그러한 의견 차이는 중재를 위해 국제재판소나 제3자에게 요청하지 않는다. Any disagreement between the Governments regarding the interpretation or application of this Annex will be settled by consultation between the Governments. Under no circumstances will such a disagreement be submitted to an international court or third party for arbitration.

〈RDP 갈등 해결방안〉

이와는 별개로 대부분의 RDP 협정서에는 "national laws, regulations, policies, and international obligations"에 부합되는 범위 내에서 RDP가 유효하다는 조항도 같이 명시되어 있다. 이 문구는 외형적으로는 양국의 법률·제도 등을 동등하게 인정하는 것처럼 보이지만, 당사자 간의 법률·제도 등이 충돌하는 경우 국제기구나 제3자의 도움을 받는 것이 불가하므로 마찬가지로 미국에게 유리하게 해결될 가능성이 높다. 갈등 해결에 대한 한국 국방부의 질의에 대하여 2023년 6월 미국 국방부가 체결국은 RDP를 체결하기에 앞서 체결국의 법령·정책·규정 등이 미국과 합치하고 RDP 협정서 조항과 충돌되지 않는지 확인해야 한다고 강조한 것도 같은 맥락일 수 있다.

주목할 점은 룩셈부르크를 제외한 2000년 이후에 체결된 모든 RDP 협정서에는 "분쟁이 발생하였을 경우 법원, 국제재판소, 제3자 또는 다른 협의체에 의존하지 않고 당사자 간의 협의에 의해서만 해결한다."는 조항 대신에 "양국이 해결책을 찾는 데 동의(The Parties agree to consult to seek resolution.)"하는 것으로 바뀌었다. 미국이 한국과의 RDP 협정서(안)으로 제시한 리투아니아 협정서도 같다. 다만, 이 조항에서 양국이 해결책을 찾는다는 것이 국제재판소 또는 제3자 중재 등도 포함하는 것인지에 대해서는 확인이 필요하다. 아마도 포함이 되지 않는다는 답변이 돌아올 가능성이 높다.

결론적으로 분쟁이 발생하면 법원, 국제재판소, 제3자 등에 의존하지 않고 RDP 당사자 협의에 의해서만 해결하도록 요구될 수도 있다. 이 경우 미국에 유리하게 작동될 가능성이 크다는 점을 명심하여 RDP 체결 이전에 미국의 법령·정책·규정 등과의 충돌 가능성에 대한 꼼꼼한 검토가 필요하다.

5.3.15 공정한 경쟁계약의 보장

RDP는 조달계약에 있어서 대부분의 경우 경쟁계약절차(Competitive Contracting Procedures)를 적용하도록 하고 있다. 경쟁계약(Competitive Contract)은 임의로 상대를 선정하여 계약을 체결하는 수의계약(Private Contract)과는 달리 일반에게 계약내용을 공고하여 다수가 경쟁적으로 참여하여 가장 유리한 조건을 제시하는 사람과 계약을 체결하는 방식이다. 미국과 RDP 체결국은 국방조달에 있어서 자국의 특정 방산업체만을 선정하여서는 안 되고, 해외 방산업체를 포함한 다수가 동등하게 경쟁할 수 있도록 경쟁계약을 적용함으로써 공정한 국방조달의 참여 기회를 보장해야 한다. 이는 RDP 기본목표 중의 하나인 국방조달의 합리화를 구현하기 위한 것이다.

구분	RDP 협정서 세부조항
프랑스 (3위)	–
독일 (5위)	· 일반적으로 한 국가의 국방기관에서 사용할 목적으로 상대국에서 개발 또는 생산된 상용 국방장비를 획득하는 경우 일반적으로 경쟁에 의한 계약절차를 적용한다. Competitive contracting procedures shall normally be used in acquiring items of conventional defense equipment developed or produced in each other's country for use by either country's defense establishment.
이탈리아 (6위)	· 양국의 모든 책임 있는 방산업체가 MOU 범위에 포함되는 조달에 대하여 경쟁이 가능하도록 허용하는 계약절차를 활용한다. Utilize contracting procedures that allow all responsible industrial enterprises of both countries to compete for procurements covered by this MOU.
영국 (7위)	· MOU의 범위에 포함되는 조달에 대하여 양국의 모든 책임 있는 업체들은 공정하고 투명한 기준에 따라 경쟁하는 계약절차를 활용한다. Utilizing contracting procedures that allow all responsible industrial enterprises of both countries to compete for procurements covered by this MOU on a fair and transparent basis.
스페인 (9위)	· 체결국의 국방기관에서 사용할 목적으로 상대국에서 생산되거나, 구매한 국방 품목을 조달하는 경우 일반적으로 경쟁에 의한 계약절차를 적용한다. Competitive contracting procedures shall normally be used in acquiring items of defense equipment developed or procured in each country for use by the other country's defense establishment.
이스라엘 (10위)	· 양국은 상호 경쟁하에 대량의 국방 장비를 계속 구매할 것이며, 각국의 방산업체가 국방 요구사항에 대하여 경쟁할 수 있도록 허용하는 데 동의한다. The Governments will continue to purchase large quantities of defense equipment on a competitive basis from each other. The Governments agree to allow each other's sources to compete on defense requirements.

〈RDP의 경쟁에 의한 계약의 보장〉

5.3.16 글로벌 안보환경에 따른 RDP 정책의 변화

RDP 체결시점을 기준으로 살펴보면 1970년대 이전 1개국, 1970년대 9개국, 1980년대 7개국, 1990년대 3개국, 2010년 이후 8개국이 각각 미국과 RDP를 체결하였다. 28개국의 RDP 협정서를 시기별로 들여다보면, 협정서가 조금씩 바뀐 것을 알 수 있다. 이는 결국 미국의 RDP 정책이 초기와는 다르게 변화했음을 의미한다. 1990년대 초반의 GAO 의회보고서 등을 통해 RDP 이행 과정의 문제점을 지적하고 행정부에 개선을 요구한 이후, 이전과는 많은 부분의 변화가 있었기 때문에 비교적 최근의 RDP 협정서를 기준으로 미국과의 협상을 준비해야 할 것이다. 실제 미국 정부는 가장 최근인 리투아니아(2021)의 협정서를 기초로 한국과의 협상을 시작하려는 것으로 알려지고 있다.

RDP를 체결한 이후 1990년대 중반까지는 각국의 RDP가 조금씩 다르면서도 전체적으로 공통점이 많았으나, 최근의 RDP는 매우 정형화되었음을 알 수 있다. 미국은 과거 유럽국과의 관계에서 RDP 체결을 통해 큰 경제적 효과를 거두지 못한 듯하다. 그럼에도 군사·안보적인 이점을 위해 경제적인 불이익을 감수하면서까지 RDP를 유지해 왔으나, 이후 미국 의회에서도 이에 대하여 지속적으로 우려를 제기하였고 결국 미국 대통령이 RDP 체결국에 대한 이행기준을 강화하면서 RDP 협정서가 정형화된 듯싶다. 즉, 안보환경이 변화하면서 RDP 협정을 체결하였음에도 일부 유럽 국가들이 미국 방산업체에 대해서는 동등하게 대우하지 않는 등 이행 과정에서 식별된 문제들을 시정하기 위해 미국 국방부는 협정서를 좀 더 강하게 설계하는 것이 요구되었을 것이다. 또한 초기에는 상대국의 요구를 많이 수용하여 국가별로 비슷하면서도 상이하게 표현된 문구들이 많았지만, 2000년대 협정서들은 그 내용과 형식이 매우 정형화되어 있음을 알 수 있다.

6장 RDP 영향 분석

6.1 RDP가 미국 방위산업에 미친 영향

미국은 RDP 체결국과 국방협력을 강화하고 상호호혜적으로 자국산우선구매법의 적용을 면제함으로써 국방조달에서의 자유로운 경쟁을 보장하고 관세 등의 무역장벽을 제거하기를 원했다. 하지만 RDP는 외형상 미국과 상대방 체결국이 동등하게 쌍방의 방산시장에 진입할 수 있도록 하는 것처럼 보였지만, 실제로는 미국의 방산시장을 유럽에 개방하는 방향으로 기능하였다. 즉, 미국은 RDP 체결을 통하여 NATO 국가들과의 국방협력을 강화하고자 하였으며, 이러한 목적을 달성하기 위해 체결국에 자국산우선구매법의 적용을 제외하여 자유로운 경쟁을 보장하고 관세 등을 면제하였지만, 정작 미국은 상대국으로부터 상호호혜의 원칙에 따른 동등한 혜택을 받지 못했던 것으로 보인다. 1991년 미국 GAO의 의회보고서[73]에 따르면, 미국과 NATO 동맹국이 RDP를 체결했던 1970년대 미국은 NATO 국가들에게 BAA 적용 및 관세 부과의 적용을 면제하였으나, 미국의 방산업체들은 그러한 면제 혜택을 제대로 보장받지 못하였다고 한다.

---

73 | GAO, "European Initiatives: Implications for U.S. Defense Trade and Cooperation", Report to the Chairman, Subcommittee on investigations, Committee on Armed Services, House of Representatives, GAO/NSIAD-91-167, 1991.4., p36.

While the United States waives customs duties and "buy national" requirements for imports from the European NATO allies, the agreements do not specifically guarantee U.S. suppliers duty-free access to European countries' defense markets. Some European countries pay tariffs on U.S. defense equipment and consider tariffs when evaluating bids. This could place U.S. suppliers at a competitive disadvantage since the EC eliminated internal customs duties in favor of common external tariffs. Some U.S. government and industry officials question the continued usefulness of the agreements.

미국은 NATO 동맹국들로부터의 관세 및 자국산우선구매법의 적용을 면제해 주었지만, RDP 협정은 미국 방산업체들에게는 유럽 방산시장에 대한 관세면제 혜택을 구체적으로 보장하지 못했다. 일부 유럽 국가들은 미국 방산물자에 관세를 부과하였으며, 입찰 시에 관세를 부과하여 평가하였다. 이는 유럽공동체가 역외공통관세(Common External Tariffs)를 선호하여 국가별 내부관세를 폐지했기 때문이며, 이는 입찰경쟁에서 미국 방산업체에게 불리하게 작용하였다. 일부 미국 정부 및 방산업체 관계자들은 RDP 협정을 지속하는 것이 필요한지에 대한 의문을 제기하였다.

〈1991년 GAO 의회보고서: 미국의 NATO 체결국과의 RDP 이행 실태〉

그럼에도 불구하고, 미국은 RDP 체결을 통한 우방국과의 국방협력 강화에 우선순위를 두었다. 1970~1980년대에 유럽 국가들에 비해 방산수출 실적이 월등히 우세했던 미국이 방산수출 실적이 감소하는 불이익을 감수하면서까지 NATO 동맹국과의 협력을 유지하려 하였던 것도 그러한 목적에 의한 것으로 보인다. 이것은 GAO 보고서에서 구체적으로 확인할 수 있는데 RDP 체결 당시 유럽의 NATO 동맹국에 대한 미국의 방산수출은 방산수입에 비해 월등히 많았으나, RDP 체결 후에는 크게 감소하였다고 한다. 구체적으로 1980년대 미국과 NATO 13개국이 RDP 체결 이후 양측 모두 상대국에 대한 무기 수출이 두 배 이상 증가했지만, 유럽 NATO 국가들의 대미 방산무역 적자 폭은 이전보다 최대 절반 이상으로 줄었다. NATO 동맹국과의 방산교역은 1970년대 말에 미국이 8 대 1 수준으로 월등하였으나, RDP 체결 후에는 점차 감소하여 1986년 이후에는 2 대 1 수준까지 축소된 것으로 보고되었다.

미국의 RDP와 한국의 방산수출전략

이듬해 GAO의 다른 의회보고서[74]에서 미국 국방부는 "방산시장 개방 측면에서는 RDP가 미국보다 유럽 NATO 동맹국에게 더 유리했을 것"이라고 평가했으며, 다수의 미국 방산업체 관계자들도 RDP가 유럽 방산시장을 개방하는 데 한계가 있었다고 말했다. 특히, 미국 무역협회는 1989년에 국방부에 보낸 서한에서 RDP가 미국 방위산업에 미치는 혜택이 미미하였으며, RDP를 체결한 유럽 방산시장은 미국의 방산업체에 개방적이지도 않았으며 시장 진출 기회를 계속 제한하였다고 주장하였다.

RDP 체결을 통해 미국은 NATO 국가들에 BAA의 적용을 면제해 주면서도 상호 호혜적인 혜택을 받지 못했지만, 국방협력을 강화하는 데 우선순위를 두었기 때문에 RDP는 NATO 국가들에게 유리하게 작용하였다. 이로 인하여 유럽의 RDP 체결국들은 미국의 BAA와 같은 "보호막(Umbrella)"을 가지고 있지 않았음에도 RDP에 대응하기 위한 현저하고 가시적인 변화가 필요하지 않았던 것 같다. RDP에 대응하기 위해서 별도의 법이나 제도 등을 개선시키는 노력을 하지 않기 때문이다. RDP 체결로 인한 방산시장의 피해가 컸다면 NATO 국가들이 법이나 제도 등을 개선하지 않고 지금처럼 RDP를 계속해서 유지해 오지는 않았을 것이다.

이러한 역사적 배경을 고려했을 때, RDP는 1970년대 후반과 1980년대 초반의 미국 정책의 우선순위를 반영하고 있다고 하겠다. 즉, 미국에 상당히 유리했던 방산교역의 불균형을 완화시켜 주면서까지 우방국과의 국방협력을 강화하기 위한 목적으로 설계된 협정인 것이다. 이러한 측면에서 중국과의 탈동조화(Decoupling)를 위한 글로벌 공급망 확보에 관심을 쏟고 있는 바이든 정부가 한국과 RDP를 체결하려는 것도 경제적인 목적보다는 군사·안보적인 목적이 더 클 것으로 판단된다. 미중 패권경쟁이 심화되는 가운데, 중국을 고립시키기 위한 미국의 아시아−태평양 전략 및 글로벌 공

---

74 | GAO, "International Procurement; NATO Allies' Implementation of Reciprocal Defense Agreement", 1992.3.

급망 재편 정책에 따라 특히 동아시아에서 한·미·일 삼각동맹의 중요성이 강조되고 있다. 이러한 상황에서 미국은 RDP 체결을 통해 한국을 미국 중심의 글로벌 공급망에 포함시키려는 의도가 더 크게 작용한 것으로 판단된다.

일례로 일부 국내 방산업체는 RDP 체결을 하는 경우 방산수출이 획기적으로 증가할 것이라는 기대를 가지고 많은 관심을 보이는 반면, 미국 방산업계는 RDP에 큰 관심이 없는 것으로 알려지고 있다.[75] 이는 과거 NATO 국가들과의 역사적인 경험에서 RDP가 미국 방산업체를 위한 경제정책이 아니라 안보를 우선 고려한 정책으로서 미국 방산업체에게 구미를 당길 만한 유인책으로 작용되지 않았었기 때문에 별다른 반응이 없는 것으로 추측된다.

6.2 RDP 체결로 인한 영향의 정량적 분석

RDP를 체결한 이후 기대한 것만큼 체결국의 방산수출에 뚜렷한 변화가 있었을까? 일부 유럽 국가들의 경우 한때 미국과의 방산교역 불균형이 크게 해소되기도 했지만, 이후 세계 안보환경의 변화와 함께 1990년 초 미국 GAO 의회보고서 이후 RDP 정책을 개선해 왔기 때문에 지금까지도 유럽 국가들에게 일방적으로 유리했던 현상이 지속되었다고 보기는 어렵다. 따라서 RDP를 체결한 28개국 방위산업에 어떠한 영향이 있었는지를 정량적으로 살펴봄으로써 그 영향성을 가늠해 볼 필요가 있다.

먼저, 미국과 RDP를 체결하는 것만으로 방산수출이 뚜렷하게 확대되거나, 방위산업이 눈에 띄게 활성화되지는 않을 것으로 판단된다. 왜냐하면 RDP는 상호호혜를

---

75 | 22년 한미 방산협의회(Defense Industry Consultative Committee, 2022.10.11., 미국 워싱턴 D.C. AUSA 전시장)
　　 − 참석: (한국) 방위산업진흥회, 방위사업청, (미국) 방산협회 NDIA(National Defense Industrial Association) 등
　　 − 미국 정부는 RDP에 깊은 관심이 있으나, 방산업체는 정부 간 협의사항으로 판단하여 관심이 저조한 편이라고 함.

원칙으로 하므로 미국으로부터 얻는 것이 있다면, 그만큼 미국에 양보해야 하므로 일방적으로 어느 한 국가에 RDP로 인한 영향이 집중되지는 않을 것이기 때문이다. 또한 방위산업은 대외적으로는 세계 안보환경이나 주변국 등의 군사적 위협 등에 영향을 받으며, 대내적으로는 국방과학기술 수준, 정부의 정책적 지원 및 방산업체의 투자 등 다양한 변수들이 국가별로 다르게 작용하기 때문에 단순히 RDP 체결 전후의 방산수출 성과를 비교하는 것만으로 RDP 효용성을 따지는 것은 위험하다. 다만 RDP 체결국들에 대하여 체결 전후 미국으로의 방산수출과 미국으로부터의 방산수입 실적을 각각 비교하여 방산시장이 눈에 띄게 잠식되었거나 또는 획기적으로 수출이 증가한 국가가 있다면, 그러한 국가를 대상으로 RDP에 어떠한 내용들이 담겼는지 그리고 RDP 체결 이후 어떠한 방산정책을 펼쳤는지 등에 대한 분석을 통해 RDP 영향성을 가늠해 볼 수 있을 것이다.

6.2.1 가정사항

방위산업은 특정한 일부 요소에 의존하기보다는 대내·외의 다양하고 복합적인 요인에 의해 영향을 받기 때문에 RDP 체결이 방산시장에 전적인 영향을 미친다고 보기는 어렵다. 하지만 RDP 체결 전후의 미국에 대한 방산 수출입 규모의 변화 등이 해당국의 방위산업 발전과 관련 있다는 가정하에 개략적인 추세를 살펴보고자 한다.

6.2.2 분석대상 선정

미국 및 주요 RDP 체결국의 수출입 현황분석을 위하여 세계적으로 신뢰도가 높은 SIPRI의 2023년 3월 세계 무기 수출입 데이터(Arms Transfer Database)[76]를 사용하였다. 분석기간은 RDP 체결 전후 영향성을 확인하기 위하여 RDP를 체결한 해의 5년 전부터 최근 2022년까지로 설정하였다. RDP 체결로 인한 대미 수출입 실적 등을 확인하기 위해서는 일정 수준의 방산수출 실적이 있는 국가를 대상으로 살펴볼 필요가 있다. 세계 방산시장 상위 10개국의 누적 점유율이 전체의 90.7%로서 일부 국가들에 집중되어 있고, RDP 체결국 중 22개국은 1% 이하로 방산수출 실적이 미미하여 모두 분석대상에 포함하는 경우 RDP 영향성을 분석하는 과정에서 왜곡된 결과를 초래할 수 있을 것이다. 1%를 넘는 국가로는 네덜란드(11위 1.35%) 및 튀르키예(12위 1.15%)도 있었으나, 한국의 2.4%와는 격차가 있어 제외하였다.

결론적으로 세계 방산시장 점유율 2.4%로서 9위인 한국이 향후 세계 방산시장 점유율 확대를 위하여 실질적으로 경쟁하고 극복해야 할 대상으로 2023년 방산수출 점유율이 2% 이상이면서 RDP를 체결한 영국 등 6개국[77]을 분석대상으로 선정하였다.

---

[76] | http://www.sipri.org/databases/armstransfers/sources-and-methods

[77] | SIPRI 2018~2022년 세계 방산수출 순위(2023년 3월)를 기준하여 프랑스(10.8%), 독일(4.2%), 이탈리아(3.8%), 영국(3.2%), 스페인(2.6%), 이스라엘(2.3%)을 선정하였다. RDP 체결당사국인 미국과 RDP 미체결국인 중국 및 러시아는 제외하였다.

구분	체결국가	세계 방산수출 점유율(%)	순위	구분	체결국가	세계 방산수출 점유율(%)	순위
1	캐나다	0.53	16위	15	스웨덴	0.76	13위
2	스위스	0.70	14위	16	이스라엘	2.33	10위
3	영국	3.18	7위	17	이집트	0.06	36위
4	노르웨이	0.27	22위	18	오스트리아	0.04	40위
5	프랑스	10.75	3위	19	핀란드	0.09	29위
6	네덜란드	1.35	11위	20	호주	0.56	15위
7	이탈리아	3.81	6위	21	룩셈부르크	0.00	63위
8	독일	4.18	5위	22	폴란드	0.35	19위
9	포르투갈	0.05	37위	23	체코	0.20	26위
10	벨기에	0.23	24위	24	슬로베니아	0.03	43위
11	덴마크	0.09	30위	25	일본	0.01	48위
12	튀르키예	1.15	12위	26	에스토니아	0.00	54위
13	스페인	2.60	8위	27	라트비아	0.01	51위
14	그리스	0.01	53위	28	리투아니아	0.07	32위

〈RDP 체결 후 영향성 분석대상 선정〉

6.2.3 분석내용

RDP 체결 전후 영향성을 다음의 세 가지 측면에서 살펴보았다. 첫째, RDP 체결 이전 5년~체결 이후 2022년까지 글로벌 방산수출 실적 변화를 살펴봄으로써 RDP 체결로 인하여 세계 방산수출 실적이 얼마나 향상되었는가를 분석하였다. RDP를 계기로 체결국의 방위산업이 증진되었다면 체결 이후 중장기적으로 세계 방산수출 실적의 증가로 나타났을 것이다.

둘째, RDP 체결 이전 5년~체결 이후 2022년까지 미국 방산수출 실적 변화를 살퍼봄으로써 미국과 RDP 체결로 인하여 미국으로의 방산수출 실적이 얼마나 향상되었는가를 분석하였다. 미국과의 방산협력은 직접적으로 미국과의 수출입 실적에 영향을 미칠 것이다. RDP 체결 이후 중장기적으로 미국으로의 방산수출 실적이 증가하였다면 긍정적인 영향이 있었을 것이다.

셋째, RDP 체결로 인한 방산시장 잠식 여부 확인을 위해 RDP 체결 이전 5년~체결 이후 2022년까지 미국으로부터의 방산수입이 얼마나 변화되었는지를 살펴보았다. RDP 체결 이후 체결국의 방위산업 잠식이 발생하였다면 미국으로부터의 방산수입 실적에 변화가 발생하였을 것이다.

6.2.4 분석 방법 및 절차

RDP 체결 전후 방산수출입 실적을 기반으로 RDP 영향을 추세적으로 살펴보기 위하여 다음과 같이 3단계로 분석을 진행하였다. 1단계는 SIPRI의 2023년 세계 무기 수출입 데이터로부터 분석대상 6개국의 RDP 체결 5년 이전부터 2022년까지의 데이터를 도출하였다. 2단계는 글로벌 방산수출 실적 변화, 대미 방산수출 실적 변화, 대미 방산수입 실적 변화를 그래프로 변환하여 국가별로 추세를 확인하였고, 3단계에서는 분석 대상 전체에 대한 공통추세를 비교함으로써 RDP 영향성을 분석하였다.

6.2.5 RDP 주요체결국 추세분석[78]

6.2.5.1 프랑스(수출 3위, 세계 방산수출 점유율 10.75%)

1978년 RDP를 체결한 프랑스는 RDP 체결 후 7년 동안 방산수출이 크게 증가하였으나, 이후에는 저조한 실적이 장기간 유지되었다. 최근에는 방산수출이 회복되는 국면이다. 미국으로의 방산수출은 1990년 초 잠시 크게 증가하였으나, 체결 후 전체적으로 감소하다가 2009년 이후 다시 증가하고 있다. 미국으로부터의 방산수입 실적은 RDP 체결 이전과 유사한 실적을 보이다가 1991년에 크게 증가하였으나, 전체적으로는 감소하였다. 즉, RDP 체결 후 글로벌 수출은 감소하였고 대미 수출도 증가 후 감소하였으나 최근에는 모두 회복되는 양상이다. 대미 수입은 전체적으로 감소하였다.

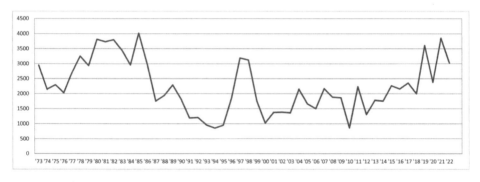

〈글로벌 방산수출 실적〉

---

78 | SIPRI Arms Transfers Database, 2023.9.2., Figures are SIPRI Trend Indicator Values(TIVs) expressed in millions.

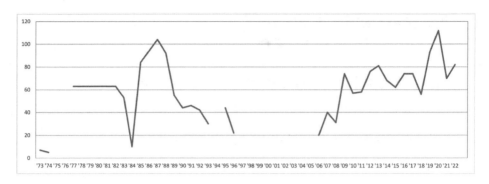

〈미국으로의 방산수출 실적〉

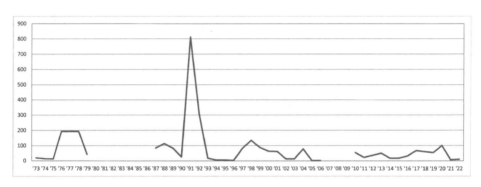

〈미국으로부터 방산수입 실적〉

6.2.5.2 독일(수출 5위, 세계 방산수출 점유율 4.18%)

독일도 영국과 같은 해인 1978년에 RDP를 체결하였다. RDP 체결 후 3년 후인 1981년부터 4년 동안은 글로벌 방산수출이 크게 증가하였으나, 이후에는 증가와 감소를 반복하고 있어 특정한 패턴을 보이지는 않았다. 미국으로부터의 방산수입 실적은 RDP 체결 이후 5년간 급격히 증가한 이후 수입이 없다가 1907년 이후 급증하다가 2013년 이후부터는 감소하는 추세이다. 대미 수입은 RDP를 체결 이전에 비해 매우 감소하였으며, 감소한 추세가 지속되고 있다. 즉, RDP 체결 후 글로벌 수출은 비슷하거나 감소하는 양상이며, 대미 수출은 다소 증가하였고 대미 수입은 전체적으로 감소하였다.

미국의 RDP와 한국의 방산수출전략

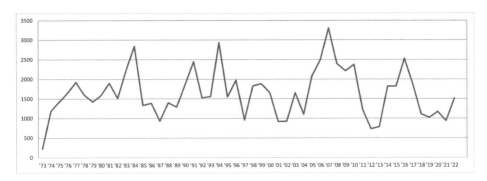

〈글로벌 방산수출 실적〉

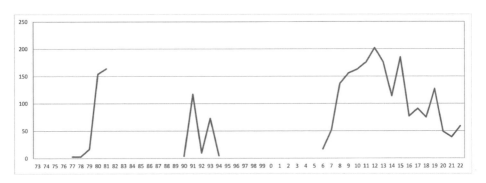

〈미국으로의 방산수출 실적〉

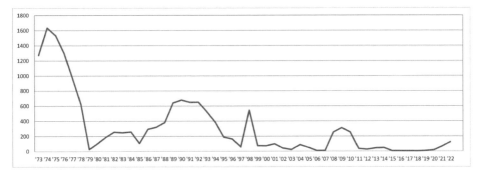

〈미국으로부터 방산수입 실적〉

6.2.5.3 이탈리아(수출 6위, 세계 방산수출 점유율 3.81%)

이탈리아는 1978년 RDP를 체결한 이후 1979년부터 6년간 글로벌 수출이 급격히 증가하였으나, 이후에는 감소하여 예전 수준을 유지하다가 최근인 2021년부터 다시 수출이 급증하고 있다. 미국으로부터의 수출은 간헐적으로 나타났으나 과거에 비해 크게 증가하였다. 미국으로부터의 수입은 지속적으로 감소하고 있다. 즉, RDP 체결 후 글로벌 방산수출은 감소한 반면 대미 수출은 증가하였고 대미 수입은 감소하는 추세다.

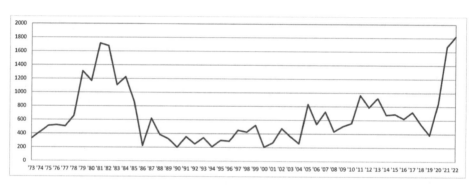

〈글로벌 방산수출 실적〉

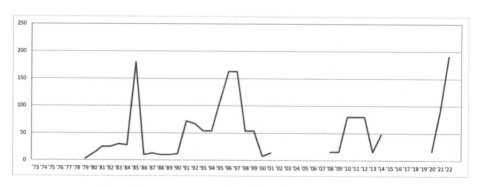

〈미국으로의 방산수출 실적〉

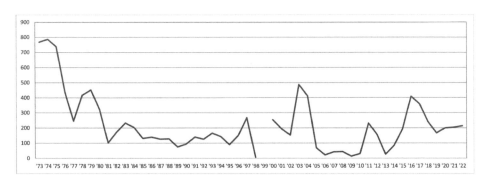

〈미국으로부터 방산수입 실적〉

6.2.5.4 영국(수출 7위, 세계 방산수출 점유율 3.18%)

영국은 1975년 RDP를 체결한 후 80년대 후반 일시적으로 방산수출이 크게 증가하였으나, 전체적으로 수출 실적이 점진적인 감소 추세를 보이고 있다. 반면 미국으로의 방산수출 실적도 전반적으로 감소하고 있다. 미국으로부터의 방산수입 실적은 전체적으로 증가하는 추세이다. 즉, RDP 체결 후 글로벌 방산수출 및 대미 수출 실적은 점진적으로 감소하고 대미 수입은 증가하는 추세다.

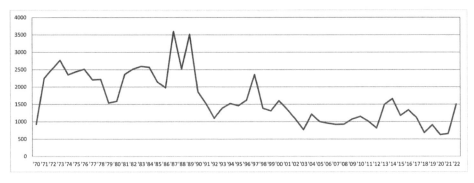

〈글로벌 방산수출 실적〉

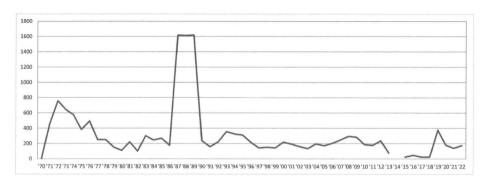

〈미국으로의 방산수출 실적〉

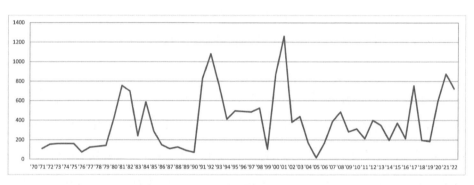

〈미국으로부터 방산수입 실적〉

6.2.5.5 스페인(수출 8위, 세계 방산수출 점유율 2.60%)

스페인은 1982년에 RDP를 체결하였으며, 이후 방산수출은 큰 변화는 없었으나, 2005년 이후로 크게 증가하였다. 미국으로의 방산수출은 RDP 체결 이전에는 보이지 않았으나, 1986년 이후 간헐적으로 나타나고 있으며, 전체적으로 증가하는 추세이다. RDP 체결 이후 전반적으로 증가하였다. 미국으로부터의 방산수입 실적은 RDP 체결 후 2~3년간 크게 증가하였으나, 이후 감소하는 추세이다. 즉, RDP 체결 후 글로벌 방산수출 및 대미 수출은 증가하고, 대미 수입은 감소하는 추세다.

미국의 RDP와 한국의 방산수출전략

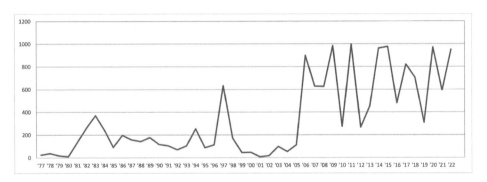

〈글로벌 방산수출 실적〉

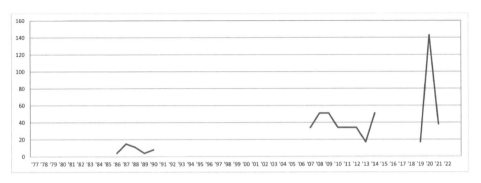

〈미국으로의 방산수출 실적〉

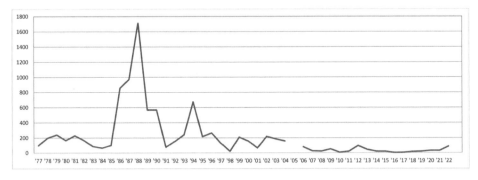

〈미국으로부터 방산수입 실적〉

6.2.5.6 이스라엘(수출 10위, 세계 방산수출 점유율 2.33%)

이스라엘은 1987년 RDP를 체결하였으며, 이후 방산수출은 점진적으로 지속하여 증가하였다. 미국으로의 방산수출도 전체적으로 증가하고 있다. RDP 체결 이후 전반적으로 증가하였다. 미국으로부터의 방산수입은 시기별로 등락은 있으나, 전체적으로 감소하는 추세다. 즉, RDP 체결 후 글로벌 방산수출 및 대미 수출은 증가한 반면, 대미 수입은 감소하는 추세다.

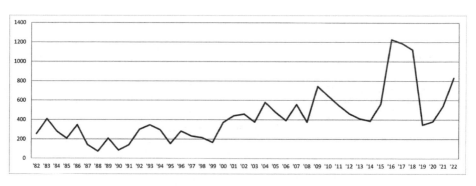

〈글로벌 방산수출 실적〉

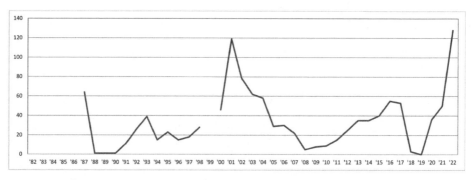

〈미국으로의 방산수출 실적〉

미국의 RDP와 한국의 방산수출전략

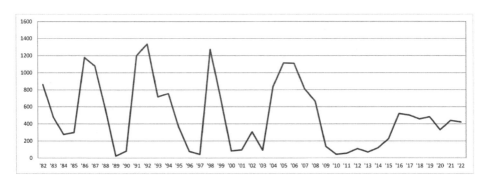

〈미국으로부터 방산수입 실적〉

6.2.6 분석 결과 종합

이상 6개국 분석 결과를 종합하면, 스페인과 이스라엘은 전체적으로 글로벌 수출 및 대미 수출이 증가하며 대미 수입이 감소하는 추세로서 긍정적인 효과가 나타났다. 반면, 영국은 전체적으로 글로벌 수출 및 대미 수출이 감소하고 대미 수입은 증가하는 경향을 보였다. 이탈리아, 독일, 프랑스의 경우는 뚜렷한 추세를 확인하기는 어려웠으나, 전체적으로는 RDP 체결 전과 비슷한 수준 또는 약간 향상되었을 것으로 판단된다.

전체적으로 보면 RDP 체결 이후 중장기적인 관점에서 보면 긍정적인 효과가 나타난 것으로 보이지만, 글로벌 또는 미국 방산 수출입 실적이 RDP 체결 전후로 모두 증가했다든지 감소했다든지 하는 뚜렷한 추세를 보였다고 하기는 어려웠다. 다만, 영국을 제외하고는 5개국 모두 RDP 체결 이후 미국으로부터의 방산수입이 증가하지는 않았던 것을 확인하였으며, 이는 RDP 체결로 국내 방산시장이 크게 잠식될 것이라는 우려는 사실이 아닐 것으로 판단된다. 이것은 미국의 RDP 정책에 기인한 듯하다. 즉, 미국이 RDP 체결하는 목적이 경제적인 것보다는 안보협력을 더 우선하였기 때문에 우려하는 바와 같이 RDP 체결국의 방위산업이 일방적으로 잠식되지 않았을 것이다.

1970~1980년대 NATO 국가들의 RDP 이행실태도 이러한 분석을 뒷받침한다. 당시 미국은 RDP 체결에 따라 방산시장을 개방하였으나, 방산교역 불균형에 불만을 품은 일부 NATO 국가들이 상호호혜적인 혜택을 부여하지 않았음에도 미국은 안보협력을 유지하기 위해 월등히 우세했던 방산교역이 2 대 1 수준까지 감소하는 불이익도 감수하였다. 결과적으로 RDP 체결로 국내 방산시장이 급격히 잠식당할 것이라는 주장은 지나친 기대 내지는 기우에 불과하다.

하지만, RDP 체결로 획기적으로 수출이 증가하지는 않은 것으로 판단된다. 추세적으로 증가하는 경향을 보였다는 것이지 전체 수출규모가 크게 확대된 것은 아니다. 이것도 역시 미국의 RDP 정책에 기인한 듯하다. 즉 RDP는 FTA와 같이 대규모 민수시장의 개방을 두고 경쟁하는 것이 아니라, 미국 연방조달시장의 약 2~3% 규모의 시장만을 개방하고 있기 때문이다. 결국 이 작은 규모의 연방조달시장에서 RDP 28개국이 치열한 경쟁을 해야 하므로 획기적인 대미 수출이 발생되기 어려운 것이다.

왜냐하면 RDP는 국내 방위산업을 발전시켜 해외수출을 확대하는 일종의 도구(Tool) 내지는 상호협력을 위한 프레임워크(Framework)로서 체결국이 어떻게 활용하는지에 따라 그 영향이 크게 달라질 것이기 때문이다. 또한, 방위산업은 글로벌 안보환경 외에도 방위산업에 대한 정부의 정책적 지원, 국방과학기술 수준, 주변국과의 현실적인 군사적 긴장 관계 등 국내·외 다양한 외생변수에 의해 크게 영향을 받기 때문에 단순히 미국과 RDP를 체결하는 것만으로 단기간에 수출 또는 수입에 큰 변화가 발생되지는 않을 것이다.

다만, 세계 9위의 방산수출 실적을 보유하고 글로벌 방산수출 확대를 목표로 하는 한국에게는 RDP가 대단히 유용한 접근방식으로 활용될 수 있을 것이다. RDP를 통해 미국과의 공동연구개발을 통해 첨단 국방과학기술을 교류하고, 미국 방산시장에 진출하여 기술력과 품질을 인정받아 글로벌 방산수출 경쟁력을 확보하는 디딤돌로 삼아야 할 것이다.

6.3 RDP 체결로 인한 미국 방산시장 개방은 매우 제한적

RDP 체결만으로 미국 방산시장에서의 수출이 급격히 확대될 수 있을까? 일부에서는 RDP를 체결하면 세계 최대의 미국 방산시장이 모두 열리는 것으로 생각하여 큰 기대에 부풀어 RDP 체결을 강하게 주장한다. 하지만 아쉽게도 그러한 기대와는 달리 RDP 체결 자체만으로 미국으로의 방산수출이 획기적으로 확대되기는 쉽지 않을 것 같다.

그 이유는 첫째, RDP가 체결된다고 한국의 방산업체가 미국의 방산업체와 동일한 대우를 받을 수 있다거나, 미국의 다양한 수출규제를 모두 피할 수 있는 것은 아니며, 단지 BAA 또는 관세 등과 같이 수출품에 대하여 차별적인 가격을 부과하여 미국산에 대한 경쟁력을 저하시키는 불공정한 제도의 적용을 면제해 주는 혜택만이 주어질 뿐이기 때문이다. 미국의 자국산우선구매제도에는 BAA 외에도 다양한 법·규정·제도가 있는데, RDP 체결이 이러한 모든 제한을 면제해주는 것이 아니라 여전히 많은 법적·제도적 제한이 존재한다. 함정을 예로 들면, RDP 체결과 무관하게 Jones Act에 의해 함정은 반드시 미국 내에서 건조하도록 강제되어 있어 RDP 체결국이라 하더라도 미국으로의 함정 수출은 여전히 막혀 있다. 물론, Jones Act의 예외를 적용받으면 RDP 체결을 통해 불공정한 가격경쟁을 벗어나 미국 수출이 가능하겠지만 미국산우선구매제도를 강화하는 바이든 행정부의 정책을 고려할 때 Jones Act라는 장벽을 넘어서는 것이 쉽지 않아 보인다.

둘째, RDP 체결과 동시에 거대한 미국 방산시장이 열리는 것이 아니라, 미국 정부에 의해 통제되는 제한된 시장 내에서 RDP 체결국끼리 경쟁하는 것이다. 즉, RDP를 체결하여 적격국가로 지정받으면 미국 연방조달시장의 일부가 개방되며 이를 두고 28개 RDP 체결국이 치열한 경쟁을 벌여야 하는 것이다. RDP 체결로 BAA 적용을 면제

받을 수 있는 시장은 미국 정부에 의해 철저히 통제되고 있으며, 대통령 행정명령만으로 언제든지 더 엄격한 통제가 가능하다. 미국 의회는 행정부로 하여금 해외로부터의 방산수입을 일정 수준 이하로 유지하여 방위산업 및 방산업체를 보호하기를 원하고 있으며, 실제로 행정부에 대한 감시활동을 지속적으로 강화하고 있다. 미국 행정부도 방산수입을 최소화하는 정책을 시행하고 있으며, 이는 연방조달의 5%에도 훨씬 미치지 못하는 수준이다.

트럼프에 이어 바이든 대통령도 취임 이후 미국산 구매(Buy American) 정책을 강조하고 있으며, 가장 강력한 미국산우선구매 정책으로 알려진 대통령 행정명령 제14005호에 서명함으로써 미국에 수출하는 방산물자에 대한 BAA의 실질적인 면제비율은 더욱 감소할 것으로 예상된다. 다음 그래프는 미국 국무부의 회계연도 2007~2017년 BAA 면제 현황이다. 전체적으로 2008년 이후 RDP 체결로 인한 BAA

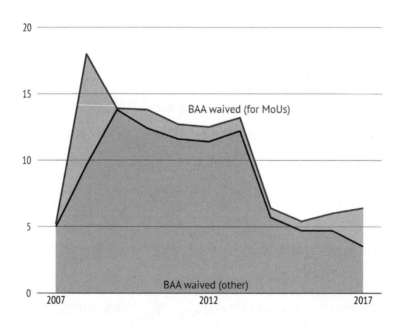

〈회계연도 2007~2017년 미국의 BAA 면제(단위: 백만 달러)〉[79]

미국의 RDP와 한국의 방산수출전략

면제(BAA waived for MOUs)는 지속적으로 감소하였으며, 2015년 전후에는 약 600만 달러 수준 이하로 감소하였다.

그렇다면 RDP 체결국에 미국의 연방조달시장이 어느 정도 개방되었는지 구체적으로 숫자를 통해 살펴보자. 미국 회계관리국(Office of Management and Budget)에 따르면 회계연도 2021년에 연방 전체 지출의 11%에 해당되는 7,540억 달러를 국방비로 사용했다.[80] 이 중 7,180억 달러는 국방부가 사용하였으며, 나머지 360억 달러는 연방수사국(Federal Bureau of Investigation)과 같이 다른 기관들이 수행한 국방 관련 활동에 사용되었다. 미국 국방부가 회계연도 2021년에 사용한 7,180억 달러의 20%인 1,463억 달러를 조달에 사용하였는데, 이 중 32억 달러만을 RDP 체결국으로부터 구

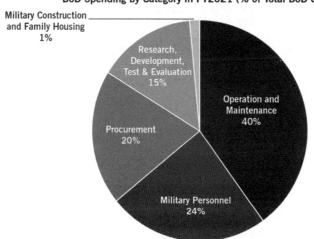

DoD Spending by Category in FY2021 (% of Total DoD Outlays)

SOURCE: Office of Management and Budget, *Public Budget Database, Budget of the United States Government: Fiscal Year 2023*, March 2022.
NOTE: The "Other" category, which accounted for about 0.2 percent of DoD spending in FY21, is presented in this chart as part of the Operation and Maintenance category.

⟨회계연도 2021년의 미국 국방부 국방비 지출내역⟩

---

79 | Daniel Fiott, "The Poison Pill: EU defence on US terms?", European Union Institute for Security Studies, Brief 7, 2019, p4.

80 | https://www.pgpf.org/budget-basics/budget-explainer-national-defense

매하였다. 이는 미국 연방조달의 2.2%에 해당하는 규모로서, 환율 1,300원을 기준으로 환산하면 4.2조 원에 불과하다. 4.2조 원의 작은 시장을 두고 RDP 28개국이 경쟁하는 것이다. 2022년 11월 한화에어로스페이스가 다련장로켓(MLRS)을 폴란드에 수출하면서 약 5조 원 규모의 수출계약을 체결한 것과 비교하면 28개국의 수출을 모두 합한 금액이라고 하기에는 턱없이 작은 규모이다.

그렇다면 RDP 체결국은 얼마나 많이 BAA 면제를 받을까? BAA가 면제된 건수를 기준으로 살펴보면 회계연도 2021년에 미국 국방부의 전체 해외조달 중 BAA 적용이 면제된 것은 63,339건이며, RDP 체결국에 대한 면제는 36,919건으로서 55.2%에 해당된다.[81]

Table 2. Number of purchases and dollar value of manufactured articles for which the restrictions of the BAA were not applied in FY 2021 (Source: FPDS-NG)

Authority	Actions	Dollars	% of Total
The Buy American Act does not apply			
Use outside the U.S.	14,711	$2,024,993,533	34.85%
Waivers of the Buy American Act			
Qualifying Countries	36,919	$3,207,536,700	55.20%
WTO GPA and Free Trade Agreements[2]	2,288	$265,889,354	4.58%
	39,207	$3,473,426,054	59.77%
Authorized Exceptions to the Buy American Act			
Domestic Nonavailability Determinations	2,244	$225,719,400	3.88%
Commercial IT	341	$55,736,196	0.96%
Resale	73	$5,528,167	0.10%
Unreasonable Cost	6,757	$25,021,494	0.43%
Public Interest Exception	6	$478,752	0.01%
	9,421	$312,484,009	5.38%
Total:	63,339	$5,810,903,596	100.00%

〈회계연도 2021년에 적용된 BAA 면제〉

---

81 | "Department Of Defense Report; The Department's Bi-Annual Report on Made in America Laws", Office of the Under Secretary of Defense for Acquisition and Sustainment, 2022.8.5., p6.

미국의 RDP와 한국의 방산수출전략

미국 국방부의 "Made in America Laws"에 대한 2022년도 상반기 보고서를 보면 RDP에 대한 미국의 속마음을 엿볼 수 있다. 즉, RDP를 체결한 28개국에 대하여 연방조달의 2.2%인 4.2조 원에 불과한 규모로 BAA 적용을 면제하고 있음에도 보고서는 미국 국방부가 "Made in America Laws" 이행을 강화하고 미국 내 생산업체의 경쟁력을 향상시키기 위해 계속 노력해야 한다고 강조하고 있다. 결국 RDP 체결을 통해 미국으로의 방산수출을 확대하려는 것은 미국시장에서의 미국 방산업체와의 경쟁이라기보다는 연방조달의 2~3% 수준으로 제한된 작은 시장에서 28개 RDP 체결국들과의 치열한 경쟁이 될 가능성이 높다. 미국의 방산업체 및 RDP 체결국 방산업체가 함께 경쟁하지만, BAA 면제 규모를 미국 정부가 강력하게 통제하기 때문에 결과적으로는 RDP 체결국 상호 간의 경쟁이 될 수밖에 없는 것이다.

안타깝게도 이러한 경쟁은 더욱 심화될 전망이다. 2017년 트럼프 대통령은 Buy American 및 Hire American 행정명령을 통해 정부의 연방조달에 대한 국내 특혜와 관련된 현행법의 집행을 강화하도록 명령하였으며, 이에 따라 모든 연방기관은 "Buy American Laws"를 철저히 모니터링, 집행 및 준수하고 이러한 법률의 면제 사용을 최소화하도록 강제하였다.[82] 하지만 실질적인 이행조치로 이어지지 않아 미국 조달시장 및 공급망 개선에는 크게 영향을 주지 못했다.

2020년 8월에 미국 백악관은 회계연도 2019년 연방조달의 3.6%에 해당하는 78억 달러를 해외업체와 체결하였다고 발표하였는데, 이는 2016년보다 30% 상승한 것으로 바이든 대통령은 이 추세를 되돌리겠다고 공언하였다.[83] 이에 따라 RDP 체결국에 대한 BAA 면제 등의 혜택도 체결국의 의도와는 무관하게 미국산우선구매제도를 강화하려는 미국 행정부 정책에 따라 더 축소될 것으로 전망된다. 결국 RDP를 체결한다

---

82 | Executive Order 13788: Buy American and Hire American, 2017.4.18.
83 | Jasmine Lim, William O'Neil, Sean Arrieta-Kenna, Jack Caporal, "Buy American, Again", CSIS, 2021.1.28.

고 미국의 방산시장이 활짝 열리는 것이 아니며, 미국 정부의 대외정책에 의하여 철저히 통제된 가운데 제한적인 범위에서 개발될 것이고 이러한 추세는 더욱 강화될 전망이다.

6.4 보이지 않는 손을 통한 미국의 일방적인 RDP 통제

유럽연합안보문제연구소(European Union Institute for Security Studies)의 Daniel Fiott은 RDP는 BAA와 같은 자국산우선구매제도의 장벽을 낮추기 위해 설계되었으나, 이러한 장벽을 낮추는 것은 실질적으로 미국 정부의 BAA 적용에 달려 있다고 주장한다.[84] 그는 RDP를 독약(Poison Pill)에 비유하면서, RDP를 체결하더라도 미국 정부가 방산교역 규모를 통제하고 제재하는 것이 가능하므로, RDP가 미국과 체결국이 동등한 조건이 아니며 결과적으로 미국에 유리한 제도라고 보았다.

역사적으로 미국은 RDP 이행 과정에서 불리함도 감수하면서까지 NATO 국가들과의 국방협력을 원했기 때문에, NATO 국가들은 RDP에 대응한 국내법이나 제도 등을 정비할 필요성을 느끼지 않았고 이에 따라 미국의 BAA와 같은 법률이나 제도를 정비하지 않았다. 반면 미국은 NATO 국가들이 BAA 적용 면제, 관세 부과 제외 등의 혜택을 받으면서도 미국 방산업체에는 동등한 혜택을 부여하지 않는 사례 등이 발생하자, RDP의 기본 틀은 유지하면서도 자국의 방위산업과 방산업체를 보호하기 위한 법과 제도를 지속적으로 발전시켜 왔다. 결과적으로 NATO 국가들에 비해 법과 제도 등

---

84 | Daniel Fiott, "The Poison Pill; EU defence on US terms?", European Union Institute for Security Studies, Brief 7, 2019.

미국의 RDP와 한국의 방산수출전략

을 발전시켜 온 미국이 보이지 않는 손을 통해 방산수입 규모와 범위 등을 일방적으로 통제할 수 있다는 점에서 RDP가 미국에 유리하다는 주장이다.

이는 단순한 우려를 넘어 공동연구개발의 사례에서도 엿볼 수 있다. 미국의 국제무기거래규정(U.S. International Traffic in Arms Regulations, 이하 ITAR)은 미국 군수품목록(U.S. Munitions List)에 대한 수출입을 통제하는 미국 행정부 규정으로, 다른 나라의 특정한 방산기술에 대하여 제3국으로의 수출을 제한할 수도 있다. 예를 들어, 한국이 상대적 우위를 가진 기술로 미국과 공동연구개발한 경우라 하더라도 미국이 생산한 기술, 재료 또는 소프트웨어 등이 포함되면 ITAR에 의해 제3국으로의 방산수출 및 사용에 대한 자율성을 완전히 상실하는 것과 같다.

실제로 유럽에서 이러한 사례가 있었다. 2018년 초 프랑스는 라파엘(Rafael) 제트 전투기 30대를 이집트에 수출하려고 하였으나 실패했다. 라파엘은 프랑스 MBDA社에서 제작하였으나, ITAR에 근거한 미국의 수출승인 불허로 결국 이집트에 판매하지 못했다. 전투기에 탑재된 SCALP 순항 미사일에 미국의 핵심부품이 포함되어 있어서 미국의 승인 없이 해외 판매가 불가했기 때문이었다.[85]

결국 미국과 RDP를 체결하여 공동연구개발을 수행한다고 하더라도, 미국과 체결국이 동등한 조건으로 함께 연구개발을 수행하는 것이 아니라, 미국의 ITAR에 규정된 메커니즘에 의존할 수밖에 없다. 공동연구개발에 참여한 방산업체가 ITAR을 피할 수 있는 유일한 방법은 미국의 핵심기술, 재료 또는 소프트웨어 등이 포함되지 않은 독자기술로 개발하는 것이다. 이러한 문제를 해결하기 위해 EU 회원국들은 ITAR 제한을 받지 않는(ITAR Free) 기술 및 구성요소를 개발하거나 무기체계 플랫폼에 통합하도록 장려하고 있으나, 많은 시간과 예산 등이 소요되어 어려움을 겪고 있다. 한국도 미국

---

85 | Pierre Tran, "A jet sale to Egypt is being blocked by a US regulation, and France is over it", DefenseNews, 2018.8.1., https://www. defensenews.com/global/europe/2018/08/01/a-jet-sale-to

〈프랑스 라파엘 제트전투기(위) 및 탑재된 SCALP 순항미사일(아래)〉

과의 공동연구개발에 참여하는 경우 이러한 사례를 유념하여 부작용을 최소화하도록
해야 할 것이다.

이처럼 RDP는 외형적으로는 상호호혜의 원칙을 내세워 미국과 체결국 모두에게
균등한 정책인 듯 보이지만, RDP 이행을 통제하는 측면에서는 미국에게 일방적으로
유리한 기울어진 운동장이라 할 수 있다. 한국이 RDP를 체결하여 미국 방산시장에 진
출하는 경우 초기에는 보이지 않았지만, 한국이 미국 정부의 예상치 또는 허용치를 넘
는 성과를 달성하는 순간 보이지 않았던 손이 나타나 미국 정부의 제재가 본격화될 수
있다. 하지만 안타깝게도 현재로서는 미국의 이러한 보이지 않는 손에 대응할 수 있는
적절한 방법이 없다. 유일한 방법으로는 상호호혜의 입장에서 미국의 방산업체에도

미국의 RDP와 한국의 방산수출전략

동일한 제재를 가하는 것인데, 실질적으로 한미 간의 기술 격차, 국방비 규모 등 극복하기 쉽지 않은 현실적인 벽이 있기 때문에 한국이 독자적인 기술력을 갖추기 전까지 이러한 불이익은 계속될 전망이다.

CMMC(Cybersecurity Maturity Model Certification, 이하 CMMC) 등과 같은 기술표준도 일종의 보이지 않는 손에 해당된다. 미국은 글로벌 공급망에서 중국산 제품을 퇴출하기 위해 사이버 보안인증인 CMMC를 신설하였으며, 2025년 9월부터 미국 국방부와 계약하는 모든 업체들은 CMMC를 획득해야 한다. RDP를 체결하고 기술력과 뛰어난 품질을 갖추고 있다 하더라도, CMMC를 획득하지 못하면 미국으로의 방산수출이나 공동연구개발 등의 방산협력도 불가할 전망이다. 미국 정부조달 계약의 98%를 차지하는 4대 글로벌 방산업체(Boeing, LM, Raytheon, Northrop Grumman)에서는 지난해부터 국내 방산업체들에 CMMC 인증을 받지 않으면 앞으로 계약을 체결할 수도 없으며, 하지도 않을 것임을 밝히고 인증 획득 준비를 촉구하고 있다.

다행히 한국도 방위사업청을 중심으로 RDP 체결 이전에 독자적인 국내 CMMC를 구축하고 미국 CMMC와 상호인정 협정을 체결하는 등의 조치를 추진 중이기는 하지만, RDP에 의한 미국과의 상호협정을 뛰어넘는 새로운 효력을 발생시킨다는 측면에서 보이지 않는 손이라 할 수 있다.

6.5 RDP 유효기간 등 안전장치

RDP가 체결되면 방산시장이 잠식될 것이라는 우려가 많지만, RDP에는 일종의 안전장치도 포함되어 있어서 부정적인 영향이 발생하는 경우 언제든지 이를 제지할 수 있다. 28개 RDP 체결국 협정서에는 대부분 다음과 같은 안전장치가 포함된 것을 확인할 수 있다.

첫째, RDP 유효기간이다. 앞서 살펴본 바와 같이 대부분 유효기간을 두고 있다. 국가별로 차이가 있지만 통상 5~10년의 유효기간을 두고 있으며, 이 기간이 도래하면 RDP를 종결시킬 수 있다. 하지만 유효기간이 도래하면 협의를 통해 추가로 연장하거나 또는 별도의 종결절차를 거치지 않는 한 자동으로 연장되는 방식으로 RDP를 계속하여 유지하고 있다. 28개국은 RDP를 체결한 이후 자국의 여건에 맞도록 협정서를 수정·변경·개정하면서 아직까지도 모두 RDP를 유지하고 있다.

둘째, RDP를 체결한 이후 매년 정기적으로 개최되는 회의에서 상호협의를 통하여 불리한 협정조항은 변경할 수도 있다. RDP에 자국의 방산시장에 미치는 부작용이 크거나 기타 사유가 있을 경우 유효기간이 남아 있더라도 협의를 통해 문제가 되는 RDP 조항을 수정 또는 개정할 수 있다. 다만, 기존의 약속을 변경하는 것이기 때문에 반드시 상대방의 동의가 필요하다.

셋째, 상대방의 필수적인 승낙을 요하지 않는 RDP 종결조항이다. RDP 이행 과정에서 심각한 불이익 또는 방산교역 불균형이 심화되는 경우 별다른 사유 없이 일방적으로 상대방에게 통보하여 언제든지 RDP를 종결시키는 것도 가능하다. 다만, 대부분은 종결을 원하는 시점보다 3~6개월 이전에 서면으로 상대국에게 통보하는 절차를 거치도록 하고 있다. 즉, 정해진 기간 이전에 서면으로 사전 통지하는 것으로 충분하며, 종결에 대한 상대방의 필요적 승낙을 요하는 등의 요건을 강제하고 있지 않다. 이와는 별도로 갑자기 RDP를 종결하더라도 기존에 체결된 계약으로 인한 피해를 최소화하기 위하여 "RDP 조건과 일치하는 모든 계약은 자체적인 조건에 따라 계약이 해지되지 않는 한 계속 유효"하다는 제한을 두고 있다.

넷째, 자국 법률 및 규정의 범위 내에서만 RDP가 유효하다는 것이다. 모든 RDP는 '자국의 법률 및 규정에 합치되는 범위 내에서 유효하다.'는 조항을 포함하고 있어, 각국의 법률과 규정과 상충되는 경우 RDP 효력을 인정하지 않을 수도 있다. 다만, 분쟁이 발생하는 경우 국제사회 등 외부 개입 없이 당사자 간 해결하도록 하는 조항도

미국의 RDP와 한국의 방산수출전략

포함되어 있어 미국과 체결국의 법률 등이 상충되는 경우 분쟁 해결 과정에서 힘의 논리에 의해 미국에 유리하게 작용될 여지도 있어 반드시 체결국을 위한 조항이라고 보기는 어렵다.

6.6 차별적인 비용 부과의 면제 효과

미국 정부는 연방조달에 있어서 해외 수입품에 대하여 차별적인 가격을 부과하여 상대적으로 경쟁력을 약화시키는 방법으로 수입을 제한하고 있다. 하지만 RDP를 체결한 적격국가에 대해서는 차별적인 가격의 부과를 면제하고 있는데, 이러한 혜택의 적용은 상호호혜원칙에 따라 체결국에도 요구된다. 즉 RDP를 체결하면, 한국도 미국산 제품에 대하여 차별적인 가격을 부과하지 않을 의무가 부여되는 것이다. 이처럼 RDP 체결은 국내 방산시장을 완전히 개방하는 것이 아니라, 국방조달에 있어서 차별적인 비용 부과를 하지 않음으로써 공정한 경쟁이 되도록 보장하겠다는 것이다.

이러한 가격 경쟁력 측면에서만 본다면, 상대적으로 저렴한 인건비로 인해 RDP 체결이 한국에게 더 유리할 수도 있다. 다음 국가통계포털(Korean Statistical Information Service)의 제조업 근로자의 월평균 임금 비교표를 보면, 한국은 미국의 70% 수준으로서 상대적으로 한국제품의 가격 경쟁력이 높음을 알 수 있다.

구분	2017년	2018년	2019년	2020년
미국	$4,514	$4,646	$4,778	$5,058
한국	$3,236	$3,499	$3,405	$3,313
비고	71.7%	75.3%	71.3%	65.5%

〈2022년 10월 기준, 제조업 근로자 명목 월평균 임금 비교〉

또한, 방위사업법(2022.5.4.) 제19조에서는 국내에서 생산된 군수품을 우선 구매하도록 하고 있으며, 방위사업관리규정(2023.5.16.) 제119조에는 요구조건을 충족하는 국내 생산품이 없는 등 국내 구매가 곤란할 때 국외 군수품을 구매하도록 규정하고 있다. 따라서 한국이 RDP 체결 이후라도 성능에 큰 차이가 없다면 저가의 국산품 대신 고가의 미국제품을 선택할 가능성은 거의 없어 보인다.

또한, 애초에 미국에 비해 상대적으로 가격 경쟁력을 지닌 한국이 한국산우선구매를 이유로 미국제품에 대하여 차별적인 비용을 부과할 이유가 없기 때문에 RDP를 체결한다고 해도 미국은 동일한 혜택을 보지 못하는 결과가 나올 것이다. 민수시장을 대상으로 하는 FTA와는 달리 RDP가 대상으로 하는 국방조달시장의 고객은 정부기관이다. 정부는 공공조달에 있어 최저가입찰제를 적용하고 있다. 필요한 성능만 충족된다면 더 경제적인 제품을 선택할 것이다.

따라서 RDP를 체결하여 한국 방산업체와 미국 방산업체와 경쟁해야 하는 상황에서도 요구 성능만 충족된다면 고가의 미국제품에 자리를 내줄 가능성은 낮다. 성능이 동등하거나 유사한 무기체계라면 대부분 국내제품이 가격 경쟁력도 있고, 인도시기 및 군수지원 측면에서도 유리한데 굳이 미국제품을 선택하겠는가? 물론 국내제품의 품질이 낮고 고가이나, 미국제품은 우수한 품질과 가격 경쟁력을 가지고 있다면 또 다른 이야기가 될 것이다.

6.7 정치적 · 외교적 · 안보적 효과

앞서 RDP의 역사적 배경에서 살펴보았듯이 RDP는 정치 · 외교 · 안보적인 측면에서 매우 유용한 협정이라 하겠다. 1970년대 월등한 방산수출 실적을 보유했던 미국이 그러한 경제적인 실익을 포기하면서까지 RDP 체결로 얻고자 했던 것은 NATO 동맹국과의 정치 · 외교 · 안보협력이었다. 미국 국방부가 지금도 RDP를 경제수단이 아니라 우방국과의 안보협력 수단으로 활용하고 있다는 점이 이를 뒷받침하고 있다.

비교적 최근에 RDP를 체결한 발트해 연안 3개국인 에스토니아(2016년), 라트비아(2017년), 리투아니아(2021년)는 2022년 기준 군사력 수준이 각각 세계 108위, 94위, 95위에 불과하며 세계 방산수출 점유율도 0.07% 이하로 매우 낮다. 미국이 상당한 경제이익을 기대하거나 동등한 수준의 방산협력을 목적으로 이들과 RDP를 체결했을 것으로 보이지는 않으며, 오히려 러시아 및 중국을 견제하기 위한 안보협력 측면에서 RDP를 체결했을 것으로 보는 시각이 우세하다.

이처럼 RDP는 미국이 체결국의 방산시장을 개방하도록 함으로써 경제적인 이익을 달성하기 위한 수단이 아니라, 상호 방산시장 진입장벽을 낮추어 방산협력과 교류를 활성화함으로써 상호호환성 및 표준화를 증진하고 합동작전수행능력을 향상시키며 글로벌 보급망을 확보함으로써 안보협력을 강화하기 위한 정치 · 외교 · 안보적인 행위로 봐야 할 것이다.

패권경쟁이 심화되면서 이에 대응하기 위한 미국의 아시아-태평양 전략에 따라 한미동맹의 중요성이 증대되고 있다. 미국은 우방국을 중심으로 글로벌 공급망을 재편하고 있으며, 한미동맹도 과거 안보 · 군사 위주에서 경제 · 기술 · 방산 · 공급망 등 포괄적인 동맹으로의 변화가 요구되고 있다. NATO를 비롯한 미국의 주요 동맹국은 대부분 RDP를 이미 체결하여 방산협력을 통한 안보 태세를 공고히 하고 있다. 반면, 중국의 세력 팽창을 견제하기 위한 미국의 아시아-태평양 전략에 있어서 우방국인 한국의 협력이 그 어느 때보다 중요함에도 한국은 아직까지도 RDP를 체결하지 않고 있다. 아시아에서 우방국과의 국방협력은 미국에 못지않게 한국에게도 매우 절실하다. 북한의 현실적인 군사위협에 직면하고 있는 한국에게도 사상과 정치제도가 크게 다른 중국의 거침없는 성장은 잠재적인 위협이 될 수밖에 없기 때문이다.

남중국해에서 해양력을 확장하고 역내에서 영향력을 강화함으로써 기존의 미국 중심 국제질서를 자국 중심으로 개편하려는 중국을 견제하기 위해서라도 반드시 RDP를 체결하여 미국과 함께 대응해야 한다. RDP는 오랜 자유민주주의 동맹인 미국과의 국방협력을 더욱 공고히 하여 글로벌 경쟁력을 강화하고, NATO 및 RDP 체결국과의 협력으로 이어 주는 디딤돌이 될 것이다. 안보 측면에서 미국과의 긴밀한 협력이 필요한 한국이 국내 방산시장이 잠식될 수 있다는 확인되지 않은 우려를 이유로 아직까지도 미국 국방부의 중요한 대외 안보협력 수단인 RDP를 체결하지 않고 있다는 것은 쉽게 납득되지 않는다. 세계 방산수출 15위 이내이면서 미국의 우방국인 국가 중에서 RDP를 체결하지 않은 나라는 한국이 유일하다.

북한의 핵위협 도발에 대한 한국 · 미국 · 일본의 공조가 진행되는 가운데 북한은 2023년 7월 전승절을 계기로 중국 · 러시아와의 연대에 속도와 강도를 높이고 있다. 한국도 RDP 체결을 더 이상 미루어서는 안 될 것이다. 조속한 RDP 체결을 통해 미국과의 방산협력을 확대하면서 동시에 중국, 러시아, 북한 등 주변국 위협에 대응하여 NATO 및 RDP 체결국 등을 포함한 미국의 동맹국과의 국방협력을 강화하는 정치 · 외교 · 안보적인 수단으로 활용해야 할 것이다.

미국의 RDP와 한국의 방산수출전략

7장 RDP를 활용한 K-방산 수출전략

7.1 RDP 체결을 위한 절호의 기회

코로나-19 팬데믹을 계기로 미국 정부는 자국의 방위산업 공급망이 취약하다는 사실을 인식하게 되었다. 2022년 1월 국방부가 의회에 제출한 미국 방위산업능력보고서[86]에 따르면, 2001년부터 2015년까지 약 17,000개의 방위산업 주거래업체가 도산하거나 민간 분야로 전환되었는데, 자유무역에 기초한 미국 내 탈산업화 현상의 심화, 냉전 종식에 따른 방산투자 감소 등이 주된 원인으로 꼽히고 있다.

미국 정부는 자유무역에 기초한 경제적 효율성과 저비용만을 강조하면서 미국 내의 제조업 공급망의 안정성·다양성·지속가능성에 대한 관심과 투자를 소홀히 하였으며, 그 결과 제조업에서의 이러한 공백의 상당 부분을 중국이 대체하게 되었다. 지난 30년 동안 미국의 주요 무기체계 공급업체는 크게 줄었는데, 다음 표와 같이 전술 미사일(Tactical Missiles) 제조업체는 13개에서 3개로, 고정익 항공기(Fixed-Wing Aircraft) 제조업체는 8개에서 3개로, 수상함(Surface Ships) 제조업체는 8개에서 2개로 감소하였다.

---

86 | 국방기술진흥연구소, "2022 세계 방산시장 연감", 2022.10., p98.

Weapons category	Total U.S. contractors			Current U.S.-based prime contractors
	1990	1998	2020	
Tactical missiles	13	3	3	▶ Boeing ▶ Raytheon Technologies ▶ Lockheed Martin
Fixed-wing aircraft	8	3	3	▶ Boeing ▶ Northrup Grumman ▶ Lockheed Martin
Expendable launch vehicles	6	2	2	▶ Boeing ▶ Lockheed Martin
Satellites	8	5	4	▶ Boeing ▶ Lockheed Martin ▶ Hughes ▶ Northrup Grumman
Surface ships	8	5	2	▶ General Dynamics ▶ Huntington Ingalls
Tactical wheeled vehicles	6	4	3	▶ AM General ▶ Oshkosh ▶ General Motors
Tracked combat vehicles	3	2	1	▶ General Dynamics
Strategic missiles	3	2	2	▶ Boeing ▶ Lockheed Martin
Torpedoes	3	2	2	▶ Lockheed Martin ▶ Raytheon Technologies
Rotary wing aircraft	4	3	3	▶ Bell Textron ▶ Lockheed Martin ▶ Boeing (Sikorsky)

〈주요 무기체계 분야의 미국 방산업체〉[87]

이처럼 취약한 방위산업 공급망은 경제적 번영과 안보에 광범위하고 지속적인 부작용을 미칠 수 있으므로 미국은 중국 등의 적대국가를 배제하고 동맹국과 신뢰할 수 있는 글로벌 공급망을 구축하기 위하여 노력하고 있다.[88] 사이버보안인증제도(CMMC)의 도입(2025년), 중국 군산복합체 투자 금지 행정명령(2021년) 시행 등 방위산업 공급망에서 중국을 배제하기 위한 다양한 정책적 수단도 강화하고 있다. 미국 국방부는 방위산업 공급망의 취약성을 극복하고 미국의 제조기반을 강화하여 신뢰할 수 있는 공

---

87 | Office of the Under Secretary of Defense for Acquisition and Sustainment, "State of Competition within the Defense Industrial Base", 2022.2.

88 | Kathleen Hicks, "Securing Defense-Critical Supply Chains(An action plan developed in response to President Biden's Executive Order 14017)" DoD, 2022.2.

급망을 구축하기 위한 계획안[89]을 제시하였으며, 여기에는 동맹국과의 RDP 체결 확대 등을 포함한 국방협력 강화 방안이 포함되어 있다.

미국은 패권경쟁으로 인하여 중국을 제외한 글로벌 공급망을 구축하는 데 집중하고 있다. 미국 내에서도 국방부가 RDP를 활용하여 우방국과의 국방협력을 확대하고 글로벌 공급망을 확보해야 한다는 요구가 나오고 있으며, 최근에는 한국과 CMMC, SOSA 등의 협정을 체결함으로써 글로벌 공급망을 확대하기를 원하고 있다. 미국이 신뢰할 수 있는 방위산업 공급망을 구축하기 위해 노력하고 있는 지금이 K-방산이 미국을 포함한 우방국 방산업체의 밸류체인에 참여할 절호의 기회다. 기회를 놓쳐서는 안 된다.

7.2 RDP 체결국의 성공사례 벤치마킹

"RDP 체결로 인하여 어떠한 영향이 있을까?"에 대한 가장 좋은 답은 아마도 이미 RDP를 체결한 국가들의 사례를 살펴보는 일일 것이다. 1963년 최초로 캐나다가 RDP를 체결한 이후 2023년 현재까지 RDP 체결국은 28개국에 달한다.

일본은 미국과의 SM-3 Block-Ⅱ 미사일 공동연구개발을 수행하면서 식별된 미국의 수입규제로 인한 제한사항을 해결하기 위해 RDP를 체결하였다. RDP 체결은 미국에서 먼저 제안하였다. 공동연구개발을 추진하는 과정에서 부품에 포함된 특수금속을 구매하는데, 미국의 규제를 피하기 위한 방안으로 미국이 먼저 RDP를 제안하여 협정을 체결함으로써 문제를 해결하였다고 한다. 일본에서도 한국과 같이 RDP에 대한 우려가 컸기 때문에 2016년에는 MOU 형식으로 RDP를 체결하였다. 하지만 RDP 체

---

89 | Department of Defense, "Securing Defense-Critical Supply Chains", 2022.2.

결기간 중 그러한 우려가 사실이 아니었음을 확인한 일본은 2021년에는 협정서의 내용 변경 없이 형식만을 MOU에서 Agreement로 변경하여 10년을 더 연장하였다. 이러한 사례를 보더라도 국내에서 우려하는 바와 같이 RDP가 일방적으로 불평등하다거나 불합리한 협정은 아닐 것이라는 견해에 무게가 실린다.

다만, 구체적으로 어떠한 효과가 있었는지 살펴보는 것은 RDP 체결 이전에 관련된 정책을 수립하고 준비하는 데 나침반 역할을 해 줄 것으로 기대된다. 하지만 아쉽게도 방위산업은 정부정책이 효과를 발휘하기까지 장기간이 소요되며, 국제안보환경 및 국가별 정치·경제·외교·안보적 상황 등 다양한 변수들이 존재하기 때문에 28개국 어느 곳에서도 RDP로 인한 효과를 특정하는 것이 쉽지 않다는 한계가 있다. 그러므로 RDP 체결을 계기로 방위산업에 긍정적인 영향을 미쳤던 일부 사례를 살펴봄으로써 미국과 어떠한 방향으로 RDP를 체결할 것인지에 대한 방향성을 살펴보는 것도 의미가 있겠다. 이에 따라 비교적 성공적인 사례로 평가받는 일본과 호주 사례를 소개하고자 한다.

7.2.1 (사례 #1) 일본의 SM-3 Block-ⅡA 미사일 공동연구개발

일본은 RDP 체결 이전부터 미국과 공동연구개발을 위한 협력을 하였으나, 제한된 수준이었다. 국방과학기술 분야에서 가능한 공동연구개발을 추진하기 위하여 1980년 설립된 미국-일본 체계기술포럼(U.S.-Japan Systems & Technology Forum, 이하 S&TF)도 특별한 성과를 거두지 못하다가 2003년에 본격적으로 재개되었다. SM-3 Block-ⅡA 미사일 공동연구개발 논의도 S&TF를 통해 시작되어 2016년부터 미국과 공동연구개발을 시작하게 되었는데, 이 과정에서 미국의 수입규제로 인한 제한사항이 식별되었다.

미국의 RDP와 한국의 방산수출전략

그래서 미국의 제안으로 RDP를 체결하여 이 문제를 해결하면서 본격적인 SM-3 Block-ⅡA 공동연구개발이 시작되었다. 과거에도 미국과 일본은 공동연구개발을 위한 협력을 해 오고 있었지만 제한된 수준이었다면, RDP 체결 이후에는 더 활성화되었다. 2021년 일본 경제산업성에 따르면 과거 수건에 불과했던 미국과의 공동연구개발은 RDP-MOU 체결 이후 3년(2018~2020년) 동안에만 91건으로 급증했다고 한다.[90]

일본은 1967년 ① 공산국가, ② 유엔결의에 따른 무기 수출 금지 국가, ③ 국제분쟁 당사국 및 우려국가에 대해서는 무기 수출을 금지한다는 무기 수출 3원칙을 발표했다. 1976년에는 "모든 지역 및 국가에 무기 수출을 금지한다."는 담화를 발표하여 사실상 전면적인 무기 수출 금지에 나섰다. 그러나 1986년 미국에 한하여 무기체계 기술이전을 승인하는 예외를 처음으로 인정한 이후 미국과 미사일방어체계의 공동개발 및 생산, 미국을 통한 제3국 수출 등을 부분적으로 추진하였다.[91]

이후 2011년에는 무기 수출 3원칙을 대폭 완화하여 기본이념은 유지하되 예외 규정을 통해 우방국과 공동으로 전투기 등을 개발 및 생산하고 인도적인 목적에 한하여 일부 국방물자의 수출도 가능하도록 수정하였다. 2014년에는 그동안 방산수출을 규제해 온 무기 수출 3원칙을 47년 만에 '방산장비 이전 3원칙'으로 전면 개정하고 수출을 통한 방위산업을 육성하는 방향으로 정책을 전환하였다. 정책 전환 이후 패트리어트(Patriot) 유도무기체계에 사용되는 고성능 센서를 미국에 수출하는 등 방산수출을 본격적으로 추진하였다. 하지만 이때까지만 해도 미국과의 공동연구개발은 제한된 범위 내에서 수행되었으며, 그 사례도 수 건에 불과하였다.

당시 오바마 행정부(2009~2017년)는 북한의 핵에 대하여 '전략적 인내(Strategic

---

90 | 김한경, "장원준 산업연구원 연구위원, 한미 상호국방조달협정(RDP-MOU) 체결 관련 해법 제시", 뉴스투데이, 2022.4.21.

91 | 박태준, "미국의 FMS와 한국의 방산수출전략", 북코리아, 2015, pp3~4.

Patience) 정책'으로 대응하였으나, 북한이 2012년 12월 장거리 로켓을 발사하고, 2013년 2월에는 3차 핵실험을 강행하자 전략적 무관심이 북핵을 방치해 왔다는 비판에 직면하였다. 이러한 상황에서 북한의 대륙간탄도미사일 위협에 대비한 대탄도탄의 신속한 개발을 위해 일본의 기술력이 필요했던 미국 정부는 공동연구개발을 촉진하기 위하여 2016년에 25번째로 일본과 RDP를 체결하였다. RDP 체결에 따라 미국의 Raytheon과 일본 Mitsubishi Electric은 SM-3 Block ⅡA 미사일을 공동으로 연구개발하게 되었다.

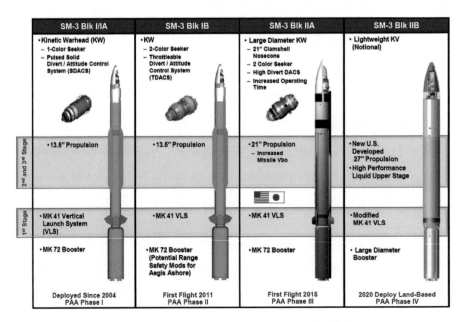

〈미국과 일본의 SM-3 Block ⅡA 공동연구개발〉

SM-3 Block ⅡA는 대기권상에서 미사일을 인터셉트(Intercept)하는 미사일 방어 체계이다. Mitsubishi Electric은 센서와 전자기술을 담당하여 SM-3 Block ⅡA 미사일 시스템에서 사용되는 적외선 센서 기술을 개발하였는데, 이 기술은 대기권상에서 이동하는 대량의 미사일을 감지하고 식별하는 능력을 갖추고 있으며, 미사일 방어에 있어서 매우 중요한 역할을 한다. 또한, Mitsubishi Electric은 미사일의 제어와 타격 지점 결정 등에 필수적인 기능을 담당하는 전자기술을 개발하였다. 이처럼 Mitsubishi Electric은 세계 방산수출 4위 Raytheon과 함께 SM-3 Block ⅡA 미사일 시스템의 센서와 전자기술 분야에서 핵심적인 기술을 개발하였다.

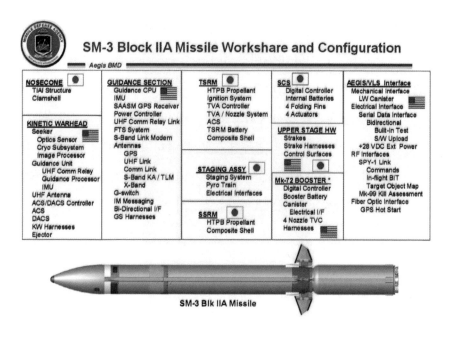

〈Raytheon과 Mitsubishi Electric의 공동연구개발 역할분담〉

2014년 아베 신조(安倍晋三) 내각은 무기체계 및 국방과학기술의 수출을 원칙적으로 금지한 무기 수출 3원칙을 '방산장비 이전 3원칙'으로 개정하였다. 이후 2016년에 일본은 미국과 RDP를 체결하였다. 일본은 수출을 통해 방위산업을 육성하는 것으로 정책을 전환한 이후 RDP라는 국제적으로 공인된 협정을 통해 대외적으로 인정받고 싶었던 것이며, 미국으로서는 일본의 우수한 기술을 활용하여 연구비용은 줄이면서 향상된 성능의 무기체계를 공동개발하고자 했던 것이다.

RDP의 주된 목적인 합리화·표준화·상호운용성을 달성하기 위해 미국과 일본은 서로 다른 기술과 규격을 공유하고 적용하여 SM-3 Block II 미사일 시스템을 공동으로 연구개발함으로써 우수한 성능의 무기체계를 보유하게 되었다. 이를 통해 미국과 일본은 더 강력한 안보관계를 구축하고, 군수품 및 장비 분야에서의 협력을 강화함으로써, 합리적이고 효율적인 군수비용을 유지할 수 있게 되었다. 결국 일본은 2016년 MOU 체결 당시 내부적으로 방산시장의 잠식 우려로 인한 반대의 목소리가 있었으나, 2021년에는 기존 MOU의 내용 변경 없이 10년 연장하는 데 서명했다.[92]

반면 한국은 그동안 방위사업청을 중심으로 미국과의 공동연구개발 등을 추진해 왔으나, 내세울 만한 성과를 보지 못하고 있다. 하지만 이제 국내의 국방과학기술이 일정 수준에 도달한 만큼 미국과의 공동연구개발을 통하여 기술력을 확보하고 해외수출 판로를 확대해 나가야 할 때이다. 일본과 같이 RDP를 체결하면서 공동연구개발이 활성화될 수 있는 발판을 마련하는 데 역량을 집중하는 전략이 필요하다.

7.2.2 (사례 #2) 호주의 FMS 구매국 지위 상승

FMS(Foreign Military Sales, 대외군사판매)는 미국의 대외지원법(Foreign Assistance Act) 및 무기수출통제법(Arms Export Control Act)에 근거하여 미국 행정부가 안보지원(Security Assistance) 정책의 일환으로 우방국 정부 또는 국제기구와 협약을 통해 국방물자·장비 및 용역 등을 판매하는 제도[93]를 말한다. 미국의 최첨단 무기체계 및 전략무기 대부분은 의회의 수출승인을 받아 FMS를 통해 해외로 수출되고 있는데, 미국 행

---

92 | 김한경, "장원준 산업연구원 연구위원, 한미 상호국방조달협정(RDP-MOU) 체결 관련 해법 제시", 뉴스투데이, 2022.4.21.

93 | 박태준, "미국의 FMS와 한국의 방산수출전략", 북코리아, 2015, p61.

정부는 FMS를 통해 수출하는 우방국 구매국을 4개의 그룹으로 구분하여 그 지위에 따라 차별적인 혜택을 부여하고 있다.

과거	현재
· 1그룹(NATO): NATO 회원국(26개국) · 2그룹(NATO+3): 일본, 호주, 뉴질랜드 · 3그룹(Major Non-NATO Allies): 非나토 주요동맹국(한국, 이스라엘, 이집트, 요르단, 바레인, 태국 등)	· 1그룹(NATO): NATO 회원국(26개국) · 2그룹(NATO+5): 일본, 호주, 뉴질랜드, 이스라엘('06년), 한국('08년) · 3그룹(Major Non-NATO Allies): 非나토 주요동맹국(이집트, 요르단, 바레인, 태국 등) · 4그룹(Friendly Foreign Nations): 기타 우방국

〈FMS 구매국 분류기준〉

FMS 구매국 지위가 높을수록 미국 의회의 FMS 수출승인을 위한 심의기간의 단축, 구매금액 통보기준 상향 등의 우대가 제공되며, 무엇보다 미국과의 군사동맹의 강화 및 발전이라는 상징적인 효과가 있다. 그동안 미국이 대외적인 군사 · 외교정책의 수립과 추진 과정에서 상대국의 군사동맹 수준을 판단하는 주요 기준은 그 국가가 NATO+5에 포함되는지 여부였다. 이 국가들은 미국과 정치 · 군사적 이해관계가 대체적으로 일치하고 각종 군사 · 외교정책에 있어 미국에 우호적인 것으로 간주되기 때문에 무기 수출 과정에서 편익을 제공하고 있는 것이다.

이러한 이유로 FMS 구매국들은 높은 FMS 구매국 지위를 희망하고 있다. 호주는 FMS 구매국 지위 향상을 위해 노력하였음에도 오랫동안 3그룹(Major Non-NATO Allies, 나토가 아닌 동맹국)에 머물러 있었다. 무기체계의 대부분을 미국에 의존하고 있는 상황에서 FMS를 통한 다양한 첨단무기의 획득이 필요했던 호주는 RDP를 체결하면서 FMS 구매국 지위의 상향을 요구했다.[94] 미국은 현재 호주를 비롯한 일본, 뉴질랜드, 이스라엘, 한국의 5개국에 대해 FMS 구매국 지위로 2그룹(NATO+5, 나토 외 5

---

94 | SMI(안보경영연구원), "한미 상호 국방조달협정의 방위산업 영향성 분석", 2020.2., p84.

개국)의 지위를 부여하고 있다.

한국은 과거 NATO 회원국보다 많은 무기체계를 미국으로부터 구매하였고, 한반도에서 한국의 전략적 중요성에도 불구하고 상대적으로 낮은 3그룹 지위를 부여받았었다. 1990년대 중반부터 지위 향상을 위해 노력하였으나, 미국 정부의 미온적인 태도로 진전이 없었다. 이후 북한의 핵실험 등으로 동북아 안보 불안정이 심화되고, 한미 동맹 강화 필요성에 대한 양국의 공감대 확산 등으로 2006년부터 논의가 활발히 진행되어 2008년 미국 대통령이 무기수출통제법(Arms Export Control Act) 개정조항을 포함한 군함이전법(Naval Vessel Transfer Act)에 서명함으로써 현재는 이스라엘과 함께 3그룹에서 2그룹(NATO+5)으로 격상되었다.

7.2.3 RDP 체결을 계기로 한미 공동연구개발 확대

앞서 RDP를 체결한 6개국에 대한 정량적 분석 결과, RDP 체결 이후 대체로 방위산업에 긍정적인 효과를 나타낸 것으로 보이지만, 방위산업이 모두 뚜렷하게 활성화되었다거나 방산수출이 크게 증가하였는지는 명확하지 않다. 방위산업에 영향을 미치는 국내외 다양한 외생변수가 많기 때문에 RDP 체결이라는 독립변수에 의한 영향성을 확인하는 것이 쉽지 않기 때문이다. 방위산업은 글로벌 안보환경 외에도 방위산업에 대한 정부의 정책적 지원, 국방과학기술 수준, 주변국과의 현실적인 군사적 긴장 관계 등 국내·외 다양한 외생변수에 의해 크게 영향을 받기 때문에 단순히 미국과 RDP를 체결하는 것만으로 단기간에 수출 또는 수입에 큰 변화가 발생하지는 않을 것이다. 결국 RDP 체결하는 것만으로 한국의 방산수출이 획기적으로 증가할 것이라는 막연한 기대는 위험하다.

또한, 미국은 의회를 중심으로 자국의 방위산업 및 방산업체를 보호하기 위한 다양

미국의 RDP와 한국의 방산수출전략

한 법률과 제도를 시행하고 있는 반면, RDP는 BAA · 국제수지프로그램 · 관세 등의 면제와 같이 제한적인 분야에서만 작동하며 그마저도 28개국에 대한 전체 면제 규모를 철저히 통제하고 있다. 미국 국방부는 매년 회계연도에 외국 방산업체에 대한 구매 및 BAA 적용 면제 등과 관련된 데이터를 의회에 보고하도록 강제되어 있으며,[95] 이를 통해 의회가 면제 규모 등을 철저히 통제하고 있다. 이와 같은 의회의 감시와 통제 속에서 트럼프에 이어 바이든 행정부도 대통령 행정명령 등을 통해 연방조달에서의 미국산우선구매를 강력히 추진하고 있어, 현재 수준 이상으로 미국시장을 확대하여 개방하지는 않을 것 같다. 유럽의 Daniel Fiott가 언급한 것과 같이 미국이 RDP에 대한 주도권을 가지고 미국 방산시장에 대한 개방 규모를 조정하고 있기 때문에 무한정 확장이 가능한 시장이 아니며,[96] 미국 연방정부조달의 2~3% 미만 규모에서 RDP 체결국 간의 점유율 전쟁이 될 것이다.

다만, 세계 9위의 방산수출 실적을 보유하고 글로벌 방산수출 확대를 목표로 하는 한국에게는 RDP가 대단히 유용한 접근방식으로 활용될 수 있을 것이다. RDP는 국내 방위산업을 발전시켜 해외수출을 확대하는 일종의 도구(Tool) 내지는 상호협력을 위한 프레임워크(Framework)로서 체결국이 어떻게 활용하는지에 따라 그 영향이 크게 달라질 수 있기 때문이다. 따라서 한국은 RDP 체결을 통해 미국 방산시장에서의 큰 수출 성과에 목표를 두기보다는 일본의 사례에서와 같이 RDP를 지렛대로 삼아 K-방산의 강점은 극대화하고, 약점은 최소화할 수 있는 한국형 협력모델을 구축하여 글로벌 방산시장으로 영역을 확대하는 전략이 필요하다. 그 첫 번째가 공동연구개발이다. RDP를 통해 미국과의 공동연구개발을 통해 첨단 국방과학기술을 교류하고, 미국 방

---

95 | US Department of Defence, "DoD Purchases from Foreign Entities(FY2004-FY2017)", https://www.acq. osd.mil/dpap/cpic/cp/DoD_purchases_from_foreign_entities.html.

96 | Daniel Fiott, "THE POISON PILL; EU defence on US terms?", European Union Institute for Security Studies, Brief 7, 2019, p4.

산시장에 진출하여 기술력과 품질을 인정받아 글로벌 방산수출 경쟁력을 확보하는 디딤돌로 삼아야 할 것이다.

세계가 당면한 기술개발의 환경 변화로 인하여 공동연구개발은 국가 간 협력관계에서 중요한 이슈로 부각되어 왔다. 과거의 단순한 체계에 적용되었던 과학기술에 비해 최근에는 인공위성, 미사일 정밀요격, 인공지능 등 최첨단 과학기술이 국방 분야에 적용되면서 막대한 연구비용이 소요되고 있으며, 결과적으로 연구개발 실패 위험도 증가하고 있다. 기술발전 속도도 기하급수적으로 빨라지고 있어 개발기간 단축의 중요성이 커지고 있다. 소요로부터 연구개발, 시험평가 등 오랜 시간이 소요되는 방위산업 특성으로 인하여 설령 개발에 성공하더라도 개발된 무기체계에 적용된 국방과학기술이 이미 진부한 기술이 되는 경우가 증가하고 있다. 공동연구개발을 통한 개발기간 단축이 강조되는 이유이다. 이와 더불어 과학기술의 융·복합화가 급진전됨에 따라 연구개발의 효율성을 제고하는 방안으로 국제 공동연구개발이 주목받고 있다.

현대·삼성·LG 등 국내 대기업을 중심으로 자동차·조선·반도체·5G 등 민수 분야에서 세계적인 기술력을 인정받고 있으며, 글로벌 방산시장에서도 수출이 크게 확대되고 있는 현재의 강점을 활용하기 위해서는 무엇보다도 한미 공동연구개발을 활성화해야 한다. 방위사업청에서는 미국 등과의 국제공동연구개발을 추진하여 왔으나, 가시적으로 성과를 내지 못하고 있다. 미국과의 공동소요·공동연구개발·공동생산·제3국 수출 공동마케팅 등으로 이어지는 방산협력은 현재로서는 매우 요원해 보인다. 일본은 RDP를 체결한 이후 SM-3 Block-II 미사일 공동연구개발을 완료하였고, 극초음속 미사일을 요격할 수 있는 신형 미사일을 공동연구개발할 예정이라고 한다.

현재 한국의 국제 공동연구개발은 세계의 우수한 기술을 활용하여 전략적으로 집중육성이 필요한 미래 무기체계 핵심기술에 대해 국방과학연구소 주관으로 응용연구 수준으로 진행되어 왔으며 2023년부터는 산·학·연 주관까지 확대되는 단계이다.

따라서 RDP 연구개발은 미국과 한국의 산·학·연(국방과학연구소 포함)이 핵심기술을 넘어 무기체계에 대한 공동연구개발이 가능한 수준까지 확대되도록 추진되어야 할 것이다. 이러한 공동연구개발은 연구개발 초기 단계부터 적용되어야 한다. 한국과 미국의 국방과학기술 수준을 고려하여 각각의 장점을 가진 분야 위주로 적절한 역할분담을 통하여 공동연구개발을 활성화함으로써 일차적으로는 연구인력의 기술 교류 확대를 통한 선진 국방과학기술을 축적하고, 궁극적으로는 공동소요, 공동개발, 공동생산 및 공동마케팅까지 아우르는 3세대 방산협력으로 연결되도록 해야 할 것이다.

최근 2023년 5월 미국 국방부는 전략적인 경쟁자인 중국과 당면 위협인 러시아에 대응하기 위한 전략으로 국방과학기술전략(National Defense Science & Technology Strategy 2023)을 발표했다. 미국 국방부는 중국이나 러시아 등에 대한 대응으로 과학기술 측면에서 지속적인 우위를 유지해야 하며 이를 위해 동맹국 및 연합국과의 지속적인 소통과 협력이 필요함을 강조했다. 이를 통해 동맹국 및 연합국과의 국방 과학기술 협력을 강화할 것임을 밝히면서, 협력 파트너로 NATO, 오커스(AUKUS: 미국·영국·호주), 파이브 아이즈(Five Eyes: 미국·영국·캐나다·호주·뉴질랜드), 쿼드(Quad: 미국·일본·호주·인도) 등을 언급하고 있다. 특히, 국제 파트너십이 과학기술개발을 강화하는 데 중요하며, 동맹국 간의 생산능력을 증가시키고 전반적인 위협을 방지하기 위해서는 기존 다자간 협정을 확대할 것을 요구하고 있다. 따라서 한국도 이러한 글로벌 안보환경이 호기임을 인식하여 RDP 체결을 통하여 공동연구개발을 포함한 국방협력을 확대함으로써 글로벌 방산강국으로 발돋움하는 기회로 삼아야 할 것이다. 특히, 세계 최고 군사대국인 미국과의 공동연구개발은 연구개발비용의 분담, 국방과학기술의 상호 보완, 기술 교류 활성화를 촉진하고 제3국 수출을 위한 공동마케팅을 통한 글로벌 방산수출 확대로 이어질 것이다.

앞서 살펴본 바와 같이 RDP 체결로 인하여 BAA 적용을 면제받아 진출할 수 있는 미국 방산시장은 4조 원대로 제한되지만, 그럼에도 불구하고 RDP 체결을 통해 미국 방산시장에 진입해야 한다. 먼저, 미국과의 공동연구개발이 실현되려면 서로의 Needs가 충족되어야 한다. RDP를 체결했다고 갑자기 공동연구개발이 활성화되는 것은 아니다. 기존에는 미국과 공동연구개발을 수행하기 위한 구체적인 대상선정, 절차, 방법 등의 협의가 제한되었으니 RDP 체결 초기에는 정례적인 회의를 통해 서로의 Needs를 구체적으로 파악하여 공동연구개발로 이어지는 계기를 만들어 가도록 해야 할 것이다.

국내 방산업체가 개별적으로 미국 정부기관이나 미국의 글로벌 방산업체와 협력하려면 매우 오랜 시간과 힘든 과정을 거쳐야 한다. 따라서 매년 정례적으로 개최되는 RDP 한·미 고위급(Top-Level) 회의체에서 양국의 공동연구개발 소요를 검토하고 발굴하여 구체적인 공동연구개발 방안을 결정할 수 있도록 함으로써 공동연구개발을 활성화할 수 있는 기반을 마련해야 한다. 예를 들어, 무인로봇 공동연구개발, 무인함정 공동연구개발, 미국 해군 7함대 MRO 등은 언제라도 상호협력이 가능한 분야로서 양국 간 실질적인 연구개발 정보공유로부터 공동개발을 통해 자연스럽게 기술 교류가 되도록 해야 한다. 다만, 단기적으로는 미국 방산시장에서의 수출 확대보다는 공동연구개발의 활성화에 목표를 두어 추진하되, 중장기적으로는 기술협력 수준을 넘어서 핵심기술·부품단위·체계단위 공동연구개발로 점차 그 범위를 확대해야 한다.

핵심기술 또는 이중용도 기술(Dual-Use Technology) 분야의 공동연구개발도 좋은 협력모델이 될 수 있다. 다음에서 보는 바와 2017년 기준 미국의 주요 6개 방산기업[97]의 계약금액 중 방산부문(Defense Business) 대비 상용부문(Commercial Business)의 계약은 지속적으로 증가하는 추세이다. 이는 상용부문의 소요가 많기도 하지만, 상용기술의 성능개량을 통해 군용으로 전환하여 사용하는 기술도 많기 때문이다. 특히, 미국은 한국의 5G 이동통신 기술과 인공지능 등에 큰 관심을 가지고 있으며, 최근에도

---

97 | Boeing, General Dynamics, BAE Systems, Raytheon, Lockheed Martin, Northrop Grumman(2017년 기준)

한미 방산기술협력위원회(Defense Technological Industrial Cooperation Committee, 이하 DITIC) 등을 통해 공동연구(또는 응용연구) 소요를 발굴하고 있다.[98] 따라서 RDP 체결을 통해 한국이 상대적으로 우위를 보유한 분야의 핵심기술 또는 이중용도 기술의 공동연구개발의 활성화를 통하여 중장기적으로 부품 단위에서 체계 단위의 공동연구개발로 확대해 나가도록 해야 하겠다.

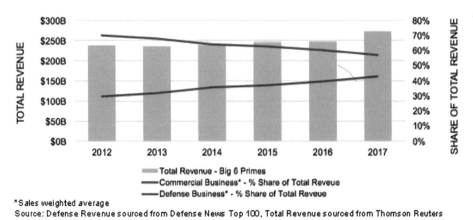

〈미국 주요 6개 방산업체의 2012~2017년간 군용/민수 매출 현황〉[99]

RDP를 통하여 공동연구개발을 확대하는 것은 매우 중요하다. 그 자체로 경제적 효과는 미미하겠지만, 미국과의 기술 교류를 통해 자연스럽게 미국의 첨단 국방과학기술을 접할 수 있는 기회를 확대하고, 미국 방산시장에서 K-방산의 기술력을 인정받아 글로벌 경쟁력을 확보할 수 있기 때문이다. 또한, 공동연구개발·공동생산·공동판매 등으로 발전시켜 미국의 글로벌 공급망을 통해 유럽 등 다양한 국가와의 방산

---

98 | 국방기술품질원, "미국 방산시장 동향분석 보고서", 2020.2., p151.

99 | VentureOutsorce.com staff, "Top military electronic defense primes diversify, win lion's share Pentagon procurement budget", VentureOutsorce.com

협력을 확대해 나갈 수 있는 좋은 기회를 마련할 수 있을 것이다.

7.3 RDP 상호운용성을 활용한 글로벌 방산수출의 확대

RDP를 체결하는 것으로 거대한 미국 방산시장이 열리는 것이 아니라, RDP를 체결한 28개국에 대하여 철저히 미국 정부에 의해 통제되는 작은 시장만을 제한적으로 개방되고 있다. 하지만 한국은 눈앞의 작은 시장이 아니라, 그 뒤에 놓인 거대한 시장을 바라보고 RDP를 체결하여 미국 방산시장에 적극적으로 진출해야 한다.

아직까지 미국 방산시장에서 입지가 매우 좁은 한국에 있어 RDP의 효용성은 미국 방산시장에서 가격 경쟁력을 확보할 수 있다는 것과 미국과 상호 방산협력을 할 수 있는 토대를 마련할 수 있다는 것이다. 이를 통해 미국을 중심으로 한 글로벌 공급망에 참여하여 경쟁력을 인정받고 해외로 방산수출 시장을 확대해야 한다. 특히, RDP는 상호운용성을 강조하고 있으므로 글로벌 경쟁력을 갖추고 미국을 포함한 우방국과의 협력관계를 잘 유지한다면 방산수출 대상을 다양한 우방국들로 확대할 수 있을 것이다.

7.3.1 폴란드와 루마니아 사례

한화에어로스페이스의 K-9 자주포 수출은 한국이 RDP를 어떻게 활용해야 하는지를 보여 주는 좋은 사례이다. 한화에어로스페이스는 2022년 폴란드와 대규모 방산수출 계약을 성사한 이후 최근에는 인접한 루마니아와의 수출협상도 긍정적으로 진행

미국의 RDP와 한국의 방산수출전략

중이다. 루마니아는 아직까지 RDP를 체결하고 있지는 않지만, 2004년에 NATO 회원국이 되었다. 폴란드가 한국으로부터 K-2 흑표전차, K-9 자주포, FA-50 경전투기, K239 천무 다련장 로켓포 구매계약을 체결한 이후 루마니아도 K-9 구매를 검토중이다. 루마니아가 K-9의 구매를 검토하게 된 배경으로는 뛰어난 성능, 상대적으로 매력적인 가격, 신속한 조달 및 후속군수지원 등 최근 K-방산의 열기로 인한 원인도 있으나, 안보 측면에서는 인접국가인 폴란드가 같은 NATO 회원국으로서 상호운용성 측면도 고려된 것으로 알려져 있다.

북대서양조약 제5조는 전체 회원국 가운데 어느 국가가 외부로부터 공격을 받으면 이를 NATO에 대한 위협으로 간주하고, 필요하다면 모든 회원국이 공격받은 회원국을 위해 군사력을 사용하는 집단방위원칙을 따르고 있다. 이에 따라 효율적이고 원활한 합동작전을 수행하기 위해 국방 분야에서 RDP 기본원칙인 상호운용성, 표준화 등을 매우 중요시하고 있다. 과거에도 폴란드나 루마니아는 NATO 회원국으로서 상호운용성을 향상시키기 위해 같은 무기를 구매하는 사례가 종종 있었다고 한다.

폴란드는 NATO 회원국으로서 2011년에 RDP를 체결하였는데, 러시아의 우크라이나 침공 이후 군비 현대화를 위하여 2022년에 한국과 K-2전차, K-9 자주포 등 20조 원 규모의 방산계약을 체결했다. 폴란드는 지리적으로 우크라이나, 리투아니아, 독일, 체코, 루마니아 등 7개국과 국경을 인접하고 있으며 이들은 모두 RDP 체결국이거나 NATO 회원국이다. 향후 상호운용성을 매개로 유럽 및 NATO 회원국으로 한국의 방산수출이 확대될 가능성이 높다. 한국도 RDP를 체결하여 RDP 체결국 및 유럽 NATO 회원국과의 협력을 강화하여 한국의 방산수출이 확산되도록 해야 한다.

〈폴란드와 영토를 인접하고 있는 NATO 국가들〉

7.3.2 미국을 믿고 글로벌 공급망에 올라타라

폴란드와 루마니아의 사례와 같이 미국을 중심으로 한 글로벌 공급망에 올라타야
한다. 미국은 국제질서를 유지하기 위하여 다양한 국가들과 동맹을 강화하고 있으며,
특히 중국과의 패권경쟁이 격화되면서 탈동조화(De-Coupling)를 추진하고 안보 분야
에서는 중국을 제외한 글로벌 공급망을 구축하기 위해 노력하고 있다. 미국 입장에서
는 중국의 영향력을 벗어나 주요 무기체계 구성품 및 부품 등의 안정적인 수급이 보장
되도록 충분한 글로벌 공급망을 확보하는 것이 절실하기 때문이다. 이에 따라 우방국

미국의 RDP와 한국의 방산수출전략

을 대상으로 글로벌 공급망을 확대 및 다각화를 위해 노력하고 있으며, 한국이 RDP 체결을 통해 미국 방산시장에 진입하게 된다면 상호운용성과 표준화를 기반으로 미국을 포함하여 더 많은 동맹국들과도 방산협력을 확대해 나갈 수 있을 것이다.

미국은 NATO 조약 및 RDP 체결을 통해 동맹국과 긴밀한 국방협력을 해 오고 있다. NATO는 냉전시대 소련의 공산주의 세력에 대항하기 위하여 1949년 북아메리카와 유럽의 31개국이 참여하여 창설되었다. NATO의 31개 회원국은 북아메리카 2개국(미국, 캐나다)과 유럽 29개국이며, 아이슬란드를 제외한 모든 회원국들이 군대조직을 보유하고 있다.

RDP를 체결한 28개국 중 스위스, 이스라엘, 이집트, 오스트리아, 호주, 일본 6개국을 제외한 22개국(79%)이 NATO 회원국이다. 2022년 러시아의 우크라이나 침

구분	국가	RDP 체결	NATO 체결	구분	국가	RDP 체결	NATO 체결	구분	국가	RDP 체결	NATO 체결
1	미국	1963~	1949	14	스페인	1982	1982	27	에스토니아	2016	2004
2	캐나다	1963	1949	15	그리스	1986	1952	28	라트비아	2017	2004
3	스위스	1975	×	16	스웨덴	1987	진행	29	리투아니아	2021	2004
4	영국	1975	1949	17	이스라엘	1987	×	30	아이슬란드	×	1949
5	노르웨이	1978	1949	18	이집트	1988	×	31	헝가리	×	1999
6	프랑스	1978	1949	19	오스트리아	1991	×	32	불가리아	×	2004
7	네덜란드	1978	1949	20	핀란드	1991	2023	33	루마니아	×	2004
8	이탈리아	1978	1949	21	호주	1995	×	34	슬로바키아	×	2004
9	독일	1978	1955	22	룩셈부르크	2010	1949	35	알바니아	×	2009
10	포르투갈	1979	1949	23	폴란드	2011	1999	36	크로아티아	×	2009
11	벨기에	1979	1949	24	체코	2012	1999	37	몬테네그로	×	2017
12	덴마크	1980	1949	25	슬로베니아	2016	2004	38	북마케도냐	×	2020
13	튀르키예	1980	1952	26	일본	2016	×				

〈RDP 체결국 및 북대서양 조약기구 회원국 현황〉

공 이후에는 냉전 시기 중립국의 위치를 지켰던 스웨덴과 핀란드가 러시아의 군사적 위협에 대항하기 위해 2022년 가입 신청서를 냈다. 2023년 4월 핀란드가 31번째 회원국으로 추가되었으며, 스웨덴은 인준절차가 진행 중이다. 다음은 RDP 체결국 및 NATO 회원국 현황이다.

미국은 동맹국들과 상호운용성을 제고하기 위하여 미국산 또는 미국이 구매한 제3국 장비를 함께 사용하는 등 군사적으로 더욱 밀착하게 된다. 1995년 미국과 RDP를 체결한 호주는 상호호환성에 가장 적극적인 국가에 속한다. 호주는 미국·영국과의 안보동맹인 오커스(AUKUS)를 통해 핵추진잠수함 공동개발을 추진 중이며, 미국의 F-35 전투기 및 AH-64 공격헬기 등을 구매하였다. 그리고 미국은 영국·호주 등이 운용하는 보잉사의 E-7 공중조기경보통제기를 도입하기로 하는 등 상호운용성을 제고함으로써 국방협력을 강화하고 있다.

RDP와 연결하여 생각하면, RDP 체결을 통해 미국을 중심으로 한 글로벌 공급망에 한국이 참여하게 됨을 의미한다. 이는 단순히 미국만이 아니라 그 NATO 동맹국 또는 RDP 체결국 전체를 잠재적인 방산협력 파트너로 갖게 됨을 의미하는 것이다. NATO 비회원인 한국도 RDP를 체결함으로써 일차적으로는 미국으로 진출하여 글로벌 경쟁력을 인정받고, 이를 디딤돌로 삼아 RDP 28개국 및 NATO 회원국과도 협력관계를 확대해야 하겠다.

7.4 상호 Needs를 충족시킬 수 있는 한미 방산협력모델 발굴

중국과의 패권경쟁에서 아시아-태평양 전략으로 대응하고 있는 미국 입장에서 아시아에서 일본과 함께 한국의 역할이 그 어느 때보다 중요해지고 있다. 따라서 미국의

미국의 RDP와 한국의 방산수출전략

필요(Needs)를 정확히 파악하고 이를 충족시킬 수 있는 방산협력 방안을 제시해야한다. 이러한 측면에서 한국과 미국 서로의 Needs는 있으나, 법이나 제도로 인하여 제한되는 분야도 함께 고려해 볼 수 있다. 대표적인 분야가 바로 함정이다.

2012년부터 2021년까지 미국의 장비별 무기수입 비중을 살펴보면 항공기(37%)에 이어 함정이 15.9%로서 두 번째로 큰 비중을 차지하고 있다. Jones Act에 의해 해외에서의 함정 건조(Shipbuilding) 및 정비(Maintenance, Repair and Overhaul, 이하 MRO)가 엄격히 제한되는 점을 고려할 때, 이는 대부분 함정과 관련된 부품들이 대부분이었을 것으로 추정된다. 미국이 2023년 초에 한국의 조선소를 방문했을 때도 글로벌 공급망에 대하여 큰 관심을 보였던 것도 탈중국화와 관련된 글로벌 공급망 확보 측면인 것으로 판단된다. 이러한 미국의 Needs를 철저히 공략할 필요가 있다.

다른 체계와는 달리 함정 분야는 BAA 외에도 Jones Act의 제한을 받는다. 즉, RDP를 체결했다 하더라도 BAA 적용의 면제를 받을 수는 있겠지만, Jones Act로 인하여 미국 수출이 불가하다. 세계 제1위의 선반 건조 능력을 보유하여 미국 대비 상대적으로 월등한 경쟁력을 확보하고 있음에도 이러한 Jones Act로 인하여 미국으로의 함정수출이 현재로서는 제한된다. 미국은 중국과의 해양 주도권 경쟁이 가열되는 가운데, 이에 대응하기 위한 함정 건조소요가 크게 증가하고 있음에도 불구하고 중국과 비교하여 필요한 함정을 생산하지 못하고 있어 해군력의 격차가 급격히 줄어들고 있으며, 태평양사령부의 7함대에서 보는 바와 같이 빈번한 작전수행 및 MRO 능력의 초과로 적시에 정비가 이루어지지 않고 있어 연이은 사고가 발생하기도 하였다. 따라서 미국 행정부는 아웃소싱을 포함한 해결방안을 모색할 필요가 있으나, 의회의 Jones Act를 통한 규제를 우선적으로 해소해야 하는 어려움이 있다.

물론 Jones Act도 대통령이 인정하는 예외의 경우에는 적용을 면제받을 수 있다. 미국산우선구매법은 대부분 공공이익을 위해서는 예외적인 적용이 가능토록 규정되어 있어 국익을 위해 필요하다고 인정하는 경우 개방이 가능할 수도 있다. 최근 미국 해군을 중심으로 이러한 요구가 나오고 있으며, 2023년 6월에는 미국 여론조사 기관인 리얼클리어디펜스(realcleardefense.com)에 Jones Act에 대한 개정을 요구하는 기사가 게재되기도 하였다.[100] 갈수록 심화되는 남중국해에서의 해상전력 격차가 급격히 줄어들고 있어 미국 내에서도 일본이나 한국 등에 아웃소싱을 추진해야 하며, 이를 위해 Jones Act의 예외적용 또는 개정을 요구하는 여론이 형성되고 있어 한국도 이에 대한 준비를 해야 할 것이다.

이러한 첫걸음이 바로 RDP 체결이다. RDP를 체결하고 있지 않으면 설령 Jones Act의 적용을 면제하는 것으로 결정된다 하더라도 BAA의 차별적인 비용 부과로 가격 경쟁력을 잃게 되기 때문이다. 따라서 함정 분야에서는 Jones Act로 인한 규제가 있기 때문에 RDP 체결이 의미 없다는 시각은 바뀌어야 한다. 참고로 미국에서는 해외 아웃소싱 대상으로 일본 또는 한국을 고려하는 것으로 알려지고 있으며, 일본과는 실무적인 협의도 진행되고 있다고 한다. 과거로부터 국방협력 측면에서 일본이 미국에 더 우호적이었으며, 2016년에 이미 RDP를 체결하여 미국과 공동연구개발을 활발히 수행하고 있으며, 마야(Maya-class)급 이지스 구축함 건조, 태평양사령부 7함대사령부가 일본에 주둔하고 있는 점 등을 고려할 때, 미국이 일본을 아웃소싱 대상국으로 선택할 가능성은 결코 낮아 보이지 않는다.

한국도 세계 최고의 함정 건조 능력을 보유하고 있고 중국의 남중국해 및 7함대사령부와 인접해 있으며 최근 미국과의 국방협력도 활발히 진행되고 있어서 정부의 정책적인 의지만 있다면 충분한 경쟁력이 있다. 따라서 RDP 체결을 추진하는 과정에서 정부가 적극적으로 함정 수출 및 MRO와 관련하여 미국의 Needs를 충족시킬 수 있는 새로운 한미 방산협력모델을 발굴하여 미국에 선제적으로 제시하는 것도 필요하다.

---

100 | Patrick Drennan, "Should the U.S. Navy Outsource Shipbuilding to Japan and South Korea?", RealClear Defense, 2023.7.17. https://www.realcleardefense.com/articles/2023/07/17/should_the_us_navy_outsource_shipbuilding_to_japan_and_south_korea_966473.html

이에 대해서는 뒤에서 상세히 살펴보겠다.

7.5 RDP 체결로 FCT 활성화 촉진

미국의 해외제품비교시험평가제도(Foreign Comparative Test, 이하 FCT)를 더욱 활성화함으로써 미국 진출 기회를 확대할 필요성이 있다. FCT는 미국 국방부가 미국에서 생산되지 않는 동맹국의 우수한 장비 및 기술 등을 시험평가하여 필요한 군수품을 보다 빠르고 경제적으로 공급하기 위해 1980년에 도입한 해외조달 프로그램이다. 미국에서 생산되지 않는 해외 우수 방산제품 조달을 목적으로 미국과 동맹국 및 우방국의 기성제품(Non-Developmental Items: 개발이 완료되어 양산체제에 돌입할 수 있는 단계의 제품) 중에서 미군에 의해 소요가 제기된 품목을 시험평가하여 합격한 제품에 한하여 조달계약을 체결하고 있다. 시험평가는 FCT 비교시험국(Comparative Test Office)에서 주관하며, 합격품에 대한 조달 비용은 소요(Requirements)를 제기한 군에서 부담하고 있다. FCT는 군의 소요를 신속하고 경제적으로 충족하기 위해 높은 기술수준(Technology Readiness Level)을 갖춘 세계적 수준의 제품을 찾고, 평가하고, 현장에 배치하여 상당한 비용절감 효과를 거두고 있는 것으로 평가되고 있다.

FCT 책임자에 따르면 미군은 FCT를 통해 우수한 기술 및 가격 경쟁력을 갖춘 해외 자원을 활용함으로써 추가적인 연구개발 없이 신속하게 조달이 가능하였으며, 1980년 이후 40년 동안 FCT에 투자된 금액은 1.42백만 달러에 불과하였으나, 절감된 연구개발 비용은 약 6~7배 이상 되는 것으로 추산되고 있다고 한다.[101] 또한 기성제품

---

101 | Colonel Corey Beaverson, "Foreign Comparative Testing" USAF Global Capability Programs Office, 2021.8.18., https://ac.cto.mil/wp-content/uploads/2020/10/fct_overview_presentation_approved_7_14_2020.pdf

을 조달대상으로 선정함에 따라 개발에서부터 실전에 배치되는 기간이 6~7년에서 18~24개월로 단축되어 신속한 전력화가 가능하다고 한다. FCT 선정품목 중 대략 3분의 1이 최종적으로 미군에 의해 구매되고 있으며, 평균 10~15개의 새로운 FCT 프로그램이 선정되고 있다. 2021년 8월 이후 지금까지 미군은 FCT를 통해 281건의 품목(약 11백만 달러 이상 규모)을 구매한 것으로 알려지고 있다.

해외 방산업체 입장에서는 FCT 대상으로 선정되면 미국 방산시장에 진출할 수 있을 뿐만 아니라, 글로벌 방산시장에서도 수출 경쟁력을 인정받을 수 있는 좋은 기회다. 미국 국방부로부터 시험평가 예산 등을 지원받아 추가적인 연구개발을 통해 제품의 완성도를 높일 수도 있다. 미국 FCT 관련부서에서는 인공지능, 양자과학, 생명과학, 네트워크 · 센터 통합, 5G 넥스트(차세대 통신기술), 첨단소재, 신재생 에너지 등이 접목된 국산장비에 주목하고 있으며, 차세대 전투차량 · 대공미사일 방어체계 · 드론 연동체계 등 자율협동 플랫폼 · 차세대 보병장비 등에도 관심을 가지고 있다. 2.75인

〈다목적 무인차량 아리온-스멧(Arion-SMET)〉

미국의 RDP와 한국의 방산수출전략

치 유도로켓 '비궁'은 지난 2020년 7월 국내 개발 유도무기 중 처음으로 FCT 프로그램을 통과했으며, 한화에어로스페이스의 다목적 무인차량 '아리온-스멧(Arion-SMET)'은 2022년 11월 FCT 대상장비로 선정된 바 있다.[102]

FCT와 관련하여 많은 오해를 하고 있는 것이 있다. FCT는 미국에는 없는 해외 기성품을 미군이 직접 선정하기 때문에 자국산우선구매법과는 무관한 것으로 알고 있다는 것이다. 미국이 FCT 대상으로 선정하여 예산을 지원해 시험평가를 마칠 때까지는 BAA 적용이 되지 않기 때문에 그러한 오해가 발생하는 것 같다. 하지만 시험평가에 합격한 이후 미군이 구매를 결정하면 이때부터 BAA가 적용된다. 이러한 절차가 이해되지 않을 수도 있다. 미국에 없는 품목을 미군의 필요에 의해 FCT 대상으로 선정해서 시험평가도 거쳤는데, 왜 BAA 적용을 받아야 할까? 또는 설령 BAA 적용을 받아 비용이 더 부가되더라도 결국 미군이 그 비용을 다 지불할 것이니 문제없지 않을까?

이러한 질문에 대한 답을 얻기 위해서는 먼저 미국 의회와 행정부 간의 역할을 이해해야 한다. 앞서 미국의 정부수출제도인 FMS에 대하여 설명하면서 행정부가 무기 수출을 확대하고 싶어도 의회 승인이 나지 않으면 수출이 불가하다고 했다. 즉, 미국 의회는 행정부의 첨단무기체계 수출을 통해 첨단 국방과학기술의 유출 우려는 없는지, 수출로 인하여 미국 안보에 미치는 영향은 없는지, 미국 방산업체에 미치는 부작용은 없는지 등을 종합적으로 검토하여 승인하고 있다. 물론 미국 행정부도 이러한 측면을 모두 고려하여 결정하겠지만, 의회가 행정부를 견제하고 감시하는 역할을 수행하는 것이다.

이는 FCT에도 동일하게 적용된다. 의회는 설령 FCT 시험평가를 통과했더라도, 행정부의 해외구매를 제한하기 위하여 BAA를 적용하며, 이는 결과적으로 구매단가를 높이는 효과를 발생시키며, 결과적으로 정해진 예산 범위 내에서 행정부의 전체

---

102 │ 이종윤, "내주 미 국방부 FCT팀 방한…설명회·상담회 개최 K-방산 美시장 열리나", 파이낸셜 뉴스, 2023.2.17.

구매수량은 줄어들게 되면서 수입을 제한하는 것이다. 이 때문에 일부 해외업체들은 BAA를 회피하기 위하여 FCT로 수출하는 경우에도 미국에서 생산시설을 갖추어 미군에 납품하기도 한다. 하지만 RDP를 체결하면 BAA 적용을 받지 않기 때문에 차별적인 비용의 부과 없이 국내에서 생산하여 수출하는 것이 가능해진다. RDP 체결을 통해 더 효과적인 FCT 추진에 관한 논의를 구체화하고, 초기 연구개발부터 생산·마케팅 단계까지 미국과 공동으로 수행하는 3세대 방산협력으로 확대되도록 해야 하겠다.

7.6 Buying Power를 지렛대로 협력적 절충교역 추진

한국은 미국의 주요 방산수출국 중 하나로서 많은 첨단무기체계를 미국으로부터 구매하고 있다. SIPRI 자료에 따르면, 2015년에서 2019년 사이에 한국은 세계에서 4번째로 미국으로부터 가장 많은 무기를 수입한 국가이다.

2022년 방위사업청 통계[103]에 의하면 2017~2021년 5년 동안의 국외구매 무기도입 규모는 FMS(78,769억 원)와 상업구매(75,665억 원)를 합하여 15.4조 원(연평균 3.1조 원)으로서 FMS와 상업구매 비율이 각각 51%와 49%를 차지하였다. 상업구매 중 미국으로부터의 수입비중은 55.5%(41,943억 원)로 가장 큰 규모이다. FMS도 미국 정부로부터의 수입이므로 미국으로부터의 상업구매와 FMS를 모두 합하면 최근 5년간 국외구매의 78%인 12.1조 원 규모를 미국으로부터 구매한 것이다. 매년 평균 2.4조 원에 달하는 대규모이다.

---

103 | 방위사업청, "2022년도 방위사업 통계연보", 2022, p118.

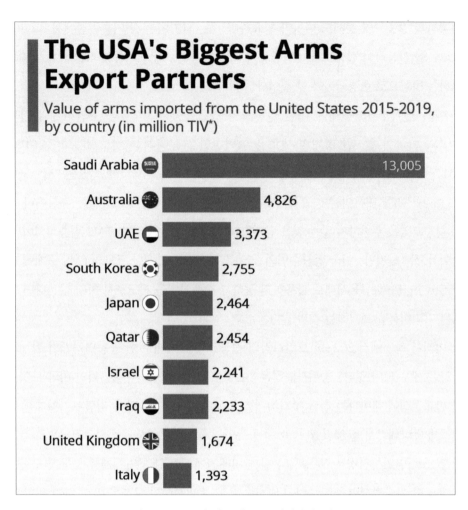

The USA's Biggest Arms Export Partners

Value of arms imported from the United States 2015-2019, by country (in million TIV*)

Saudi Arabia	13,005
Australia	4,826
UAE	3,373
South Korea	2,755
Japan	2,464
Qatar	2,454
Israel	2,241
Iraq	2,233
United Kingdom	1,674
Italy	1,393

〈2015~2019년 미국의 주요 방산수출국〉

그럼에도 불구하고, 미국과의 절충교역 실적에서 보는 바와 같이 제대로 Buying Power를 발휘하지 못하고 있다. 이는 한국의 국방과학기술이 발전되면서 기존 대비 첨단기술의 확보가 필요하지만, 미국에서는 의회 및 행정부가 강력한 기술통제를 하고 있어 절충교역을 통한 기술이전은 갈수록 어려워질 전망이다. 더불어 RDP 체결로 인하여 미국의 절충교역 축소 또는 폐지에 대한 압박은 더 거세질 수 있다. 따라서 미국과의 절충교역 정책도 변화가 필요하다. 즉, 과거의 무상 기술이전에서 Buying Power를 활용하여 절충교역이 마중물이 되어 공동연구개발을 통한 기술 교류를 활성화하는 방향으로 변경되어야 할 것이다.

예를 들어 FMS 구매에 대한 절충교역으로 공동연구개발을 제안하게 한다면 한국과 미국이 윈-윈 형태의 새로운 협력방안을 구축하는 것도 가능할 것이다. 2017~2021년의 미국으로부터의 방산수입의 약 65%를 차지하고 있는 FMS 구매 (78,769억 원)에 대하여 절충교역이 무상이 아니라 기본계약에 포함되는 유상이라 하여 절충교역을 추진하지 않는 것을 당연하게 생각해서는 안 된다. FMS 절충교역이 유상이라고는 하지만, 미국 방산수입의 65%를 차지하는 막대한 규모의 FMS 구매에 대한 Buying Power를 제대로 활용하지 못하고 절충교역을 시도조차 하지 않는다면 막대한 기회비용을 포기하는 것과 같다.

이러한 측면에서 2023년 보잉사와의 절충교역을 매개로 한 공동연구개발 활성화 방안은 매우 의미 있다. 방위사업청은 2023년 4월 세계 방산수출 3위인 미국 보잉사와 미래전쟁에 대비하는 첨단 무기체계를 공동으로 연구개발하는 '첨단무기체계 공동연구개발 양해각서'를 체결했다. 이번 공동연구개발은 보잉사와의 절충교역으로 추진된 것으로 방위사업청은 "보잉사와 함께 미래전에 대비한 무기체계를 공동 연구 · 개발해 국방 기술경쟁력을 확보하고 방산수출 확대의 선순환 구조를 마련"하기 위한 것이라고 밝혔다.

이처럼 FMS에 있어서도 보잉사와의 공동연구개발 양해각서와 같은 새로운 협력모델을 발굴하여 RDP 체결 과정에서 미국 정부에 요구해야 한다. 이는 외형상 절충교역으로 인한 경제적 이익은 없으나, 실질적으로는 미국의 세계적인 방산업체와의 공동연구개발 등을 통해 협력할 수 있는 마중물이 될 수는 있을 것이다. 특히, FMS 구매대상이 대부분 최첨단 무기체계인 점을 고려하여 절충교역을 통해 공동연구개발의 참여가 가능하다면, 미국의 첨단 국방과학기술에 접근할 수 있는 좋은 기회가 될 것이다.

미국은 RDP를 계기로 절충교역의 축소 또는 폐지 등을 요구할 수 있으며, 이러한 요구는 FMS와 상업구매 모두 해당될 것이다. FMS의 경우 미국 정부가 대외적으로 절충교역을 인정하지 않으며 설령 절충교역 계약을 체결하였더라도 그 비용을 모두 FMS 계약에 포함해 주고 있어 미국의 방산업체는 유리할 수 있으나, 방산기술의 유출을 꺼리는 미국 정부 입장에서 신경이 쓰이는 부분이기 때문이다. 상업구매의 경우에는 미국 정부가 이러한 통제도 가할 수 없어 더 강한 압박이 가해질 수 있다.

하지만 미국 국외조달의 35%를 차지하는 상업구매는 계약주체가 한국과 미국의 정부인 FMS와는 달리 한국 정부와 미국 방산업체이기 때문에 Buying Power를 최대로 발휘할 수 있도록 경쟁을 유도하고 절충교역을 추진해야 한다. 다만, 상업구매에서도 현실적으로 어려운 기술이전 등을 고집하기보다는 공동연구개발 등과 같이 정확한 방위산업 실태에 부합된 새로운 협력모델을 발굴하여 추진하는 것이 필요하다. 예를 들어 FMS나 상업구매에서 똑같이 공동연구개발을 절충교역으로 추진하더라도 비용, 기술 교류 범위 등을 구매형태에 따라 선별적으로 다르게 할 수 있을 것이다.

7.7 방산교역 불균형 해소방안 요구

한국과 미국 간의 방산교역 불균형은 매우 심각하다. SIPRI의 최근 10년간 한국과 미국의 수출입 현황을 비교해 보면 다음 그래프와 같다. 미국으로부터의 방산수입은 증가세를 유지하고 있으나, 방산수출은 지극히 미미한 수준이다. 방산교역에서의 이러한 극심한 불균형은 수십 년 동안 계속되고 있다.

물론 여기에는 고도화되는 북한의 핵 위협에 대응하기 위하여 고가의 첨단 감시정찰 및 타격을 위한 무기체계 등을 미국으로부터 구매하고 있는데, 한국의 방산제품들은 미국의 첨단 무기체계에 비해 아직 성능이 떨어지고 가격 경쟁력도 확보되지 못하

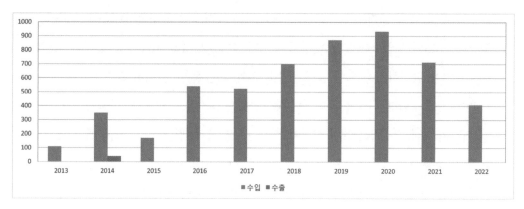

〈최근 10년간 한국과 미국의 수출입 현황〉[104]

는 등의 이유로 수출입 불균형이 심화되어 온 것이 사실이다. 그러나 RDP를 체결하는 과정에서 이러한 극심한 한미 간의 방산교역 불균형의 완화를 요구하는 것도 필요하다.

　과거에는 미국과의 국방과학기술 격차가 워낙 크게 벌어졌기 때문에 이러한 요구가 공허했을 수 있다. 하지만 K-2 전차 · K-9 자주포 등 지상무기, 장보고-Ⅲ 잠수함 · 이지스 구축함, 해성 · 청상어 · 홍상어 등 해상무기체계, FA-50 경공격기 · KF-21 보라매 한국형 전투기 등을 국내기술로 개발하는 등 그 격차가 급격히 줄어들고 있다. 이러한 기술 격차가 해소되는 속도를 볼 때 머지않은 미래에 K-방산이 미국을 포함한 글로벌 방산시장에서 크게 각광받을 것이다. 따라서 공동연구개발의 확대, 한국의 방산제품 구매 등 극심한 방산교역 불균형을 완화하는 방안도 RDP의 방산협력 범위에 포함하여 논의되어야 할 것이다.

---

104 ｜ SIPRI Arms Transfers Database, 2023.9.2., Figures are SIPRI Trend Indicator Values(TIVs) expressed in millions.

미국의 RDP와 한국의 방산수출전략

물론, 미국이 이에 순순히 응할 확률은 크지 않다고 본다. 하지만 과거 미국과 NATO 국가들과의 RDP 이행과정에서 안보협력을 위해 경제적인 불이익도 감수했던 사례가 한국에도 허용되는 행운이 올 수도 있지 않겠는가? 아니면 최소한 이러한 불균형을 인식시키면서 또 하나의 협상카드로 활용할 수도 있을 것이다.

7.8 RDP 및 SOSA의 패키지-딜

공급망 안정 협정(Security Of Supply Agreement, 이하 SOSA)은 미국 국방부가 공급망의 안정적인 확보를 위해 동맹국과 체결하는 구속력 없는 협정으로서 현재 캐나다, 영국, 호주, 일본 등 11개국과 체결 중이다. SOSA를 체결하면 상대국에게 특정계약에 대하여 우선순위에 따라 이행하도록 요청이 가능하다. 즉, 이미 계약이 체결된 상대국 방산업체에게 계약·하청계약·주문에 대하여 우선순위를 정하고 그에 따른 납품을 요청할 수 있게 된다. SOSA 체결 시 미국 공급망 납품 우선순위를 획득하므로 미국의 한국업체에 대한 신뢰도가 높아져 미국 글로벌 공급망에 진입할 수 있는 기회가 확대될 것으로 기대된다.

중국과의 패권경쟁으로 인하여 글로벌 공급망의 안정적인 확보가 필요한 미국은 RDP와는 별개로 SOSA 체결을 방위사업청에 요청하였으며, 방위사업청에서도 체결을 검토 중이며 2024년 체결을 목표로 하고 있다고 한다. 국방부 및 방위사업청은 RDP와 SOSA를 별개로 추진하고 있다.

하지만 RDP 협상력을 높이기 위해서는 SOSA와 함께 체결하거나 RDP를 우선 체결 후 부속서로서 SOSA를 추가하는 방법으로 추진되어야 한다. 먼저 RDP 체결을 통해 방산협력의 틀을 만들어 놓고 세부적인 방안으로서 SOSA를 체결하는 것이 더 타당할 것이다. 1978년에 RDP를 체결한 네덜란드는 2005년에 SOSA를 RDP의 부속서로 포함시켰다. 가까운 일본은 2016년에 RDP를 체결하고 최근 2023년 1월에야 SOSA에 서명하였다.

RDP 체결에는 30여 년의 장고(長考)를 해 오고 있는 정부가 SOSA는 1년 만에 체결하고자 하고 있다. 물론, RDP나 SOSA 모두 미국과의 방산협력을 활성화하는 데 필요한 협정들이어서 동시에 추진되어도 무리는 없을 것으로 생각된다. 하지만 종합적인 협상전략도 수립되지 않고 우선순위가 뒤바뀐 채로 각각 추진되기보다는 RDP와 SOSA를 패키지-딜로 하여 협상력을 높이는 것이 필요하지 않겠는가?

7.9 국내법 제정 및 제도 정비

미국은 자국의 방산시장 및 방산업체를 보호하기 위하여 다양한 법률·규정·제도를 마련해 놓고 있다. 한국도 방위산업이 눈부신 도약을 거듭하고 있어 글로벌 방산수출 10위권 내에 진입하였고, 국내 방산시장 및 방산업체를 보호하고 외부로의 기술유출 방지를 강화하기 위하여 미국 정부와 상호호혜적으로 "보이지 않는 손(invisible hand)" 또는 "보호막(Umbrella)"과 같이 RDP에 대응할 수 있는 법과 제도를 마련하는 것도 고려해 볼 만하다. 필요하다면 RDP 체결을 계기로 BAA와 같은 국내 방산보호 법률을 제정하는 것도 생각할 수 있겠다.

방위사업법에는 국산 우선구매 원칙을 두고 있으나, 원칙적이고 선언적인 수준으로 구체성과 실효성이 떨어진다. 2021년부터 방위사업청에서는 방위력개선비의 국외지출상한을 20%로 제한하는 한국산 우선획득제도를 시행 중이지만, 한국도 미국의 BAA와 필적할 만한 공공조달에서의 한국산우선구매법이나, 수출통제법, 절충교역법 등을 법제화하여 방산수출입을 국회에서 제도적으로 통제함으로써 국내 방산시장의 개방을 제한하고 방산업체를 보호하려는 노력이 필요하다. BAA는 미국의 방산시장 및 방산업체를 위한 우산(Umbrella)과도 같은 역할을 한다. 미국 행정부는 해외국가와 협상을 할 때, 자국에 불리한 내용은 의회에서 제정된 법률에 의해 불가함을 내세우기도 한다. 대표적인 사례가 FMS 수출승인 및 절충교역 정책이다.

실제로 미국 의회는 법률을 통해 행정부의 방산수출을 철저히 감시 및 통제하면서 자국의 방위산업 및 방산업체를 보호하고 해외로의 최첨단 국방기술 유출을 차단하고 있다. 이처럼 의회가 방위산업과 관련된 주요사항은 법으로 규제하고 행정부의 이행실태를 수시 또는 정기적으로 감시 및 통제하는 미국과는 달리 한국에는 상대적으로 방위산업에 대한 국회의 입법을 통한 보호가 충분치 않다.

결과적으로 많은 권한이 행정부에 주어져 있기 때문에 미국의 강압적인 요구 등에 대한 적절한 대처가 어려울 수도 있을 것이며, 장기적인 방산육성 정책이 안정적으로 이행될 수 있도록 국회에서 관련법을 제정하여 국내 방산업체를 보호하려는 노력이 필요하다. 국회는 BAA, 절충교역 등과 같이 국내 방산업체를 보호할 수 있는 법을 제정하여 정기적인 모니터링을 통해 국내 방위산업과 방산업체 및 국방과학기술의 보호 범위를 설정하고, 이를 해치지 않는 범위 내에서 정부가 관련제도를 정비하고 외국과의 방산협력을 수행하도록 해야 할 것이다.

가장 좋은 것은 RDP 협상 이전에 핵심사항에 대한 국내법 및 제도를 정비하는 것이지만, 충분한 검토 기간이 필요하다면 RDP 체결과 동시에 진행하거나 또는 체결 이후에 정비되어도 좋을 것이다. 적어도 향후 부속서 등을 통하여 구체적인 협의가 진행되기 이전까지는 시간이 있을 것이다. RDP 기본협정서는 양국의 분쟁을 초래할 만한 구체적인 협의보다는 개략적인 협력범위나 절차만을 규정하고 있기 때문이다.

다만, 단순하게 미국과 상호호혜적인 방법으로 "보이지 않는 손(invisible hand)" 또는 "보호막(Umbrella)"과 같이 RDP를 통제할 수 있는 법과 제도를 마련하는 것은 국익에 도움이 되지 않을 수도 있다는 것을 명심해야 할 것이다. 예를 들어 BAA와 같이 모든 완성품을 한국 국내에서 생산하도록 동등한 조건을 내세웠을 때 미국 방산업체는 입찰에 참여하지 않을 가능성이 높다. 미국시장 진출을 통해 글로벌 경쟁력을 인정받아 세계 방산수출 확대를 목표로 하는 한국과는 달리, 상대적으로 규모가 작은 한국 방산시장 진출을 위해 국내에 제조공장을 세우는 것이 미국 방산업체로서는 경제적 실익이 없기 때문이다. 그러므로 단순히 미국에 상호호혜적으로 대응하기보다는 미국과 한국의 방산시장의 현실에 부합된 가운데 RDP 체결로 인한 불이익을 통제할 수 있는 법과 제도를 마련하도록 해야 할 것이다.

이외에도 미국과 체결국의 법률이 상충되어 분쟁을 발생하면 힘의 논리에 의해 미국에 유리하게 작용될 여지도 다분하다. 28개국 모든 RDP 협정서에는 '각각의 국내법, 규정과 합치하지 않는 범위 내에서'라는 조항이 포함되어 있기 때문에 RDP가 근본적으로 양국의 법·제도·규정 등의 테두리 안에서 작동되도록 설계되어 있기는 하다. 그래서 각국의 법률·규정과 상충되는 경우, RDP 효력을 인정하지 않을 수도 있다. 다만, 분쟁이 발생하는 경우 국제사회 등 외부 개입 없이 당사자 간 해결하도록 하는 조항도 명시되어 있어 미국과 체결국의 법률 등이 상충되어 분쟁을 해결하는 과정에서 힘의 논리에 의해 미국에 유리하게 적용될 수 있다.

따라서 한국에서도 미국의 BAA와 같은 Umbrella 법률 등을 RDP 체결 이전에 미리 제정하는 것도 좋지만, 우선 미국의 관련 법과 제도 및 규정을 살펴보고 국내법과 상충될 가능성이 있는 부분에 대한 대응책을 마련하는 일이 선행되어야 할 것이다.

7.10 사후관리를 통한 방산협력 확대

RDP는 협정 또는 양해각서를 체결한다고 하여 양국의 방산협력을 위한 준비가 끝나는 것이 아니다. 이는 미국 국방부와의 방산협력의 틀을 마련하는 것에 불과하다. 하지만 RDP를 설계하고 1963년 이후 28개국과 협력을 지속해 온 미국과는 달리, 한

미국의 RDP와 한국의 방산수출전략

국은 RDP에 대한 충분한 정보를 가지고 있지 않다. 그러므로 RDP 기본협정서를 체결한 이후에는 부속서를 통해 세부적인 방산협력 범위 · 절차 · 방법 등에 대하여 매년 정기회의를 통해 구체화하고 점진적으로 협력범위를 확대해야 할 것이다. 또한, RDP 체결 후 이행 과정에서 문제점을 식별하고 개선방안을 강구하여 지속적으로 수정 또는 개정을 통해 방산협력을 발전시켜 나가야 한다. 이를 위해 RDP와 관련된 국제협의체에 적극적으로 참여하여 RDP 정책에 대한 우방국과의 협력 및 의견 개진이 필요하다.

특히, 상호국방조달협정체결국협의체(Defense MOU Attachés Group, 이하 DMAG) 회원국으로 참여하여 협의체를 잘 활용해야 한다. 다른 체결국과 RDP로 인한 사례들을 확인하는 등 정보를 공유하고, 미국 정부에 RDP 관련 방산수출 통제 및 방산업체 보호와 관련된 각종 법규 및 제도에 대한 개선

요구 등 공동의 목소리를 내는 것이 필요하다. 미국 국방부와 RDP를 체결한 국가들은 DMAG을 구성하여 주기적으로 회의를 실시하고 있다.[105]

DMAG은 워싱턴 D.C.에 주재하고 있는 RDP 체결국의 국방조달 및 국방협력과 관련된 국방무관 등의 협의단체이다. 최초에는 1979년 미국 주재하고 있던 네덜란드 대사관에서 RDP-MOU를 체결한 다른 국가 대사관의 국방조달 · 국방협력 대표들을 점심에 초청하면서 시작되었고, 이후 번갈아 가면서 정기적인 오찬 모임을 주최하였다. 초기에는 미국과의 국방조달과 관련된 공통의 관심사를 공유하기 위한 친목단체로 시작되었으나, 지금은 미국의 국방협력 및 국방조달 관련 주요기관의 관계자 또는 미국 방산업체 주요인사 등을 초청하여 상호 간의 방산협력 발전방향에 대한 토의 등

---

105 | 박태준, "미국의 FMS와 한국의 방산수출전략", 북코리아, 2015, pp193~198.

을 위한 공식적인 협의체로 발전하였다.

미국으로부터의 무기체계 구매, 군수지원, 절충교역, 방산협력, 국방과학기술 이전, 상호운용성, 수출통제 등 포괄적인 국방협력에 관한 정보와 경험을 회원국 상호 간에 공유하며 상호협력관계를 유지하고 있으며, 미국 국방부에서도 DMAG을 중요한 의사소통 채널로 인정하고 있다. 또한 DMAG은 미국 의회의 국제무기거래규정 (ITAR), 대외군사판매(FMS), 직접상업판매(DCS), 제3자이양(Third Party Transfer) 등 방산수출 통제 및 방산업체 보호와 관련된 각종 법규 및 제도에 대하여 미국 행정부와 포괄적으로 협의하며 의견을 개진하기도 한다. 때로는 의회의 지나친 규제와 제한에 반대하는 미국 국방부를 지원하는 역할을 하기도 한다. 그 외에도 미국 정부와의 국방 물자 거래 및 협력에 관한 문제들을 제도적으로 해결하기 위한 노력을 통해 역설적으로 미국의 방산수출 경쟁력을 향상시키는 데 기여하기도 한다.

DMAG은 미국 의회와 국방부, 국무부, 상무부를 비롯하여 방산협의체 등과 긴밀히 협력하고 있으며, FMS 구매국 협의체인 해외구매국협의회(Foreign Procurement Group, 이하 FPG), 국제구매국사용자협의회(International Customer User Group, 이하 ICUG)와도 적극적인 의견 교환을 하고 있다. 한국은 현재 DMAG에 참여하고 있지 않다. 미국과 RDP 또는 이에 상응하는 협정을 체결한 국가들에 DMAG 회원 자격이 있으며, 2023년 현재 25개국이 DMAG 회원국으로 활동하고 있다. 2016년 이후 RDP를 체결한 에스토니아, 라트비아, 리투아니아는 아직까지 회원국으로 등록되어 있지 않다.

미국 국방부는 우방국의 개별적인 개선요구에는 크게 반응하지 않으나, 관련 국가들이 공동의 목소리를 내는 경우에는 비교적 신속하고 적극적으로 반응하는 경향이 있었다. 이것은 DMAG에서도 동일하게 작동하고 있다. 현재는 네덜란드가 회장국을 맡고 있는데, 향후에는 한국도 의장국이 되어 방산협력을 주도하는 것도 필요하다. DMAG 회원국들은 공통 관심사에 대한 정보공유 및 해결책을 논의하며, 문제에 대한 개선요구 및 공동대응 등의 활동을 하며, 미국의 국방부(DoD), 국무부(DoS), 상무부(DoC), 의회 및 방산업체와 공통의 인터페이스 역할을 하기도 한다. RDP를 포함하여 미국에서의 방산협력이 성과를 달성하기 위해서는 다음과 같이 미국에 파견된 무관 또는 연락관 등의 역할이 중요하다.

첫째, 미국으로 파견되는 군수무관은 DMAG 회원으로 참여하여 철저히 방산 세일즈의 최전방 첨병이 되어 다른 RDP 회원국과의 협력관계를 발전시켜야 한다. 회원국과의 친밀한 관계가 글로벌 방산수출의 확대로 이어질 수 있기 때문이다. 미국의 방산협력을 위한 국제협의체 참석대상은 대부분 국방부 무관이나 방산조달 업무를 수행하고 있어 이들과 해당국의 Needs를 파악하고 그에 맞는 국내의 우수한 무기체계를 홍보하고 방산업체 등과 연결하는 역할을 해야 한다. 다른 국가들은 이러한 협의체를 통해 방산협력 등에 있어서 활발한 활동을 하고 있으나, 한국은 소극적인 편이다. 한국도 DMAG, ICU, FPG 등 국제협의체에 적극적으로 참여해야 하며 무관을 파견하고 있는 국방부(정보본부) 및 방위사업청의 적극적인 관리가 필요하다. 미국 방산시장에서의 성공은 이러한 국제협의체를 통해 시작되어야 할 것이다.

둘째, 미국의 RDP 정책에 대한 의견을 DMAG 전체의 목소리로 요구해야 한다. 개선이 필요한 사항이나 부당한 사항에 대하여 한국 단독으로는 미국의 국방부 또는 행정부나 의회를 설득하기 어렵지만 전체 29개국(28개 RDP 체결국 + 한국)의 공동요구에 대해서는 충분히 고심하지 않을 수 없기 때문이다.

셋째, 정기적인 회의를 통하여 주요국의 사례를 확보해야 한다. 이제 새로이 회원에 가입하게 될 한국과는 달리 다른 국가들은 길게는 60여 년 이상 RDP를 유지하고 있다. 따라서 그러한 국가들의 노하우와 성공 및 실패 사례를 수집하고 이를 대미 방산정책에 환류하여 적용해야 한다.

넷째, DMAG · ICUG · FPG 등 국제협의체에서 논의되는 내용을 통합하여 관리해야 한다. 현재는 획득업무를 책임지고 있는 방위사업청에서도 DMAG · ICUG · FPG

등의 기관에 대한 역할이나 중요성 등에 대하여 정확하게 인식하지 못하고 있으며, 결과적으로 국내 무관들의 미국에서의 적극적인 활동이 부족하고 개별적이다. 따라서 이러한 방위사업청 관리하에 국제협의체에서 국익을 위한 안건을 제안하고 긴밀한 친밀 관계를 형성하여 국내 우수무기체계 등을 소개하고 홍보하며, 해외의 방산정보를 수집하여 국내에 전달하는 등의 역할을 해야 한다. 그러한 활동으로 수집된 정보는 방위산업진흥회를 통해 국내 방산업체들에게 전달되어 대미수출 세일즈에 활용되도록 해야 한다.

♣ 해외구매국협의회(Foreign Procurement Group): FPG 는 1998년 DMAG 회원국인 네덜란드가 DMAG의 후원하에 FMS 구매국 간 국제회의체를 정기적으로 개최할 필요성을 제기하면서 시작되었다. 구매국 간의 상호협력 및 공동대응을 통해 미국 국방부 국방안보협력본부에 FMS 현안에 대하여 적극적으로 의견을 개진하고 FMS 제도 개선을 도모할 목적으로

이듬해인 1999년에 최초 회의를 개최하여 세부적인 운영규정 등을 완성하였다. FPG는 FMS 구매국의 국제협의체로서 DMAG 회원국 중 17개국으로 시작되었으나, 이후 한국 · 호주 · 이스라엘 · 사우디 · 대만 · 브라질 · 아르헨티나 등이 참여하면서 현재는 46개 회원국을 보유하고 있으며 계속 확대되고 있다. FPG는 미국 안보협력(Security Cooperation) 관련 정부기관 및 전문가 등을 초청하여 구매국 입장에서 FMS 운용실태 및 제도 개선 등에 대한 의견을 개진하고 있다. FPG는 미국 국방부가 공식적으로 인정하고 있는 구매국 협의체로서 참가대상은 FMS 구매국으로 워싱턴 D.C.의 각국 대사관에서 FMS 업무를 수행하는 대표자들로 구성된다. 각국 대사관에서 정기적으로 번갈아 가면서 개최하고 있으며 FMS 구매국이면 어느 국가나 참여할 수 있다.

♣ 국제사용자협의회ICUG: International Customer User Group): 1998년 국방안보협력본부는 FMS 전산프로그램(DSAMS) 개발계획을 설명하는 과정에서 구매국 의견을 수렴하기 위해 각국의 FMS 연락장교들의 참여를 요청하였다. 이에 따라 FMS 구매국의 육 · 해 · 공군 연락장교단 회의체로서 ICUG가 1999년에 구성되었다. ICUG는 국방안보협력본부가 후원하는 회의체로 분기당 1회 정기적으로 개최되고 있다. 1 · 3분기에는 FPG 회의와 연계하여 워싱턴 D.C.에서, 2 · 4분기에는 육 · 해 · 공군 오퍼이행기관에서 번갈아 개최하고 있다. FMS 구매국이면 조건 없이 참석할 수 있지만, 주로 미국 현지에서 오퍼이행관리 업무를 수행하

고 있는 구매국 연락장교들이 참석하고 있다. ICUG는 초기에
는 DSAMS, CEMIS, SCES 및 SCIP 등 FMS와 관련된 다
양한 전산체계 개발에 참여해 왔으며, 해를 거듭하면서 그 역할
및 위상이 강화되고 있다. 오퍼이행 과정에서 식별한 청구 · 정
비 · 하자처리 · 오퍼자금 등의 문제점을 구매국 상호 간 공유하
여 공동으로 해결방안을 모색하고 FMS 제도 개선을 위해 노력

하고 있으며, 국방안보협력본부도 이를 적극적으로 수용하고 있다. FPG는 포괄적인 FMS 정책 위주로 토의
되는 반면, ICUG는 계약 이행 과정에서 구매국에 불리하거나 불합리한 부분에 대한 문제점을 개선하는 데 중
점을 두고 있다.

〈미국에서 활동 중인 방산분야 주요 국제협의체〉

7.11 경쟁력이 낮은 분야에 대한 정책적 지원

국내 방산업체의 글로벌 경쟁력은 과거에 비해 크게 성장하였으며, 국방과학기술
의 고도화와 함께 지속적으로 강화되고 있다. 하지만 RDP 체결 이후 일부 분야는 미
국의 글로벌 방산업체와 경쟁해야 하는 상황이 발생될 수 있어 이러한 분야에 대한 정
책적인 지원이 병행되어야 할 것이다. 국내 방산업체의 분야별 경쟁력에 따라 선별적
인 협상이 필요하다. 항공산업과 같이 산업보호가 필요한 부분은 경쟁력을 확보할 때
까지 유예기간을 두거나 정책적인 지원을 마련하는 등 케이스별로 협상이 추진되어야
한다.

물론, RDP 체결방식을 포괄방식보다 개별방식을 통해 경쟁력이 가진 분야 위주로
방산협력을 추진할 수 있지만, 개별방식은 RDP의 협력범위를 크게 좁혀 실질적인 방
산협력 효과가 크게 떨어질 것이며 상호호혜 원칙에 따라 미국도 자국에 유리한 분야
의 협력을 똑같이 요구할 것이므로 큰 의미가 없다.

북한의 핵위협에 직면하고 있는 한국은 지금까지도 성능 면에서 기술 격차가 큰 대부분의 첨단무기체계를 FMS를 통해 미국으로부터 수입하고 있으며 이러한 추세는 RDP 체결과는 무관하게 당분간 지속될 것으로 보인다. 하지만 성능이 유사하거나 기술 격차가 크지 않은 미국제품의 경우 RDP 체결로 인하여 단기적으로는 일부 국내 방산업체에 피해를 줄 수 있으나, 정부가 미국과 같이 수입 규모를 적절한 범위에서 통제하고 해당 분야에 대한 정책적인 지원을 병행한다면 단기적으로는 어려움을 겪더라도 중장기적으로는 메기와 같은 역할을 하여 국내 방산업체의 기술투자 및 국내 연구개발을 촉진함으로써 미국 방산업체와의 기술 격차를 줄이고 글로벌 경쟁력을 확보하는 계기가 될 수 있을 것이다.

제3부

·

이제는
함정이다!

8장 한국형 RDP 협력모델(안)

8.1 배경

8.1.1 미국과 중국의 패권경쟁

패권경쟁(霸權競爭, Hegemonic Competition)이란 국제적으로 막대한 영향력을 행사하고 있는 초강대국 미국과 빠른 경제성장을 바탕으로 주변으로의 세력을 확장하려는 중국이 차세대 글로벌 패권을 두고 벌이는 정치 · 경제 · 군사 · 외교 · 사회 · 문화 · 과학기술 경쟁을 포괄하는 개념이다. 미국 중심의 단극체제가 2008년 금융위기 이후 미국의 경제위기와 중국의 빠른 경제성장으로 인하여 새로운 양극체제로 전환하였으며, 중국몽(中國夢)[106]을 내세워 새로운 강대국으로 부상하려는 중국의 일대일로(一帶一路) 전략과 이에 대응한 미국의 인도−태평양 전략이 맞붙으면서 패권경쟁이 심화되는 양상이다.

국력이 쇠약했던 중국은 2차 세계대전 이후 도광양회(韜光養晦)[107]를 내세우며 미국의 관여정책(또는 포용정책)에 편승하였으며, 이후 급격한 경제성장을 통해 G−2로 부

---

[106] | 중국몽(中國夢): 과거 세계의 중심 역할을 했던 전통 중국의 영광을 21세기에 되살려 중화민족의 부흥을 실현한다는 것으로, 시진핑 중국 국가주석이 2012년 18차 당 대회에서 총서기에 오르면서 처음으로 내세운 이념이다.

[107] | 도광양회(韜光養晦): 1980년대 이후 중국이 개혁 · 개방정책을 취하면서 내세운 대외정책으로 국제적으로 영향력을 행사할 수 있는 경제력이나 국력이 생길 때까지는 침묵을 지키면서 강대국들의 눈치를 살피고, 전술적으로도 협력하는 외교정책이다.

상하였다. 이후 중국은 과거의 도광양회를 버리고 중국몽을 내세우며 패권경쟁을 본격화하였다. 대내적으로는 '중국 제조 2025(Made in China 2025 Strategy)'를 통한 기술굴기(技術堀起)를 도모하고, 대외적으로는 일대일로와 남중국해에서의 해군력 증강을 통해 해양강국 건설을 추진하였다.

일대일로 전략은 첫째, 경제적 측면에서 과거 동서양의 교통로인 실크로드를 현대판으로 재구축하겠다는 것이다. 아시아-아프리카-유럽을 잇는 육상과 해상의 경제벨트를 조성하여 경제부흥을 추구함으로써 미국과의 경제적 균형을 추구한다는 것이다.

둘째, 외교적 측면에서 일대일로를 구축함으로써 아시아, 아프리카 및 유럽 국가들과 다양한 분야에서 상호협력을 확대하여 국제사회에서 중국의 위상을 높여 국제사회에서 미국보다 더 큰 영향력을 발휘하려는 것이다. 2023년 중국을 중심으로 한 브릭스(BRICS)는 이란 등 6개국을 2024년부터 새로운 회원국으로 받아들임으로써, 미국 주도의 서방 중심의 국제질서에 맞서고 있다. 브릭스는 회원국이 추가되면서 전 세계 국내총생산(GDP) 비중이 26%에서 37%로, 교역 비중은 18%에서 21%로, 인구 비중은 40%에서 46%로 증가될 전망이다. 미국과의 갈등이 고조되면서 브릭스 등을 통하여 새로운 국제질서를 구축하려는 중국의 일대일로 전략은 계속될 것으로 보인다.

셋째, 군사적 측면에서 해양력을 강화하여 남중국해에서의 미국 해군의 접근을 차단하고 인도양으로의 자유로운 출입을 위한 교통로를 확보함으로써 동아시아에서의 중국 주도의 새로운 국제정치 질서를 확립하고자 한다. 이를 위해 반접근/지역거부(A2/AD) 전략[108]과 함께 남중국해 인공섬을 건설하고 남중국해, 동중국해, 대만해협 등에서 주변국과 영토분쟁을 일으키는 등 군사적 긴장을 고조시키고 있다.

이에 대하여 미국은 냉전기 소련과의 패권경쟁에서는 봉쇄정책(封鎖政策)으로 대응했던 것과는 달리, 중국에 대해서는 트럼프의 인도-태평양 전략은 계승하되 영역을

〈남중국해에 중국이 구축한 인공섬〉[109]

확장하는 글로벌 차원의 전방위적인 강경정책을 다음과 같이 추진하고 있다. 첫째, 바이든은 트럼프 행정부의 무역전쟁 외에 기술전쟁(AI · 5G · 반도체), 공급망 재편 등 영역을 확장하며 글로벌 차원의 전방위적인 강경정책을 추진하고 있다. 미국 중심의 기존 국제질서는 유지하되, 중국을 고립시키기 위해 정치 · 안보 · 통상 등 다양한 영역에서 중국과의 탈동조화(Decoupling)를 모색함으로써 중국의 경제성장을 저지하고, 미국의 패권에 도전하려는 의지를 차단하겠다는 것이다.

---

108 │ 반접근/지역거부(A2/AD; Anti-Access/Area Denial): 동아시아 주변 지역에 대한 중국의 영향력은 확대하고, 미국의 해군력이 동아시아 주요 해역의 접근을 차단함으로써 남중국해 및 동중국해에서의 해양통제권을 장악하고, 동아시아 지역에서의 중국 주도의 국제정치 질서를 확립하려는 서태평양 지배 전략(미국의 패권에 도전하는 중국으로서는 미국의 동아시아 역내의 해양통제권을 거부하고 지역패권을 장악하는 것이 목적)을 말한다. 반접근(A2: Anti-Access)은 원거리로부터 미 해군 항공모함 전단 등이 동아시아와 서태평양 해역에 '처음부터 들어오지 못하게' 강요한다. 지역거부(AD; Area Denial)는 미군이 들어오면 근거리에서 집요하고 끈질기게 괴롭히며 원활한 작전수행을 방해 · 교란하여 스스로 퇴각하도록 유도한다.

109 │ "해상자위대, 남중국해서 '일본판 항행의 자유 작전' 실시", 연합뉴스, 2022.1.11., 영유권 분쟁을 빚고 있는 남중국해 스프래틀리 군도(중국명 난사군도)의 산호초에 중국이 건설한 군사시설 등 구조물

둘째, 바이든은 미국 우선주의를 탈피하여 다자주의와 동맹을 강조하면서 미국의 리더십을 회복하고자 한다. 중국의 팽창에는 동맹과 연대한 인도−태평양 전략으로 대응하여 아시아−태평양 지역의 중심축을 기존 동북아에서 아세안−인도로 서진시키고 남중국해 지역에서의 중국의 팽창을 미국의 해양력으로 견제한다는 것이다. 이를 위해 미국은 일본·인도·호주와 쿼드(QUAD)[110]를 구축하고 쿼드 플러스(QUAD Plus)로의 확대를 추진하고 있으며, 호주·영국과는 오커스(AUKUS)를 체결하는 등 다자주의 연대를 추진하여 아시아에서의 중국 영향력을 감소시키려 하고 있다. 특히, 남중국해에서의 중국의 반접근/지역거부 전략을 무력화시키고 해양력 확장을 견제하기 위하여 항행의 자유작전(Freedom Of Navigation)[111]을 수시로 전개하면서 동맹국들과의 연합군사훈련을 강화하고 있다.

셋째, 동맹을 중시하는 바이든은 트럼프의 미국 우선주의(America First) 대신 미국의 귀환(America is Back)을 내세우며 기존 국제질서의 회복을 선언하였다. 또한 민주주의, 평화와 인권, 자유무역 등 이념과 가치를 강조하며 가치동맹을 내세워 민주주의 국가를 집결시키고 반중 동맹구축을 추진하고 있다. 이념과 가치, 신장 위구르·홍콩·대만의 인권 문제, AI·5G·반도체 기술경쟁·글로벌 공급망 재편 등 동맹을 통한 전방위적인 포위전략으로 중국을 견제하는 것이다. 이를 통하여 중국의 불공정 무역 관행과 민주주의 탄압(홍콩)과 인권탄압(신장 위구르, 티베트)을 이유로 경제제재를 가하는 등 중국의 핵심이익[112]에 대한 견제도 강화하고 있다.

---

110 │ 미국은 중국의 팽창을 억제하기 위한 동맹국 연대 강화를 주장하며, 일본·호주·인도와의 QUAD 안보협력체에 한국·베트남·뉴질랜드까지 포함한 '쿼드 플러스(Quad Plus)'를 언급함으로써 인도·태평양판 나토(NATO)를 구상 중인 것으로 알려지고 있다.

111 │ 항행의 자유 작전(Freedom Of Navigation): 국제법이 보장하는 공해에서의 항행의 자유를 명분으로 한 미군의 군사활동으로 남중국해에서 미군이 수행하는 항행의 자유 작전은 중국을 견제하려는 의도가 있다.

8.1.2 남중국해에서의 미국과 중국의 해양력 경쟁

중국은 1990년대 초 미국이 남중국해에서 철수한 이후 남중국해에서의 영향력을 확대하기 위해 꾸준히 해군력을 증강하는 공세적 해양력 강화정책을 추진해 왔다. 2015년 이후에는 남중국해에 인공섬을 건설하여 군사기지화 하였으며, 대만·아세안 5개국[113]과 남중국해 도서들에 대한 영유권 및 해양관할권 분쟁을 계속해 오고 있다. 중국이 주변국과의 마찰을 감수하고 이러한 정책을 지속하는 것은 첫째, 남중국해의 경제성 때문이다. 다량의 원유, 천연가스와 함께 해양자원이 풍부하기 때문에 지속적인 경제성장과 패권국으로서의 발돋움하기를 원하는 중국으로서는 안정적인 에너지 및 자원의 확보를 위해 남중국해에서의 공세적인 해양력 강화정책을 추진하는 것이다.

둘째, 남중국해의 지정학적 위치이다. 남중국해는 인도양과 태평양을 연결하는 교통요충지로서 세계 해양물류의 25%, 원유 수송량의 70%가 지나고 있다. 아시아 국가들의 경우 북미와 남미를 제외한 모든 수출입은 남중국해를 통과해야 한다. 특히, 한국과 일본 입장에서도 남중국해는 에너지 수입량의 80~90%가 통과하는 '전략적 관문(Choke Point)'이다. 중국이 남중국해를 장악하고 비동맹국에 대한 통과를 선택적으로 봉쇄한다면 주변국에게 막대한 피해를 줄 수 있기 때문에 전략적인 가치가 크다.

셋째, 역내 주도권 획득과 패권경쟁 확보를 위한 안보적 가치이다. 대다수 동남아 국가들은 남중국해와 직·간접적 연결되어 있어 남중국해의 통제는 곧 동남아 지역에서의 주도권 확보를 의미한다. 동아시아 지역에 대한 중국 영향력을 확대하고, 미국

---

112 | 핵심이익: 중국이 무력을 통해서라도 지켜야 할 국가적 이익으로서 "중국 기본제도 유지 및 국가안보, 영토 및 주권 보호, 지속적인 경제사회의 안정 및 발전"을 제시하고 있다. 중국의 경제성장 및 국력의 상승에 따라 자의대로 확대되고 있어 우려가 된다. 2010년에는 남중국해에서 영토 분쟁이 불거지자, 중국은 남중국해를 핵심이익 지역이라고 선언한 바 있다.

113 | 아세안 5개국: 베트남, 필리핀, 말레이시아, 인도네시아, 브루나이

미국의 RDP와 한국의 방산수출전략

해군력이 동아시아 주요 해역에 접근하는 것을 차단한다면, 중국은 동아시아 지역에서 중국 주도의 새로운 국제정치 질서를 확립할 수 있을 것이다.

〈남중국해 영유권 분쟁지역〉

중국에 비해 경제력과 군사력이 열세인 아세안 5개국, 특히 필리핀과 베트남은 미국·일본·인도·호주 등 주요 강대국들을 남중국해 분쟁에 개입시킴으로써 중국의 공세에 대응하고 있다. 하지만 경제 및 군사대국으로 부상하고 있는 중국은 오히려 공세를 강화하면서 강대국들과 맞서고 있다. 특히, 남중국해 영유권에 대한 국제중재재판소(Permanent Court of Arbitration)의 결정에도 불복하고 남해 9단선[114] 이내의 모든 영해는 중국 영해라고 주장하며 미국 해군에 대응하기 위해 인공섬을 구축하여 군사기지화 하는 등 남중국해에서의 해군력을 강화하고 있다. 또한, 미국 주도로 형성된 유엔해양법을 중국에 유리한 방향으로 해석하는 등 국제질서의 새로운 개편도 시도하고 있다. 이에 대응하여 미국은 중국이 영해라고 주장하는 남중국해 인공섬 12해리 이내에서 해군 함정을 정기적으로 운행하는 항행의 자유 작전을 전개함으로써 남중국해 분쟁에 적극 개입하고 있다. 결과적으로 남중국해 영유권 분쟁은 미국과 중국의 갈등으로 발전되고 있는 양상이다.

8.1.3 미국 방산업체의 공급망 약화

미국의 방위산업 공급망이 약화된 주된 요인으로는 미국 국방부가 1993년 7월에 발표한 대규모 인수합병 정책을 들 수 있다. 당시 국방부는 미국 방산업체의 효율성 향상, 내수시장의 경쟁 완화, 세계시장에서의 경쟁력 강화 등을 위해 정부 차원의 대규모 방산업체 통합(Industry Consolidation) 정책을 발표했다. '최후의 만찬(Last Supper)'으로도 불리는 이 정책으로 1990년대 51개에 달했던 공급업체는 현재 보잉사, 록히드마틴사 등 5개로 크게 줄어들었으며, 2016년 69,000개의 부품생산업체도 2021년에는 55,000개로 축소되었다. 결국 미국 방위산업은 자체 생산역량이 감소하였으며, 하위공급망은 매우 취약하여 아웃소싱(Outsourcing)에 의존하는 생산구조로

---

114 | 중국이 영유권을 주장하는 남중국해의 해상경계선으로 남중국해의 90%가 해당된다.

변화되었다.

　이러한 공백의 상당 부분은 값싼 노동력을 무기로 한 저가의 중국제품이 대체하였고, 미국 방위산업 전반에서 중국 부품생산업체들의 영향력을 키우는 결과를 초래하였다. 미국은 중국과의 패권경쟁이 본격화되면서 뒤늦게 이러한 산업구조가 단순한 제조업의 위기가 아니라 국가안보를 위협할 수 있는 심각한 위험을 초래할 수 있다고 인식하게 되었다. 이에 따라 바이든 정부는 중국의 의존도를 축소하고 궁극적으로는 중국을 배제한 우방국 중심의 글로벌 공급망을 구축하기 위하여 방산 분야 공급망을 점검하고 우방국 중심의 대체선 확보를 위해 노력하고 있다.

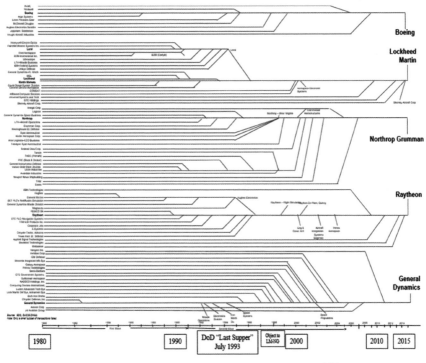

〈1980~2015년 미국 방산업체 인수합병 추세〉[115]

115 │ Office of the Under Secretary of Defense for Acquisition and Sustainment, "Department Of Defense Report State of Competition within the Defense Industrial Base", 2022.2., p25.

이는 함정 분야에서는 더욱 심각한 상황이다. 미국 정부가 조선산업을 되살리기 위하여 안간힘을 쏟고 있지만, 미국 조선소의 생산성은 1980년대 중반 이후 개선되지 않고 있어 함정 건조비용은 매우 비싸고, 건조에도 많은 기간이 소요되고 있다.

8.2 중국 해군의 해군력 팽창

중국은 1990년대 초부터 약 30년 동안 해군 전력증강을 추진하여 막강한 군사력을 보유하고 있으며, 서태평양 · 인도양 · 유럽 주변 해역에서 점점 더 많은 수의 해상작전을 수행하고 있다. 중국 해군은 규모 면에서 이미 세계 최대일 뿐만 아니라 미국 해군에 대한 수적인 격차가 점점 더 벌어지고 있는 실정이다. 중국 해군은 2015년 기준 보유함정 수가 294척으로 미국의 289척을 앞서기 시작하였으며, 격차는 점점 커지고 있다. 2023년 현재 중국 해군은 약 340척의 군함을 보유한 반면, 미국은 300척 미만인 것으로 추정된다.

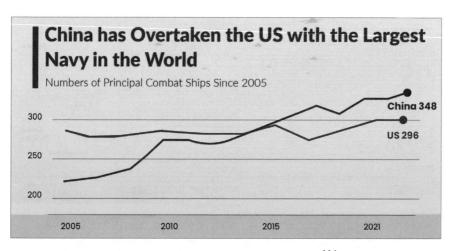

〈미국 해군과 중국 해군의 함정 보유 현황〉[116]

미국 국방부는 중국 해군이 "주요 지상 전투원, 잠수함, 대양을 항해하는 수륙양용함, 기뢰전함, 항공모함, 함대 보조함 등 약 340개의 플랫폼을 갖춘 세계에서 가장 큰 해군"으로서 2025년에는 400척, 2030년에는 440척 이상의 전투함을 보유할 것으로 예상하고 있다. 중국 해군이 이처럼 양적으로 크게 성장한 것은 트럼프 이후 격화된 미중 패권경쟁에서 우위를 달성하고, 2010년대 중반 중국 조선업계에 닥친 위기를 극복하기 위해서이다.

그러나 일부의 오해와는 달리 중국이 수적인 우위만을 목표로 하는 것은 아닌 것으로 판단된다. 저가, 불량 등의 이미지로 대변되던 'Made In China'는 2020년대 들어 함정 성능 면에서 급격한 향상이 이루어지고 있다. 미국 의회조사국(Congressional Research Service)의 2023년 보고서[117]에 따르면 미국 국방부와 해군은 중국 해군의 대부분이 대함·대공·대잠 능력을 갖춘 최신 다목적 함정이며, 기술적으로 미국에 상당히 근접하였다고 밝혔다. 심지어 055형 구축함 등 중국이 건조 중인 신형 함정 중 일부는 미국의 함정보다 강력한 화력을 보유할 것으로 평가되고 있다. 미국 해군 정보국(Office of Naval Intelligence, 이하 ONI)도 중국의 함대가 양적으로 폭발적인 증가세를 보이고 있지만, 질적으로도 급격히 향상되고 있다고 분석했다.

2018년 4월 미국 태평양 사령관 지명을 위한 청문회에서 중국은 미국과의 전쟁이 아닌 모든 시나리오에서 남중국해를 통제할 수 있는 능력을 이미 보유했다는 진술이 나왔다. 이미 수적으로 미국을 앞서고 있으며, 대서양과 태평양에 분리되어 배치된 미국 해군 함대를 중국에 대응하기 위해 태평양 한곳에 집중할 수 없다는 점을 고려할 때 중국 해군의 영향력은 실제로는 이보다 더 클 수도 있다.

이는 함정 건조 능력에서도 나타나고 있다. 2023년 2월 미국 해군장관 Carlos Del

---

116 | U.S. Congressional Research Service. "A comparison of U.S. and Chinese naval Ships"

117 | U.S. Congressional Research Service., "China Naval Modernization: Implications for U.S. Navy Capabilities—Background and Issues for Congress", 2023.5.15.

Toro는 미국 조선소가 중국을 더 이상 따라갈 수 없다고 경고하였다. "중국은 13개의 조선소를 가지고 있으며, 경우에 따라 훨씬 더 큰 능력을 가지고 있다. 하나의 조선소가 미국의 조선소를 합친 것보다 더 많은 능력을 가지고 있다."라며 중국의 조선소 수용 능력 및 함정 건조 능력이 크게 앞서 있어 미국에게 실질적인 위협이 된다고 하였다. 중국과 서방의 또 다른 보도에 따르면 4개의 조선소를 보유한 미국에 비해 중국은 6개의 주요 조선소와 2개의 소규모 조선소가 해군 함정을 건조하고 있으며,[118] 속도 면에서도 미국이 함정 1척을 건조하는 시간에 중국은 3척을 건조할 수 있을 것으로 추정하고 있다.[119]

이와 같은 중국의 지속적인 해군력 강화는 무엇보다도 대만과의 상황을 군사적으로 해결하기 위한 것으로, 중국 근해지역에 대한 더 높은 수준의 통제 또는 지배를 달성하기 위한 것으로 평가된다. 특히 남중국해에서 영향력을 강화하기 위한 반접근/지역거부(A2/AD) 작전의 일환으로, 대만 또는 중국 근해지역의 분쟁에 대한 미국의 개입을 저지하거나 분쟁지역에 대한 도착을 지연시키거나 또는 분쟁 해결을 위해 개입하려는 미국 해군의 군사력 효과를 감소시키기 위하여 중국의 해군력을 활용할 계획인 것으로 알려지고 있다.

8.3 미국 정부의 대응 및 한계

이처럼 아시아 주변 지역에 대한 영향력은 확대하고 미국 해군력의 동아시아 주요 해역 접근을 차단함으로써 동아시아 지역에서의 새로운 국제정치 질서를 확립하려는

---

118 | Brad Lendon and Haley Britzky, "US can't keep up with China's warship building, Navy Secretary says", CNN, 2023.2.22.

119 | Brad Lendon, "These may be the world's best warships. And they're not American", CNN, 2023.6.3.

중국에 대하여 미국은 인도-태평양 전략으로 대응하고 있다. 우수한 성능의 함대를 더 많이 태평양 지역으로 이동 및 배치시켰으며, 동맹국 및 인도-태평양의 다른 해군과의 교전 및 협력을 강화하고, 태평양 작전환경에 적합한 선박 및 항공기에 대한 연구개발을 수행하며, 중국의 해상 A2/AD 세력에 대응하기 위한 새로운 작전개념 개발 등 다양한 대응조치를 강구하고 있다.

8.3.1 해군의 함정 건조

미국 해군은 회계연도 2021년 말 기준 294척의 전투함을 확보하고 있으며, 회계연도 2030년 말까지 290척의 전투함을 추가로 전력화할 예정이다. 또한 2023년 5월 미국 의회보고서[120]에 의하면 중국의 해군 전력증강에 대응하기 위한 해군의 현대화 계획은 미국 국방계획 및 예산편성의 최우선 고려사항이라고 한다. 2020년에 미국 국방부는 2045년까지 최대 80척의 핵잠수함을 포함해 500척의 함대를 구축하겠다는 '2045년 전력 계획(Battle Force 2045)'을 발표했다. 500척에는 무인수상함(USV: Unmanned Surface Vehicle) 및 무인잠수함(UUU: Unmanned Underwater Vehicle)과 함께 373척의 유인함정이 포함되었다. 하지만 미국 조선산업의 경쟁력이 크게 떨어졌기 때문에 실현가능성을 우려하는 목소리가 높아졌으며, 결국 2022년 '항해계획 2022(Navigation Plan 2022)'에서 유인함정 목표를 축소하였고, 이에 따라 미국은 2045년에 이르러서야 350척에 도달할 것으로 예상된다.[121] 2023년 현재 약 340척의 군함

---

120 | US Congressional Research Service, "China Naval Modernization: Implications for U.S. Navy Capabilities — Background and Issues for Congress", 2023.5.15.

121 | Parth Satam, "Chinese Navy 'Burgeons' With Might & Muscle, US Navy Looks At Japan & South Korea To Counter The PLA Navy", The EurAsian Times, 2023.6.5.

을 보유한 중국 해군과 큰 격차를 보이고 있다.

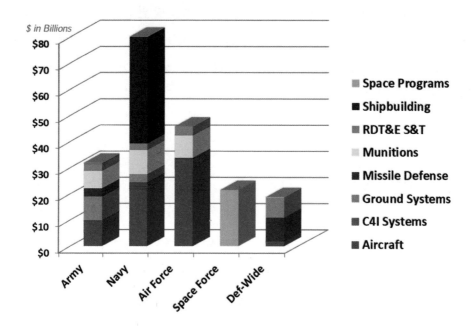

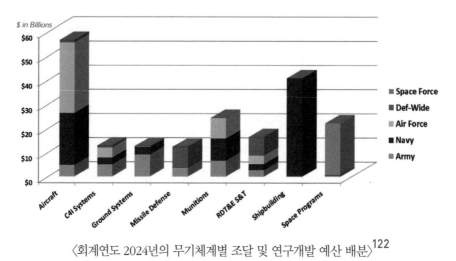

〈회계연도 2024년의 무기체계별 조달 및 연구개발 예산 배분〉[122]

---

122 | Office Of The Under Secretary Of Defense (Comptroller)/Chief Financial Officer, "United States Department Of Defense Fiscal Year 2024 Budget Request", 2023.3.

미국의 RDP와 한국의 방산수출전략

미국 국방부 회계연도 2024년 예산요구서에서 해군의 전력증강 규모를 엿볼 수 있다. 국방부가 요청한 회계연도 2024년 예산은 총 3,150억 달러로 조달에 1,700억 달러, 연구개발에 1,450억 달러가 각각 할당되었다. 이 중 함정 건조(Shipbuilding)에는 481억 달러를 편성하였는데, 이는 전체 전력증강 예산의 15%에 해당되며 해군 전력증강 예산의 절반에 육박하는 큰 규모이다.

회계연도 2024년의 함정 건조 예산은 전년도 요구예산 대비 18%를 증액하여 요구하였으며, 9척의 전투함(Battle Force Ships) 및 무인 수상함 개발을 포함하고 있다. 회계연도 2010년부터 2024년까지의 미국 함정 건조 예산 변화를 살펴보면, 중국과의 패권경쟁이 본격화되면서 해군의 함정 건조 예산은 지속적으로 증가되는 양상으로 미국 정부가 함정 건조에 많은 노력을 기울이고 있음을 알 수 있다.

〈회계연도 2010~2024년 미국 함정 건조 예산 변화〉

8.3.2 해군 조선소 현대화

이처럼 미국은 중국에 대응하여 해양 주도권을 유지하기 위하여 함대 증강을 추진 중이지만, 미국 조선소의 함정 건조 능력 제한, 방위산업 공급망 취약, 함정 건조의 높은 선가, MRO 능력의 제한, 조선소 경쟁력 상실 등으로 인하여 어려움을 겪고 있다. 이는 과거에 비해 미국 조선산업의 경쟁력이 크게 떨어졌기 때문이다. 미국 조선 산업은 한국, 중국 등에 밀려 쇠퇴하였으며, 코로나-19 팬데믹을 거치면서 공급망이 막히고 생산인력도 많이 떠났다. 미국 정부가 조선산업을 되살리기 위하여 안간힘을 쏟고 있지만, 가장 중요한 숙련 노동력과 노후된 생산시설을 복구하는 데 많은 시간이 소요될 전망이다. 더구나 미국 조선소의 생산성은 지난 1980년대 중반 이후 개선되지 않고 있어 함정 건조비용은 매우 비싸고, 건조에도 많은 기간이 소요되고 있다.

미국에는 현재 4개의 국영 조선소(Public Shipyards)가 있다. 포츠머스 해군 조선소(Portsmouth Naval Shipyard), 노폭 해군 조선소(Norfolk Naval Shipyard), 진주만 해군 조선소(Pearl Harbor Naval Shipyard), 퓨젯 사운드 해군 조선소(Puget Sound Naval Shipyard)가 그것이다. 4개의 국영 조선소는 미군 해군함대의 전투준비태세를 보장하기 위하여 잠수함 및 항공모함 등의 MRO를 수행하고 있는데, 설립된 지 114년에서 255년이 경과되었다. 19세기 및 20세기 설립 당시에 바람 및 증기를 동력으로 하는 선박 건조를 위해 설계되었기 때문에 해군의 원자력 항공모함과 잠수함 등에 대한 MRO 또는 현대화에 효율적이지 않은 어려움이 있다. 또한, 중국과의 해양 경쟁이 심화되면서 미국 해군의 출항 횟수도 증가하고 작전 집중도도 높아지고 있으나, 국영 조선소는 비효율적이고 노후화되어 MRO 비용의 증가 및 일정의 지연, 신뢰성 등의 문제를 노출시키면서 미국 해군의 요구에 적절히 대응하지 못하고 있는 실정이다.

1990년대 초반까지도 8개에 달했던 미국의 국영 조선소는 이후 4개의 조선소가 문을 닫으면서 인력 및 업무량이 급격히 감소하였다. 2000년대 이후 MRO 소요가 증가

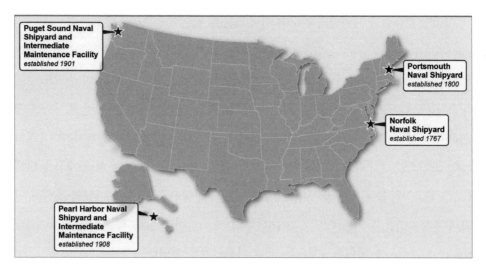

〈미 해군의 4대 국영 조선소〉

하면서 인력 및 업무량도 점진적으로 증가하였다. 그러나 이전의 절반 수준을 회복하
는 수준이어서 중국과의 해양력 경쟁에 대응하기 위한 미국의 함정 증강계획은 더디
게 진행될 전망이다.

〈미국 해군 조선소의 업무량(Workload) 및 인력(Workforce)〉[123]

이러한 문제점을 개선하기 위하여 미국 해군은 조선소 인프라 최적화 계획(Shipyard Infrastructure optimization Program, 이하 SIOP)을 추진하였다. SIOP는 노후화된 4개의 해군 국영 조선소를 현대화 및 최적화하기 위한 것으로 100년에 한 번 주기로 수행되고 있다. GAO 보고서[124]에 의하면 미국 해군은 최근 몇 년 동안 국영 조선소를 개선하기 위한 노력을 기울여 왔다. 2018년에 20년 동안 210억 달러를 투자하여 4개의 국영 조선소를 현대화하고 최적화하는 SIOP를 시작했다. 또한, 조선소 개선을 위해 GAO 권고사항을 시행하였으며, 미국 의회에서 설정한 최소 수준 이상의 조선소 인프라에 투자하는 등의 노력으로 2016년부터 2020년까지 노폭 해군 조선소(Norfolk Naval Shipyard)를 제외한 3개소는 일부 개선되기도 하였다.

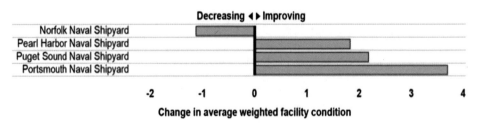

〈미국 해군 조선소의 평균 가중치 등급 변화(회계연도 2016~2020년)〉

하지만 SIOP는 몇 가지 도전에 직면하고 있다. 시설 교체 및 현대화 비용이 5년 동안 16억 달러 이상 증가하였으며, 조선소 장비의 절반 이상이 예상수명을 이미 초과하여 해마다 평균 연식이 증가하고 있다. 함정 건조도크(Dry Dock) 현대화 비용도 최초 계획 대비 이미 두 배나 증가하였으며 향후 더 증가할 것으로 전망된다. 2018년 미 해

---

123 | Congressional Budget Office, "Using Data from Naval Sea Systems Command", www.cbo.gov/pubication/57026#da

124 | GAO, "Ongoing Challenges Could Jeopardize Navy's Ability to Improve Shipyards", 2022.5.

군은 17개 건조도크 현대화에 40억 달러가 필요하다고 추정하였으나, 3개의 건조도크 현대화에만 40억 달러 이상 소요되었다. SIOP 일정도 지연되고 있어 2025년까지도 구체적인 계획이 확정되지 않을 전망이다. SIOP를 완전히 실행하는 데는 최근 몇 년간 조선소 인프라에 투입된 수준 이상의 예산이 필요하며, 향후 20년 동안 지속적으로 추진되어야 할 것으로 알려지고 있다.[125]

8.3.3 함정 정비능력

미국 해군은 앞서 살펴본 함정 건조뿐 아니라 MRO에서도 어려움을 겪고 있다. 2015년 GAO 보고서에는 미국의 7함대 정비 문제를 해결하기 위한 대책을 요구하고 있다. 보고서는 미국 해군 전력은 2년 주기로 '작전임무 → 정비 및 훈련 → 임무수행 인증평가'의 순환식 준비태세 주기(Rotational Readiness Cycle)를 따라야 하지만, 태평양 7함대의 경우 남중국해 중국과의 분쟁 및 북한의 잇따른 도발 등에 대비하기 위하여 과도하게 많은 작전에 투입되어 정비 및 훈련이 부족하였고 결과적으로 각종 사고가 급증하는 결과를 낳게 되었다고 분석했다. 미국 본토의 구축함, 수양함은 작전전개 40%, 정비 및 훈련 60% 비율로 시간을 할당하는 반면, 태평양사령부 7함대는 작전전개 67%, 정비 및 훈련 33%로서 절대적으로 정비 및 훈련시간이 부족하여 결과적으로 빈번한 사고로 이어졌던 것으로 나타났다.

또한, 2022년 GAO 보고서[126]에서는 미국 해군 조선소의 정비 지연으로 인하여 해

---

125 | Parth Satam, "Chinese Navy 'Burgeons' With Might & Muscle, US Navy Looks At Japan & South Korea To Counter The PLA Navy", The EurAsian Times, 2023.6.5., https://eurasiantimes.com/chinese-navy-burgeons-with-might-muscle-us-navy-looks

126 | GAO, "Ongoing Challenges Could Jeopardize Navy's Ability to Improve Shipyards", 2022.5.

군의 교육훈련 및 작전수행에 지장을 주면서 준비태세에 직접적인 영향을 미치고 있다고 밝혔다. 예를 들어, 미국 해군은 2015년부터 2019년까지 항공모함의 MRO 지연으로 1,128일 동안 운용할 수 없었는데, 이는 매년 0.5척 이상의 항공모함을 운용하지 못하는 것과 같다고 한다. 같은 기간 잠수함은 MRO 지연으로 6,296일 동안 사용할 수 없었는데, 이는 매년 3척 이상의 잠수함을 사용하지 못하는 것과 같다고 한다. 핵추진공격잠수함인 보이시함(SSN 764)의 경우 미국 헌팅턴 잉걸스 인더스트리 (Huntington Ingalls Industries)社에서 MRO를 2017년부터 수행하여 2021년에 완료될 예정이었으나, 지속적으로 지연되어 현재는 2024년에야 다시 임무를 수행할 수 있을 것으로 예상된다.

2022년 11월 미국 해상체계사업부(Naval Sea Systems Command)의 공격잠수함 사업 책임자는 해군이 보유한 핵추진공격잠수함 50척 중 18척(36%)이 정비 또는 정비 대기 중이라고 밝혔다. 이는 미국 해군이 정비를 위해 핵추진공격잠수함을 운용하지 않는 불가동율 목표 20%를 크게 상회하는 수치이다. 미국 해군의 수상함 정비율은 2021년 44%에서 2022년에는 36%로 더 악화되었으며, GAO는 미국 해군의 주력 구축함인 알레이버크급 이지스 구축함의 유지보수에 평균 26일이 더 소요되고 있다고 지적했다.

8.4 우방국과의 국방협력을 통한 해결방안

미국 국방부는 우방국과의 협력을 강화하여 이러한 미국 해군의 전력증강 문제를 해결하기 위한 방안 마련에 고심하고 있다. 미국 내부에서도 중국 해양력의 증강을 상쇄하기 위해서는 한국 또는 일본 등 해외로부터 함정을 구매하는 등 아웃소싱을 추진해야 한다는 여론이 형성되고 있다. 한국이나 일본의 조선소는 인공지능과 자동화 공정 등 최신 기술을 활용해 군함을 빠른 기간 내에 미국 군함의 절반 수준의 비용으로 건조할 수 있기 때문에 이를 활용하여 미국 해군의 해양력을 강화시켜야 한다는 것이다.

미국 해군 참모총장은 2023년 1월 '중국과 북한에 신속하게 대응하기 위해 한국 내에 미국 해군 모항의 설치도 고려'하고 있다고 밝혔으며, 2023년 6월 미국 CNN은 중국의 해군력은 이미 세계 최고일 뿐 아니라 함정 건조 속도도 미국에 비해 월등해 양국의 해군력 차이가 점점 벌어질 수 있다고 우려하였다. 수적·질적인 팽창에 대한 해결책으로서 한국 또는 일본과의 협력을 제시하면서 한국의 세종대왕함급 이지스 구축함이나 일본의 Maya급 이지스 구축함이 중국 해군력에 맞설 비밀병기로 부상하고 있다고 보도하였다.[127] 그러면서 중국의 월등한 함정 건조 속도와 더불어 구축함 등 중국이 건조 중인 신형 함정 중 일부는 미국 함정보다 강력한 화력을 보유할 것으로 평가되므로 중국을 견제하기 위해서는 지리적으로 가까우면서 미국의 핵심동맹인 한국이나 일본에서 구축함을 생산하여 신속하게 투입하는 방안을 고려해야 한다고 주장했다.

CNN은 한국과 일본으로부터 함정을 구매하거나 이들 조선소에서 미국이 설계한 함정을 건조하는 것이 중국과의 격차를 좁히고 비용을 최소화하는 효율적인 방법이 될 수 있으며, Jones Act를 재고해야 할 때가 되었다고 조언하였다.[128] 이와 더불어 일본의 민간 조선소를 이용해 미군 함정을 정비 또는 수리하는 방안도 검토하고 있으며, 이는 한국·싱가포르·필리핀으로 확대될 수도 있는 것으로 알려지고 있다. 현실화된다면 미국 해군이 동맹국과의 협력을 통해 중국의 대규모 함대에 맞서는 새로운

---

127 | Brad Lendon, "These may be the world's best warships. And they're not American", CNN, 2023.6.3., https://edition.cnn.com/2023/06/02/asia/japan-south-korea-naval-shipbuilding-intl-hnk-ml-dst/index.html

128 | 서필웅, "CNN, 세종대왕함급 구축함, 美 비밀병기 떠올라", 세계일보, 2023.6.4., https://m.segye.com/view/20230604508310

전환점이 될 것이다.

2023년 2월 싱가포르에서 개최된 아시아 안전보장회의(Shangri La Dialogue)[129]에서 미국 정부 관계자는 미국 함정을 본토로 보내어 정비하는 대신 일본과 한국의 조선소에서 MRO를 수행함으로써 본토의 조선소에 부담을 해소하는 방안도 검토하고 있다고 하였다.

2023년 5월에 일본 니케이 아시아[130]는 주일 미국대사가 이러한 협력을 위하여 일본 정부와 협의하고 있으며, 과거에도 미국 해군은 일본·인도·필리핀 조선소를 이용해 군수지원함을 정비해 왔으며, 최근에 미국은 구축함·순양함·수륙양용함 등 일본에 전진배치된 태평양사령부 7함대 군함에 대한 MRO까지 확대하는 것을 검토하고 있다고 미국 관계자 말을 인용하여 보도하였다. 미국 당국자도 일본 조선소에서 미국과 일본이 협력하여 미군 함정을 건조할 가능성에 대해서도 "배제하지 않는다."고 답했다고 전했다. 그러면서 MRO를 한국·싱가포르·필리핀·인도로 확대하는 계획도 있다고 덧붙였다.

8.4.1 한국의 함정 기술력

국방기술진흥연구소의 2022년 세계 방산시장 연감에 따르면[131] 2012~2021년간 미국의 해외 무기수입 비중은 항공기 37.0%, 함정 15.9%, 센서 13.0%, 엔진 10.2%, 미사일 3.7%, 기갑차량 3.2%, 기타 16.8%로 함정 관련 수입 비중이 두 번

---

129 | 2002년부터 영국 국제전략문제연구소의 주관하에 세계 각국 국방장관들이 참석하는 세계 최대 규모의 안보회의

130 | Ken Moriyasu, "U.S. turns to private Japan shipyards for faster warship repairs", NIKKEI Asia, 2023.5.24.

131 | 국방기술진흥연구소, "2022년 세계 방산시장 연감", 2022.12., pp106~107.

째로 높다. 미국이 독점적인 기술력을 발휘하는 항공기 분야에서는 한국과의 기술 격차가 크기 때문에 미국으로의 수출은 쉽지 않지만, 함정 분야는 한국이 세계 최고의 기술력을 보유하고 있는 점을 고려할 때 한국이 미국 시장에 진입할 수 있는 여지가 큰 분야라고 할 수 있다.

구분	2012	2013	2014	2015	2016	2017	2018	2019	2020	2021	합계
항공기	510	396	286	203	111	176	93	136	313	295	2,519 (37.0%)
함정	92	92	106	92	137	152	107	122	76	108	1,084 (15.9%)
센서	98	88	106	121	133	133	73	73	25	35	884 (13.0%)
엔진	152	44	31	46	71	46	30	165	721	42	697 (10.2%)
미사일	19	19	6	–	–	–	20	46	70	74	254 (3.7%)
기갑차량	110	44							17	47	218 (3.2%)
기타	235	108	55	58	5	15	56	303	175	138	1,146 (16.8%)

〈2012~2021년간 미국의 해외 무기수입 비중〉

2012~2021년간 미국의 국가별 방산수입 규모는 영국 16.6%, 독일 16.5%, 프랑스 11.0%, 네덜란드 10.6% 순이며 이들 국가들은 모두 미국과 RDP를 체결하고 있다. 미국이 RDP로 인한 방산시장의 개방을 통제하고 있다 해도 상대적으로 경쟁력이 있는 함정 분야에서 RDP 체결을 통한 가격 경쟁력만 확보된다면 영국, 독일, 프랑스, 네덜란드 등의 점유율을 한국이 상당 부분 가져올 수 있을 것으로 전망된다.

실제로 한국은 국내 연구개발로 2008년에 최초의 국산 이지스함인 '세종대왕함'을 전력화한 이후 지금까지 이지스급 함정 6척 중 5척을 국내에서 수주 및 건조하였고, 필리핀 및 인도네시아에 수상함과 잠수함을 수출하기도 하였으며, 필리핀 해군을 위한 MRO 사업계약도 체결하는 등 세계적으로 그 기술력을 인정받고 있다. 특히, 일본과 한국의 군함은 미국 이지스함의 이지스 전투체계(Aegis Combat System)와 상호운용성을 위한 SPY 레이더 등을 탑재하고 있어 일본 또는 한국의 조선소는 상호운용성 측면에서도 미국 군함의 건조나 MRO를 수행하는 데 매우 유리한 여건을 가지고 있다. 이지스 전투체계는 해상전은 물론이고 고성능 레이더와 중장거리 대공미사일 등 첨단장비를 이용해 적의 육상전력까지도 무력화시킬 수 있으며, 세종대왕함은 128발의 함대공, 대잠수함 및 순항미사일 등 강력한 화력을 보유하고 있다. 정조대왕급은 세종대왕급 구축함에 비해 함정 보호를 위한 스텔스 성능이 강화되었다. 또한, 세종대왕급은 SM-2로 항공기와 순항 미사일에만 대응이 가능하며 탄도미사일은 탐지·추적만 가능하지만, 정조대왕함은 북한 탄도미사일 요격이 가능한 SM-3 및 SM-6를 운용할 수 있다.

■ 이지스 구축함(광개토-Ⅲ Batch-Ⅰ 3척, 7600톤)
　1번함(DDG 991): 세종대왕함(2008년), HD현대중공업
　2번함(DDG 992): 율곡이이함(2011년), 한화오션(대우조선해양)
　3번함(DDG 993): 서애류성룡함(2012년), HD현대중공업

■ 차세대 이지스 구축함(광개토-Ⅲ Batch-Ⅱ 3척, 8100톤)
　1번함(DDG 995) : 정조대왕함(2024년 예정), HD현대중공업
　2번함(DDG 996) : 함명 미확정(2026년 예정), HD현대중공업
　3번함(DDG 997) : 함명 미확정(2027년 예정), HD현대중공업

〈이지스함 국내연구개발 현황〉

미국도 한국의 세종대왕급 이지스 구축함의 우수성을 인정하고 있다. 미국의 군사 전문 매체인 워리어 메이븐(Warrior Maven)은 2023년에 세종대왕함을 세계 최고 10대 구축함으로 선정했다.[132] 또한 한국의 이지스 구축함 건조 비용은 미국의 절반 수준이며, 함정 건조기간도 1년이나 단축 가능하다고 한다. 이는 엄청난 경쟁력으로, 일본

---

132 | Katherine Owens, "The Top 10 Warships in the World", Warrior Maven, 2023.5.13., https://warriormaven.com/sea/the-top-10-warships-in-the-world

에 비해서도 우위를 가지고 있다. 오랜 함정 건조 기간 및 고가의 비용으로 어려움을 겪고 있는 미국이 한국에 눈을 돌릴 수밖에 없는 이유이다.

2003년 6월 CNN도 한국의 이지스 구축함 세종대왕급 구축함을 세계 최고의 군함으로 꼽으면서, 한 · 일에서 배를 사거나 설계도를 주고 주문한다면 훌륭한 가성비로 중국과의 격차를 좁힐 수 있다고 보도하였다.[133] 한국은 자체 뛰어난 기술력으로 전투함을 빠른 기간 내에 저렴한 비용으로 괜찮은 성능의 전투함을 제작할 수 있는 능력을 보유하고 있다. 세종대왕함을 개발한 국내 조선사는 "세종대왕급 이지스 구축함의 설계도를 미국에서 구매하자는 의견이 있었으나 국내 기술력을 믿고 독자적인 연구개발로 설계했다. 일본은 미국의 이지스함을 거의 그대로 들여온 것으로 알고 있다."고 말했다. 한국의 기술력에 대한 해외 평가도 긍정적이다. 호주 미국연구센터(United States Studies Center)의 블레이크 헤르징거(Blake Herzinger)는 "한국과 일본의 전함은 충분히 중국 전함을 상대할 수 있다."고 평가했다.

8.4.2 미국 해군의 한국 조선소 방문

중국과의 해양 주도권 경쟁을 벌이고 있는 미국은 함정 건조(Building) 및 MRO의 지연, 글로벌 공급망 제한 등의 문제를 해결하기 위한 노력의 일환으로 2023년에 HD현대중공업, 한화오션, HJ중공업 등 한국의 조선업체를 방문하였다. 특히, 미국 해군 체계사령부(Naval Sea Systems Command, 이하 NAVSEA)의 방문은 전격적으로 진행되어 그 배경에 관심이 집중되기도 하였다. NAVSEA의 해군 수상함 사업 총괄책임자 일

---

133 | Brad Lendon, "These may be the world's best warships. And they're not American", CNN, 2023.6.3., https://edition.cnn.com/2023/06/02/asia/japan-south-korea-naval-shipbuilding-intl-hnk-ml-dst/index.html.

행은 2023년 1월 말에 HD 현대중공업 등 국내 조선소를 방문해 함정 건조 공정과 조선소 시설을 둘러보고 공급망 관리에 대하여 관심을 표명하였다. NAVSEA는 한국의 방위사업청과 유사한 조직으로 고위급 관리자가 직접 국내 조선소를 방문한 것은 이례적인 일로, 그만큼 미국이 함정 건조 및 MRO에 어려움을 겪고 있다는 증거로 받아들여진다.

- NAVSEA(Naval Sea Systems Command, 해상체계사령부)
  1. 해군성 장관 예하의 6개 체계사령부 중 하나로서 함정 및 잠수함 등 플랫폼과 이에 탑재하는 전투체계의 개발 및 획득을 담당하고 있다.
  2. 한국의 방위사업청 함정사업부와 유사하지만, 그 업무범위는 다르다. 방위사업청 함정사업부는 집행업무만을 수행하지만, NAVSEA는 소요, 집행, 우녕유지 등 수명주기 전 과정에 걸쳐 업무를 수행하며, 수출업무까지도 관장하고 있다.
  3. 2022년 8월 기준 86,600명의 민간인 및 군인으로 구성되어 있으며, 해군 전체 예산의 약 4분의 1을 차지하고 있으며 6개 체계사령부 중 가장 큰 규모의 예산을 집행하고 있다.
  4. 예하에 7개의 사업집행부서(Program Executive Office, 이하 PEO)를 두고 있다.
     - 가. PEO Aircraft Carriers: 항공모함 설계, 건조, 수명주기 관리, 함정모함에 전투체계 등 시스템 탑재 및 통합
     - 나. PEO Intergrated Warfare Systems: 전투체계 개발 및 군수지원
     - 다. PEO Ships: 구축함, 상륙함, 지원함, 특수임무함
     - 라. PEO Attack Submarines: 공격용 잠수함(통상 어뢰를 탑재하나, 경우에 따라 대함 미사일도 탑재)
     - 마. PEO Strategic Submarines: 전략 잠수함(어뢰, 대함 미사일 등 탑재가능하나, 주로 탄도미사일을 탑재)
     - 바. PEO Undersea Warfare Systems: 잠수함 플랫폼에 대한 사이버보안 및 전투체계
     - 사. PEO Unmanned and Small Combatant: 무인 해상체계, 기뢰, 소형 수상전투함 등 설계, 개발 및 군수지원

〈미국의 NAVSEA〉

미국의 RDP와 한국의 방산수출전략

또한 미국 해군협회(Navy League)의 총재 일행도 국내 조선소를 연이어 방문해 함정 건조 능력 및 첨단선박 기술을 확인하고 향후 협력 강화를 약속했다. 해군협회는 해군 · 해병대 등 퇴역군인, 현역군인 및 관련자 등으로 구성되며 미국 해군력 증진을 목적으로 설립된 비영리 민간단체로, 1980년대부터 해상 · 항공 · 우주 전시회인 Sea-Air-Space Exhibition을 매년 주최 · 주관해 오고 있다. 이처럼 미국 해군의 획득에 큰 영향을 미치는 고위급 관계자들이 잇따라 한국 조선소를 방문한 것은 한국의 함정 기술력을 인정한 것으로, 향후 함정이나 해상무기 수출에 긍정적인 영향을 미칠 것으로 기대된다.

8.4.3 미국 함정시장 진출 제한사항

미국의 방산시장 진출은 다양한 기술적 · 제도적 규제로 인하여 방산업체 자력만으로 추진하는 것이 대단히 어렵다. 특히, 함정은 소요 · 건조 · 정비 전 과정에서 미국 정부의 철저한 통제 아래 미국 본토 내에서만 진행되도록 법률로 강제되어 있어 더욱 그러하다. 하지만 이러한 미국의 제한은 때로는 자국의 필요에 대하여 스스로 올무에 얽매이게 되는 결과를 초래하기도 한다. 특히, 중국의 해양력 팽창에 대응하기 위해 좀 더 많은 함정을 신속히 건조하고 적정한 수준의 준비태세가 유지될 수 있도록 원활한 MRO를 지원해야 하지만, 미국 조선소의 함정 건조 및 MRO 능력의 제한 등으로 어려움을 겪고 있다.

이에 대한 해결방안으로 주변 우방국인 한국 또는 일본과의 협력이 유력하게 검토되고 있으나, Jones Act에 의해 제한을 받고 있다. Jones Act는 미국 내 연안 무역을 보호하기 위한 법률로, 다음의 세 가지 요건을 강제하고 있다. ① 미국 항구를 오가는 화물운송 선박은 미국 회사가 소유해야 하며, 소유권의 75% 이상은 미국 시민이 보유해야 한다. ② 선박의 승무원은 대다수의 미국 시민으로 구성되어야 한다. ③ 선박은 미국에서 건조 및 등록되어야 한다. 이러한 제한사항 때문에 함정의 미국 수출은 높은 장벽으로 여겨지고 있으나, 길이 없는 것은 아니다.

첫째는 미국 내의 Jones Act 부작용으로 인한 미국 내 개정 요구를 들 수 있다. 미국 워싱턴 DC의 카토 연구소(CATO Institute) 무역정책 연구센터장 다니엘 등 3명[134]은 Jones Act는 실패한 법률로서 미국이 더 이상 감당할 수 없는 부담이라며 다음과 같이 주장하였다. "Jones Act 규제의 결과로, 미국에서의 외국의 경쟁이 금지되어 미국 해운사들은 그들이 사용할 선박 건조에 대해 엄청나게 높은 비용을 지불해야 한다. 이는 미국의 선박 노후화를 초래하였다. 통상 선박의 총 수명은 20년 정도이지만, Jones Act로 인하여 미국 선박(유조선 제외)은 평균 30년 이상 노후화되었다. 미국 조선업의 강력한 존립을 보장하기는커녕 경쟁의 부재로 조선사들이 혁신하거나 업계 표준에 맞추거나 심지어 새로운 선박을 많이 건조하는 것마저 포기하게 하고 있다. 또한, 결과적으로 운송비는 인위적으로 부풀려졌다. 화주에게 부과되는 높은 비용은 중간재를 소비하는 생산자, 도매상 및 소매업자인 고객에게 전가되며, 최종적으로 소비자에게 높은 운송비를 청구하고 있다. Jones Act은 아무리 보아도 실패다. 미국의 조선업이 위축되고, 해운업이 시들해졌으며, 해군의 해양력 증강에 대한 기여는 기껏해야 미미했다. Jones Act가 의도한 목적을 달성하지 못하였고, 직간접적인 다양한 경로를 통하여 상당한 경제적 피해를 입혔다. 국가안보를 강화하는 역할을 하기보다는 국내 조선업을 위축시키고, 미국의 상선 비축 규모를 축소시켰으며, 자연재해와 인재에 신속하고 효과적으로 대응할 수 있는 능력을 저해하였다. Jones Act는 극단적인 보호무역주의로 두드러지고 있다. 국내 운송에 참여하는 선박을 국내에서 건조하도록 요구하

---

134 | Daniel Ikenson, Colin Grabow, Inu Manak, "The Jones Act: A Burden America Can No Longer Bear", CATO Institute, 2018.6.28.

미국의 RDP와 한국의 방산수출전략

는 국가는 극히 일부에 불과하고, 그 이상의 부담스러운 규제는 존재하지 않는다."

미국 해군분석센터(Center for Naval Analyses)의 팀(Tim Colton)[135]에 의하면 1970년대와 1980년대 철도, 트럭, 항공 산업에 새로운 효율성과 활력을 불어넣었던 규제완화의 물결이 Jones Act로 인하여 해양산업에는 적용되지 않았다. 결과적으로 미국에서 건조된 선박은 외국 건조 선박에 비해 무려 6~8배나 비싸서 그로 인하여 선박 수도 훨씬 적으며, 지난 30년 동안 미국의 화물선과 유조선 생산은 대체로 한 자릿수를 기록했다고 한다.

앞서 살펴본 바와 같이 CNN 등에서도 이러한 여론을 반영하여 중국에 대응하기 위해 한국 또는 일본과의 협력이 필요하며, 이를 위해 Jones Act를 재고해야 한다고 주장하고 있다.[136]

둘째, Jones Act 개정없이 미국 행정부 결정에 의해서도 해결이 가능하다. 미국 의회 조사국(Congressional Research Service)의 보고서에 의하면 46 U.S.C. Section 501에 의해 Jones Act를 포함한 미국 항해법 및 선박 검사법은 국방부장관 또는 국토안보부 장관이 "국방을 위해 필요하다."고 판단하는 경우에는 면제될 수 있다고 한다.[137] 이 법률에 의하면 국방의 이익을 위해 필요한 경우에는 미국 국방부장관 요청 또는 대통령 결정에 의해 Jones Act의 적용을 면제하는 예외를 허용하고 있다. 역사적으로 Jones Act를 면제한 사례도 있다. Jones Act는 자연재해가 발생하면 피해 지역에 물품을 공급할 수 있는 선박의 수를 늘리기 위해 법의 적용을 면제할 수도 있는데, 2017년 9월 트럼프 행정부는 푸에르토리코의 허리케인 마리아(Maria)로 인

135 | Tim Colton, "Deliveries from U.S. Shipyards Since 1987" Ship bulidinghistory.com, 2021.4.30., http://shipbuildinghistory.com/statistics/recent.htm
136 | 서필웅, "CNN, 세종대왕함급 구축함, 美 비밀병기 떠올라", 세계일보, 2023.6.4., https://m.segye.com/view/20230604508310
137 | Waivers of Jones Act Shipping Requirements, 2017.9.29., https://www.everycrsreport.com/reports/IN10790.html

한 피해복구를 위하여 Jones Act의 적용을 임시로 면제하였다. 2011년 7월에는 리비아 2차 내전 과정에서는 외국 유조선들이 미국의 전략 석유 비축국(U.S. Strategic Petroleum Reserve)으로부터 석유를 운송할 수 있도록 허용하기 위하여 Jones Act가 임시로 면제되기도 하였다. Jones Act 면제는 이처럼 임시적으로 단기간에 한하여 허용(Temporary Waivers)하는 것을 원칙으로 하였으나, 2020년 미국 의회는 "군사작전에 대한 즉각적인 악영향을 해결하기 위해(Address an immediate adverse effect on military operations)" 필요한 경우에 한하여 장기간의 면제(Permanent Waivers)도 가능하도록 법을 개정하여 남중국해에서의 미중 패권경쟁이 격화된다면 미국으로의 함정 수출이 가능토록 장기적인 면제도 수용될 수 있을 것이다.

최근에는 중국과의 해양 주도권 경쟁에서 힘에 부치자 동맹국 및 우방국과의 협력을 요구하는 목소리가 미국 내에서 더 힘을 얻고 있으며, 구체적으로는 한국 또는 일본과의 협력 가능성을 타진하는 모습이다. 물론 바로 추진되기는 쉽지 않으나, 중장기적으로 법을 개정하거나 또는 법의 개정 없이도 국방부장관의 요청이나 대통령의 권한으로 예외를 적용하는 등의 방식으로 한국이나 일본에 신규 함정 건조 또는 함정의 MRO 계약을 의뢰할 가능성도 있다. 지금은 어려울 것처럼 보이겠지만, 해양력 경쟁에서 중국이 빠른 속도로 미국 해군을 추격하는 반면 미국의 함정 건조 및 정비가 지연되는 등 자체적인 해결방안이 없는 상황에서 동맹국과의 협력을 통한 해결방안을 모색하고 있는 미국 행정부가 충분히 선택 가능한 옵션이라 할 수 있다. Jones Act의 예외를 허용하는 정책적인 선택이 오늘 결정된다고 해도 전혀 이상해 보이지 않는다.

특히, 2023년에 미국 상원은 함정에 사용되는 부품의 비중을 2026년 65%로 상향시키고, 2028년에는 75%, 2033년에는 100%로 상향시켜 미국 본토에서 제조하도록 의무화하는 법안을 만장일치로 통과시켜 회계연도 2024년 국방수권법(National Defense Authorization Act)에 포함시켰다.[138] 조선산업에 대한 Buy America 요구사

---

138 | Bryant Harris, "Senate to extend Buy American laws for Navy ships", DefenseNews, 2023.7.28.

항을 강화함으로써 미국의 일자리를 지키고 방위산업 기반을 유지하는 것이 주된 목적이다. 일부에서는 이러한 정책이 선택의 폭을 좁히는 것으로서 해군의 전력증강을 더 어렵게 만들 것이라며 반대의견을 제기되고 있다. 중국에 해군력 팽창에 대응하기 위해 Jones Act의 적용을 면제할 것인지 아니면 Buy America를 공고히 할 것인지에 대한 바이든 행정부의 고민이 깊어지고 있다.

Jones Act 외에도 또 하나의 제한사항으로 기술의 유출에 대한 미국 정부의 우려를 들 수 있다. 함정 건조 또는 정비를 요청하는 경우 함정 및 전투체계에 대한 민감한 기술과 지적 재산을 이전해야 할 가능성이 높다. 함정의 경우 레이더, 전자광학추적장치 등 감시장비를 통해 표적을 분석하여 함정에 탑재된 무장체계에 교전명령을 내리는 전투체계를 연동하고 통합하기 위해서는 개별장비의 특성이나 기술적인 이해가 전제되어야 하므로 자연스럽게 기술이전이 될 수밖에 없다.

특히, 미국은 중국과의 정치적·경제적·군사적 긴장이 고조되면서 첨단기술에 대한 유출에 매우 민감한 상태로 방산업체에서는 K-방산이라는 브랜드를 앞세워 글로벌 방산시장에서 약진하고 있는 한국에 대하여 우려를 넘어 경계와 견제의 목소리가 나오고 있다. 게다가 폴란드에 대한 대규모 방산수출, 미국과 불편한 관계를 지속하고 있는 사우디아라비아와의 방산협력 등 한국 방산의 비약적인 약진이 계속되는 가운데, 세계적인 기술력을 보유한 한국과의 함정 분야에서의 방산협력은 미국의 또 다른 고민이다.

8.4.4 한국 and/or 일본?

현재와 같은 상황에서 중국 해군의 팽창에 대응하기 위한 협력대상을 찾는다면 기술력으로는 한국이 유리하지만, 일본과의 협력이 우선 고려될 가능성이 결코 낮지 않다. 첫째, 아직까지도 RDP를 체결하고 있지 않은 한국에 비해 일본은 2016년에 RDP를 이미 체결하였고, 공동연구개발 등을 통하여 미국과의 방산협력을 활발히 진행해 오고 있다. SM-3 Block-Ⅱ에 이어서 극초음속 미사일을 요격할 수 있는 신형 미사일의 공동연구개발에도 합의했다고 한다. 우방국과의 방산협력을 확대하기 위한 안보협력 수단으로RDP를 활용해 오고 있는 미국의 입장에서 함정의 아웃소싱 대상을 고려할 때 일본에 비해 한국이 반드시 유리하지는 않을 것 같다.

둘째, 일본은 미국과 더 긴밀한 안보협력 관계를 유지하고 있다. 특히 일본은 미국 인도-태평양 전략의 당사자로서 미국 · 인도 · 호주과 함께 쿼드(QUAD)에 참여하고 있으나, 한국은 한국 · 베트남 · 뉴질랜드 3개국을 포함하여 쿼드 플러스(QUAD Plus)로 확대하려는 미국에 소극적인 입장이다. 물론 최근 한미일 정상회담 등을 통하여 긴밀히 협력하고 있어서 안보협력의 대가로 방산협력의 확대 등을 요구할 수도 있겠으나 이에도 RDP 체결이 선행되어야 할 것이다.

셋째, 남중국해를 기준으로 지리적인 차이는 없으나, 1972년부터 태평양사령부 7함대가 일본 요코스카에 주둔하고 있는 점도 MRO를 수행하는 측면에서 지리적으로 한국에 불리하다고 할 수 있다.

넷째, K-방산의 약진은 세계 1위의 미국에게도 위협이 될 수 있다. 벌써부터 미국 내 일부 방산업체에서는 경계의 눈초리로 한국을 바라보고 있다. 함정 분야에서도 한국이 일본에 비해 탁월하게 우세하다면 문제가 없겠으나, 비슷하거나 대등하다면 빠른 발전 속도로 추격해 오고 있는 세계 방산 9위의 한국 보다는 48위인 일본과의 협력을 더 선호할 수도 있다.

이처럼 기술적으로는 일본에 비해 경쟁력이 있다고 판단되지만, 미국의 일본 또는 한국과의 함정 건조 및 MRO 협력은 종합적인 정책적인 고려를 통해 결정될 것이므로 정부의 역할이 매우 중요하다. 그러한 측면에서 한국에게 남은 시간은 충분해 보이지 않는다. 일본에게 잭팟과도 같은 큰 선물을 주길 원하지 않는다면 지금이라도 미국과 신속하게 RDP를 체결해야 한다.

　일본이 헌법을 개정하면서까지 수출을 통한 방위산업 육성을 목표로 하고 있는데, 미국과의 협력을 통해 함정을 미국에 수출하게 된다면 이는 일본의 기술력을 크게 향상시키는 계기가 될 것이다. 결국 일본 해군의 전력증강으로 이어질 수 있어 경제적인 측면을 넘어 정치·군사적으로도 큰 부담이 아닐 수 없다. 역사적으로 바다를 사이에 두고 대륙으로의 진출을 열망하였던 일본이 미국과의 협력을 통해 함정사업을 크게 일으킨다면 이는 한국에게 씻을 수 없는 패착이 될 수 있을 것이다.

8.5 기대효과

　글로벌 함정 수출시장 규모는 Janes Forecast 2022~2031에 의하면 향후 10년간 건조되는 전 세계 함정시장은 약 9,930억 달러로서 자국에서 건조하거나 수출금지 국가 등을 제외한다면 약 590억 달러 수준으로 예측된다.

　함정 MRO 시장도 2023~2028년간 약 639% 성장이 예상되고 있다. GAO에서는 최근 10년 미국 해군 함정 MRO 발주금액이 연평균 약 26% 증가하고 있다고 한다. 더불어, 중국의 해양력에 대응하기 위한 미국 해군 함정 건조가 활발하게 진행되고 있어, MRO 수요는 훨씬 더 증가할 전망이다. MRO 연구보고서[139]에 따르면, 전 세계 해군 MRO 시장은 2023년에 56.7억 달러로 추정되며 2023~2028년 동안 연평균 1.95%의 증가율로 성장하여 2028년에는 64.2억 달러에 이를 것으로 예상하고 있다.

　특히 남중국해에서의 미중 패권경쟁 심화 및 북한의 빈번한 도발 등으로 아시아–

---

139 | "Naval Vessel Maintenance, Repair, Overhaul Market Size & Share Analysis: Growth Trends & Forecasts(2023~2028)", Mordor Intelligence, https://www.mordorintelligence.com/industry-reports/naval-vessels-maintenance-repair-and-overhaul-market

태평양은 2021년에 가장 높은 시장 점유율을 차지하였으며, 현재도 시장을 지배하고 있으며 2023~2028년까지도 추세가 유지될 것으로 예상된다. 미국과 중국 외에도 인도나 일본과 주변 국가들도 지정학적 긴장으로 인하여 지속적으로 해군력 강화에 대한 투자를 늘리고 첨단기술을 탑재하는 등 함정을 현대화하고 있다. 해군 함정의 현대화에 대한 투자 증가로 향후 이 지역의 MRO 수요는 더 가속화될 것으로 예상된다.

Source: Mordor Intelligence

〈2022~2031년간 지역별 해군함정 MRO 시장 성장률〉

MRO는 단순히 정비로 끝나지 않는다. 함정과 감시장비 및 무장체계 등의 전투체계를 연동시켜야 되기 때문에 모든 체계에 대한 기술적인 이해를 필요로 한다. 미군 함정의 건조 또는 MRO는 미국 해군의 최신 함정기술을 접할 수 있는 좋은 기회이다. 탑재장비와의 연동 등에 있어 미국 기술자와의 긴밀한 기술 교류가 필요하기 때문에 한국의 자연스러운 기술 축적이 가능할 것이다.

현재 한국의 조선소는 상선 분야에서는 세계적으로 최고의 기술력을 인정받고 있음에도 함정수출은 아직도 상대적으로 부진하다. 필리핀, 인도네시아, 말레이시아 등 제3국에 중저가 위주의 함정 및 MRO 수출 실적만이 있을 뿐이다. 하지만 미국과의

미국의 RDP와 한국의 방산수출전략

함정 분야 방산협력을 통해 세계적인 기술력을 바탕으로 함정 분야에서도 K-방산이 미국 방산시장에서 인정받고, 글로벌 방산시장에서의 함정 수출 경쟁력을 확보하는 계기로 삼아야 할 것이다. 물론 한국이 Jones Act의 예외를 적용받는다고 하더라도, 중국에 대응하기 위한 긴급한 부족분이 충족되고 미국 조선소의 현대화 계획이 정상화되는 때까지의 일시적인 조치일 가능성도 크다. 그러나 세계시장에서 K-방산의 기술력을 인정받기에는 충분한 시간으로 판단된다. 이런 좋은 기회를 일본에 넘겨주기에는 너무 아깝다. 한국 정부의 정책적인 지원이 절실한 시점이다.

8.6 한국의 미국 함정시장 진출 방안

2022년 대통령은 취임 100일 기자회견에서 세계 4대 방산 수출국으로 도약하겠다고 밝혔다. 이후 정부의 적극적인 세일즈 외교가 이어지고 있으나, 세계 9위로 세계 방산수출 점유율 2.4%인 한국에게 세계 방산 4위는 참으로 벅찬 목표가 아닐 수 없다. 4위인 중국의 5.2%에 앞서기 위해서는 2배가 넘는 수출 실적을 쌓아야 한다. K-방산이 눈부신 성장을 하고 있지만, 2027년까지 세계 방산수출 점유율 5%를 넘어서기 위해서는 획기적인 모멘텀이 필요하다. 그러한 측면에서 수출규모가 크고 미국을 능가하는 세계적인 기술력을 보유하고 있는 함정수출에 정부가 관심을 가져야 할 때이다. 특히, 남태평양에서의 중국의 해양력 팽창과 이로 인한 미국 해군의 전력증강은 함정수출을 본격화할 수 있는 최고의 기회다.

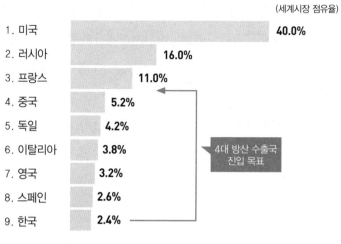

〈한국의 4대 방산수출국 진입목표〉

8.6.1 정부의 RDP와 연계한 적극적인 정책지원

미국 함정시장을 점유할 기회를 갖기 위하여 정부는 우선 미국과의 RDP를 신속하게 체결해야 한다. 만약 Jones Act의 예외를 적용하여 해외에서도 함정 건조가 가능해진다면 그다음 관문은 BAA가 될 것이다. 미국이 함정 분야 협력국가로 한국과 일본이 유력하게 언급되고 있지만, 일본은 RDP를 이미 체결하여 미국과 활발한 방산협력을 수행하고 있으며 BAA 면제로 인하여 가격 경쟁력 면에서도 한국에 비해 크게 유리하다.

일부에서는 RDP 체결과는 상관없이 Jones Act가 함정의 미국 수출을 제한하고 있기 때문에 RDP를 함정 수출과 별개로 생각하는데 큰 오산이다. 만약 미국 의회에서 Jones Act 등 관련법을 개정하거나, 대통령이 해군전력증강 목표를 확보할 때까지 국가안보를 이유로 Jones Act의 예외를 적용하는 것으로 결정한다면 어떻게 될까? RDP를 체결하지 않은 한국은 BAA의 차별적인 비용을 부과받음으로써 일본에 비해 경쟁력이 떨어질 수밖에 없다. 3불 정책 폐지 이후 방산수출을 확대하기 위해 꾸준히 노력하고 있는 일본에게 이는 매우 중요한 기회가 될 것이다. 늦었지만, 한국 정부도 미국과의 RDP를 조속히 체결함으로써 미국과의 방산협력의 틀을 만들고 이에 따라 구체적인 협력방안을 논의함으로써 일본에게 절호의 기회를 양보하는 우를 범하지 말아야 할 것이다.

앞서 살펴본 것처럼 RDP로 인하여 방산시장이 크게 잠식될 것 같지는 않다. 오히려 RDP는 방산협력을 위한 프레임워크를 형성하는 단계로서 미국 방산시장을 확대하기 위해서는 반드시 필요하다. 1980년대 말부터 이어 온 논쟁을 이제는 끝내고 RDP를 체결함으로써 미국 방산시장에 과감히 K-방산 브랜드를 내걸고 협력을 확대하는 디딤돌로 활용해야 한다. RDP는 세계적인 기술력에도 불구하고 부진했던 미국 및 세계 방산시장에 함정수출의 물꼬를 트는 계기가 될 것이다.

또한 정부가 RDP를 체결하는 과정에서 함정 분야 협력을 선제적으로 제언하는 것도 필요하다. 바이든은 2021년 Made in America 행정명령에 서명하는 등 취임 이후 자국의 산업보호를 위해 장벽을 높이며 Buy America 정책을 강화해 왔으며, 2023년 최근에는 미국 상원도 함정에 사용되는 부품의 비중을 상향하여 본토에서 제조하도록 의무화하는 법안을 만장일치로 통과시켰다. 이러한 상황에서 바이든 행정부가 조선산업에 대한 Buy America 요구사항을 강화하여 미국의 일자리를 지키고 방위산업 기반을 유지해야 한다는 요구를 뿌리치고 기존 정책과는 달리 Jones Act의 예외를 적용하도록 결정하는 것은 쉽지 않을 전망이다. 하지만 남중국해를 둘러싼 중국 해군력이 무섭게 성장하고 있는 반면 미국은 스스로 대응할 능력이 제한되는 가운데 시간이 흐르고 있어 미국 내에서도 바이든의 결단을 요구하는 목소리가 높아지고 있다. 미국 해군을 포함한 국방부를 중심으로 우방국과의 협력 필요성을 인식하고 있으며, CNN 등의 언론과 미국 여론조사 기관인 리얼클리어디펜스(realcleardefense.com)에서 Jones Act

에 대한 개정을 요구[140]하는 등 변화가 감지되고 있는 이때 정부가 선제적으로 나설 필요가 있다.

다행인 것은 RDP가 비록 국방부 수준의 협정이지만, 양국 정상이 이에 대하여 깊은 관심을 가지고 있다는 점이다. 미국과의 동맹관계가 공고하게 진행되는 지금이 호기이다. 대한민국 제1의 세일즈맨으로서 대통령이 한미 정상회담에서 협력방안을 제안하거나 또는 RDP를 체결하는 과정에서 함정 협력방안에 관한 구체적인 논의도 함께 진행함으로써 미국 의회나 행정부에서 Jones Act와 같은 법적 제약을 완화하거나 예외적으로 적용하는 등에 대한 논의가 시작되도록 해야 할 것이다.

8.6.2 미국 함정시장 진출 방안

함정 건조용량의 한계로 건조가 지연되고 MRO도 가용능력을 초과하여 지체되는 등 세계 최강의 해군력을 자랑하는 미국이 어려움을 겪고 있다. 이를 미국 진출의 기회로 삼아야 할 것이다. 하지만 미국 함정시장은 4개 지역을 기반으로 각각 클러스터화되어 해외 방산업체가 단독으로 진입하는 것이 쉽지 않다. 따라서 미국에 함정을 수출하는 방안으로는 현지에 법인을 설립하거나, 합작투자 또는 조선소 인수 등을 통해 현지에서 미국산우선구매법의 제한을 받지 않고 함정을 건조하거나 MRO를 수행하는 적극적인 방안과 한국의 기존 생산시설을 활용한 소극적인 방안을 고려할 수 있다.

---

140 | Patrick Drennanm, "Should the U.S. Navy Outsource Shipbuilding to Japan and South Korea?", 2023.7.17., https://www.realcleardefense.com/articles/2023/07/17/should_the_us_navy_outsource_shipbuilding_to_japan_and_south_korea_966473.html

8.6.2.1 미국 현지법인 설립을 통한 신함건조 또는 MRO 참여

먼저 미국 현지에서 수행하는 적극적인 방안에 대하여 살펴보자. 이 방안은 미국의 방산업체로서 참여하기 때문에 해외 방산업체에 가해지는 규제나 법률적인 문제를 해결할 수 있으며, 미국 현지의 인력과 협력하여 해외정비를 수행할 수 있다. 또한, 미국의 조선소(Shipyard)를 인수하는 것도 가능하다. 하지만 미국 정부 관계자나 현지 조선업체와도 긴밀한 협력과 노력이 필요하다. 이를 통해 미국 해군의 요구사항을 충족시키는 제품이나 서비스를 제공하면서 함정 건조 및 정비 분야에서의 성공적인 진출을 이루어 낼 수 있을 것이다.

첫째, 현지법인을 설립하여 미국 방산시장에 진출한 사례로 한화디펜스를 들 수 있다. 미국 육군의 M2 브래들리 장갑차를 대체하기 위한 미국 차세대 유·무인 전투차량(OMFV) 사업에 참여하기 위하여 한화디펜스는 2021년에 미국법인을 설립하고 미국 방산업체인 오시코시 디펜스(Oshkosh Defense)와 협력하고 있다.

둘째, 해외 방산업체가 합작투자를 통해 미국에서 조선소를 만든 사례로는 호주의 글로벌 조선소인 Austal을 들 수 있다. Austal은 1999년에 미국의 Bender Shipbuilding & Repair Co와 합작투자하여 Austal USA를 설립하였다. Austal USA는 미국 앨라배마주에 위치해 있으며, 미국 해군의 함정을 설계 및 건조하고 있다. 합작투자의 경우 미국 법률에 따라 미국인이 소유주가 되어야 하므로, 미국의 업체나 투자자들과 협력할 필요가 있다. Jones Act는 미국 내 연안에서 운항하는 선박들이 미국 국적의 선박으로만 운영될 수 있도록 제한하는 법률이지만, 일부 해양산업 분야에서 예외적으로 해외에서 수리 및 유지보수가 가능하도록 허용하고 있다. 따라서 한국의 MRO 기술력만 인정받고 미국 해군이 Jones Act 예외 규정을 활용한다면 한국의 MRO 참여가 가능할 수 있다.

셋째, 현지 조선소를 인수하는 것이다. 한화그룹은 대우조선해양을 인수하면서 미국의 조선소 인수를 추진하는 것으로 2023년 3월 언론에 보도[141]되었다. 현재 Austal 인수를 고려하는 것으로 알려지고 있다. Austal은 분식회계 등 부정의혹과 실적부진이 겹치면서 매물로 나오게 되었는데, 미국 언론은 한화가 Austal을 인수한다면 미국 조선산업에 혁신적인 사건이 될 것으로 보았다. Austal은 미국 해군 및 호주 잠수함을 수주하는 등 기술력을 인정받고 있어 한화에 인수된다면 미국에서의 입지를 공고히 할 뿐만 아니라 한국 조선소 및 미국 조선소 간의 협력을 강화하는 계기가 될 것이라는 게 그 이유다.[142] Austal의 주요 고객인 미국 해군이 군사기밀과 기술 유출 등을 우려하여 지배권 변경 조항을 포함시키는 등 미국업체가 인수하기를 원하고 있어 쉽지 않을 전망이나, 한화가 인수한다면 함정의 미국 시장 진출을 위한 교두보가 될 것이다. 한화가 추진하는 미국 조선소 인수는 미국의 Jones Act를 염두에 두고 미국 현지에서 사업을 추진하기 위한 방안으로 분석된다.

이와 같은 미국 현지 진출은 Jones Act 등의 규제를 피할 수 있어 파급 효과도 크지만, 불확실성과 리스크도 높다. 현지법인 설립, 생산시설 및 장비의 현대화에 장기간의 시간 및 막대한 예산이 소요될 뿐 아니라 향후 지금과 같이 지속적인 함정 건조 소요가 지속되리라는 보장도 없다. 현재의 함정 건조 소요는 남중국해에서의 미국과 중국의 해양력 경쟁으로 인하여 급격히 증가한 측면이 있어 미중 패권경쟁이 어느 한쪽으로 중심축이 흔들리는 순간 크게 줄어들 수 있다. 물론 중국과의 경쟁이 훨씬 오랫동안 지속될 것이라는 전망도 적지 않아 속단하기는 어려우나, 이러한 리스크가 언제든지 현실화될 수 있다.

---

141 | 이강산, "덩치 키우는 한화그룹, 대우조선해양 이어 美 조선소 인수설 솔솔", 위키리크스한국, 2023.2.24, http://www.wikileaks-kr.org/news/articleView.html?idxno=135616

142 | John Konrad, "Daewoo Investor Eyes Purchase Of US Navy Shipbuilder", gCaptain, 2023.7.11., https://gcaptain.com/daewoo-investor-eyes-purchase-of-us-navy-shipbuilder

8.6.2.2 기존 생산시설 및 장비를 활용한 신함 건조 또는 MRO 참여

이에 비하여 한국의 생산시설을 이용하는 소극적이지만 안정적인 방안도 고려해 볼 만하다. 다만, 여기에는 Jones Act의 예외를 적용받는 경우를 전제로 한다.

가격경쟁력 측면에서 국내 조선소는 상대적으로 낮은 임금 등으로 유리하지만, 미국 조선소를 인수하는 경우에는 현지인 고용 의무, 근로법 등으로 인한 인건비 상승으로 미국 조선소에 비하여 획기적인 가격 경쟁력을 기대하기 어렵다. 또한 조선사업은 기술집약적 IT산업과는 달리 대규모의 시설 및 장비와 숙련된 노동력이 필요한 노동 집약적 산업이다. 현지 공장을 설립하여 안정화되는 시점에서도 미 해군의 안정적인 수요가 확보될지는 불투명하다. 지금은 남중국해에서의 해양력 주도권 확보경쟁으로 인하여 미국 함정의 건조 소요가 많으나 향후에는 어떻게 진행될지 예측할 수 없다.

이로 미루어, 초기투자 및 사업 리스크가 큰 미국 현지에서의 사업 참여보다는 국내의 기존 시설 및 장비를 활용한 MRO를 우선 추진하여 미국 방산시장에 교두보를 확보하고, 이후 공동연구개발 등을 추진하여 신함 건조 사업을 확대하는 단계적인 사업 추진이 효율적일 것으로 판단된다. 한국 조선소에서 함정을 건조하여 수출하는 방법은 기존의 장비와 인력을 그대로 활용할 수 있으므로 한국으로서는 최선의 방안이다.

Jones Act의 예외를 적용받는 경우 함정 건조와 더불어 미국 7함대[143] MRO 수주도 기대할 수 있다. 특히, 아시아 지역에 배치된 미국 7함대에 대한 MRO를 수행하는 것도 고려해 볼 만하다. 구미의 방산혁신 클러스터와 같이 울산(HD현대중공업), 거제(한화오션, 삼성중공업), 부산(HJ중공업)을 연결하는 함정 클러스터를 추진하는 것도 좋

---

143 | 미국 태평양 함대의 일부로서 일본 가나가와현 요코스카에 배치. 현재 전진배치 된 미국 함대 중 가장 규모가 큰 함대로 50~70척의 선박, 150대의 항공기, 27,000명의 해군과 해병대를 보유하고 있다.

은 대안이 될 수 있을 것이다. 조선소들이 인접하며, 일본과 가까워 미군 7함대 접근이 용이하고, 정박하여 정비 및 훈련을 하는 중에 부산이나 울산 등의 인프라를 사용할 수 있는 점을 고려하여 함정 클러스터를 구축해 7함대사령부의 MRO를 국내에서 수행하는 방안도 좋을 것이다. 미국은 원칙적으로 미국 또는 괌에 모항(Homeport)을 둔 해군 함정에 대한 해외 MRO 수행을 법(10 USC §8680)으로 금지하고 있으나, 해외에서 수리해야 하는 특정한 경우 등에 한하여 해외 MRO 수행이 가능하다.

---

10 USC 8680 Overhaul, repair, etc. of vessels in foreign shipyards: restrictions

a) Vessels Under Jurisdiction of the Secretary of the Navy With Homeport in United States or Guam.

미국 또는 괌에 모항이 있는 해군참모총장 관할하에 있는 선박.

(1) A naval vessel the homeport of which is in the United States or Guam may not be overhauled, repaired, or maintained in a shipyard outside the United States or Guam. 미국 또는 괌에 모항이 있는 해군 함정은 미국 또는 괌 이외의 조선소에서 정밀 검사, 수리 또는 유지 보수할 수 없다.

(2) In the case of a naval vessel classified as a Littoral Combat Ship and operating on deployment, corrective and preventive maintenance or repair (whether intermediate or depot level) and facilities maintenance may be performed on the vessel in a foreign shipyard, at a facility outside of a foreign shipyard, or at any other facility convenient to the vessel. 연안전투함으로 분류되어 배치를 위해 운항하는 해군 함정의 경우, 외국 조선소, 외국 조선소 외부시설, 또는 선박에 편리한 기타 시설에서 교정 및 예방 정비 또는 수리(야전정비 또는 창정비 수준) 및 시설 정비를 수행할 수 있다.

〈해외 조선소에서의 MRO에 관한 미국 법령〉

일본이 RDP 체결한 2016년 이전부터 요코스카에 배치된 7함대 MRO에 이미 참여해 온 것처럼 MRO 추진을 위해 RDP 체결이 직접 필요한 것은 아니다. 하지만 RDP 체결을 계기로 함정의 MRO에 대해서도 본격적인 논의를 진행하는 계기를 마련할 수 있을 것이다. 국내 조선사가 가진 장점으로는 이지스급 함정을 국내 기술로 건조하였으며, 해외 필리핀 해군 MRO 지원 등의 실적이 있다는 점을 꼽을 수 있다. 또한 다수의 보급원을 확보하고 있어 중국 의존도를 피할 수 있으며, 7함대 주둔지인 일보 요코스카와 단거리에 위치하여 정비기간을 단축시킬 수 있다는 점을 부각한다면 한국의 조선소도 7함대 MRO 참여가 가능할 수 있다.

9장 결론 및 정책 제안

9.1 미국의 RDP 분석

미국은 다음과 같이 1963년 이후 주요 동맹국 및 우방국 28개국과 RDP를 체결하여 현재까지 유지해 오고 있다. 지금까지 살펴본 내용을 중심으로 RDP 분석 결과를 요약하면 다음과 같다.

- 세계 방산수출 15위 이내 국가 중에서 RDP를 체결하지 않은 국가는 중국, 러시아, 한국의 3개 국가이다. 중국 및 러시아가 미국과 적대적인 관계임을 고려할 때, 미국의 주요 우방국 중에서는 한국만이 아직까지도 RDP를 체결하지 않고 있다.
- 1963년 이후 미국과 RDP를 체결한 국가는 28개국으로서 모두 RDP를 종결하지 않고 현재까지 유지해 오고 있다. RDP가 자국의 방산시장을 잠식하는 부작용이 심각하였다면 지금까지 28개국 모두 RDP를 유지하지는 않았을 것이다.
- RDP를 체결한 주요 6개국에 대한 정량적 분석 결과 RDP 체결로 인한 영향은 국가별로 상이하였으며, RDP를 체결하는 것만으로 방산수출이 급격히 증가하거나, 방산시장이 크게 잠식당하는 정형적인 추세는 발견되지 않았다. 하지만, 전체적으로 방산수출은 소폭 증가추세이고 미국으로부터의 수입은 감소하는 경우가 그렇지 않은 경우보다 다소 많았다.
- RDP는 FTA와 같이 자유무역의 활성화를 통한 경제이익이 주목적이라기보다는

미국이 우방국과의 국방협력을 강화하기 위한 안보협력 수단으로 활용하였다. 초기에는 미·소 냉전시기에 공산진영에 대응하기 위해 NATO 국가들과의 방산협력을 증진시킬 필요성에서 시작되었는데, 이 시기에 미국은 방산교역의 불균형에 대한 NATO 국가들의 불만을 상쇄하고 국방협력을 강화하기 위하여 RDP 이행 과정에서 상대적으로 불리함도 감수하였다. 1980년대 후반부터는 NATO 이외의 우방국과도 RDP를 확대하여 체결하였다.

● 미국은 1990년대 초에 RDP 이행 과정에서의 문제점이 대두되어 개선 필요성이 제기되었다. 1990년 이전에는 대부분 MOU로 체결되었으나, 1991년 이후에는 MOU보다 Agreement가 선호되었으며 RDP 협정서에 비구속적인 용어보다는 구속적인 용어들이 많이 사용되는 등의 변화가 나타났다. 특히, 2010년 이후 체결된 룩셈부르크 등 8개국의 RDP 협정서는 내용과 형식이 비교적 정형화되었다.

● RDP를 체결한 국가는 적격국가로 대우하며, BAA 적용의 예외 인정, 관세 등 일부 세제 면제 혜택을 부여하고 있다. 즉, 미국 방산업체와 동등하게 대우하는 것이 아니라, 국방연방조달 분야에서 미국산 방산물자와의 가격에서의 차별만을 제거하여 공정하게 경쟁할 수 있는 여건을 만들어 주는 것이다.

● RDP 기본협정서에는 미국과의 방산협력의 틀을 마련하기 위한 기본적인 원칙, 범위 등에 대한 포괄적인 내용이 포함되고, 세부내용은 별도의 부속서(Annex)를 통해 구체화하고 있다. 부속서는 최초 RDP 기본협정서를 체결하면서 함께 협정서에 포함되거나 RDP 체결 이후 구체적인 협력방안을 논의하여 추가하는 두 가지 방법이 있는데, 일반적으로 후자가 선호된다. 부속서는 협정서와 같은 지위를 가지는 것으로 간주되며 협정서에 합의된 범위 내에서만 유효하므로 효력 면에서는 기본협정서가 우선한다. 하지만 부속서는 구체적인 내용이 포함되므로 방위산업에 직접적인 영향을 미칠 수 있다.

● RDP 협력범위는 대부분 국방물자(Defense Materials) 및 용역(Services)을 포함하

여 연구개발(R&D) · 양산(Production) · 조달(Procurement) · 군수지원(Logistics Support) 등 포괄적인 범위까지 확대하였다.

- RDP 체결로 미국의 방산시장이 모두 개방되는 것이 아니라, 미국 국방부에 의하여 철저히 통제된 가운데 제한된 범위 내에서만 허용한다. 미국 방산시장 전체가 아니라 2~3% 수준 제한된 범위 내에서 RDP 체결 28개국이 경쟁하도록 하고 있다. 따라서 RDP 체결이 미국 방산수출의 획기적인 증가로 이어질 것이라는 기대는 경계해야 한다.

- RDP는 철저히 상호호혜의 원칙에 따라 작동되고 있다. 즉, RDP는 미국과 체결국 간의 상호호혜적 협력을 목적으로 하는 국제협약이므로 RDP 체결국도 결국 미국이 제공하는 혜택에 상응하는 반대급부를 요구받게 될 것이다. 방산수출이 크게 확대되는 등 많은 혜택을 받게 된다면 반드시 이에 대응하는 반대급부가 요구될 가능성이 크다.

- 같은 관점에서 RDP를 체결하면 한국의 국내 방산시장이 크게 잠식될 것이라는 주장도 근거가 부족하다. RDP가 상호호혜 원칙을 기반으로 하는 점을 고려할 때, 한국에게만 일방적인 출혈을 강요하는 상황으로 전개되지는 않을 것이다.

- RDP가 미국 방산시장 진출을 제한하는 모든 규제를 해소해 주지 않는다. RDP 체결과는 무관하게 Jones Act, ITAR 등 보이지 않는 손을 통해 미국 정부가 통제할 수 있기 때문에 RDP를 체결하기 이전에 철저한 확인 및 준비가 선행되어야 한다. NATO 국가들의 경우 RDP 체결 후 방산교역의 불균형이 해소되는 유리한 결과를 낳았기 때문에 RDP에 대응하기 위한 법이나 제도를 개선할 필요성을 느끼지 못한 반면, 일부 NATO 국가들의 RDP 불이행으로 인하여 1990년 초 RDP 개선 필요성을 인식한 미국은 지속적으로 법이나 제도를 강화해 왔다.

- RDP는 체결국이 원하는 경우 서면으로 상대방에게 사전에 통지하고, 기존 계약의 효력을 인정하는 조건만 충족되면 종결할 수 있다. 상대방의 승낙은 RDP 종결을

위한 필수요건이 아니다.

- RDP 체결은 국방조달 전체품목 또는 개별품목을 대상으로 하는지에 따라 포괄면제(Blanket Public Interest Exception, BPIE)와 개별면제(Purchase-By-Purchase Exception, PBPR)로 구분된다. 핀란드가 2008년에 MOU를 Agreement로 변경하면서 개별면제에서 포괄면제로 변경하였으며, 현재는 오스트리아만이 유일하게 개별면제 방식을 취하고 있다.

- 절충교역의 경우 미국이 축소 또는 폐지를 요구할 것으로 예상되나, 22개국은 절충교역이 미치는 부작용을 제한하기 위한 대책을 논의하는 데 동의하는 수준으로 작성되어 있어 RDP 체결로 인하여 절충교역이 축소 또는 원천적으로 금지될 수 있다는 우려는 사실과 다르다. 실제로도 많은 국가들이 RDP 체결 이후에도 절충교역을 유지하고 있다.

- 대부분의 RDP 협정서에는 "각국의 국내법과 규정에 합치된 범위 내에서(consistent with their national laws, regulations)" RDP를 이행하는 것으로 명시되어 있다. 미국 및 체결국의 법·제도의 테두리 안에서 작동되도록 설계되었기 때문에 충돌이 발생하는 경우 양국의 법이나 제도가 우선한다. 하지만 미국과 체결국 간 분쟁이 발생하는 경우에는 국제사회 등 외부의 도움 없이 당사국끼리만 해결하도록 규정하고 있어, 문제해결 과정에서 힘의 논리에 의해 미국에게 유리하게 작용될 여지가 있다. 2010년 이후 체결된 협정서에는 "양국이 해결책을 찾는 데 동의(The Parties agree to consult to seek resolution.)"하는 것으로 문구가 바뀌기는 했으나, 이 조항이 분쟁 해결에 있어서 국제재판소 또는 제3자 중재 등도 포함하는 것인지에 대해서는 확인이 필요하다.

구분	체결국가	최초체결	체결형식	체결유형	RDP 유효기간	NATO 협약	방산수출
1	캐나다	1963	MOU	BPIE	없음	1949	16위
2	스위스	1975	MOU	BPIE	5년, 자동연장	중립국	14위
3	영국	1975	MOU	BPIE	10년	1949	7위
4	노르웨이	1978	MOU	BPIE	10년	1949	22위
5	프랑스	1978	MOU	BPIE	5년, 자동연장	1949	3위
6	네덜란드	1978	MOU	BPIE	10년, 자동연장	1949	11위
7	이탈리아	1978	MOU	BPIE	10년	1949	6위
8	독일	1978	MOU	BPIE	5년, 자동연장	1955	5위
9	포르투갈	1979	MOU	BPIE	5년, 자동연장	1949	37위
10	벨기에	1979	MOU	BPIE	5년, 자동연장	1949	24위
11	덴마크	1980	MOU	BPIE	5년, 자동연장	1949	30위
12	튀르키예	1980	MOU	BPIE	5년, 자동연장	1952	12위
13	스페인	1982	Agreement	BPIE	5년, 자동연장	1982	8위
14	그리스	1986	Agreement	BPIE	5년, 자동연장	1952	53위
15	스웨덴	1987	MOU	BPIE	10년, 자동연장	×(진행)	13위
16	이스라엘	1987	MOU	BPIE	5년, 자동연장	×	10위
17	이집트	1988	MOU	BPIE	5년, 자동연장	×	36위
18	오스트리아	1991	MOU	PPER	5년, 자동연장	×	40위
19	핀란드	1991	MOU→Agreement	PPER→BPIE	10년	2023	29위
20	호주	1995	Agreement	BPIE	10년, 자동연장	×	15위
21	룩셈부르크	2010	MOU	BPIE	10년	1949	63위
22	폴란드	2011	MOU	BPIE	10년	1999	19위
23	체코	2012	Agreement	BPIE	10년	1999	26위
24	슬로베니아	2016	Agreement	BPIE	5년, 자동연장	2004	43위
25	일본	2016	MOU→Agreement	BPIE	10년	×	48위
26	에스토니아	2016	Agreement	BPIE	5년, 자동연장	2016	54위
27	라트비아	2017	Agreement	BPIE	5년, 자동연장	2017	51위
28	리투아니아	2021	Agreement	BPIE	10년	2021	32위

〈RDP 주요 체결 현황〉

9.2 신속한 RDP 체결로
미국 방산시장에서의 가격 경쟁력 우선 확보

정부는 신속한 의사결정을 통해 RDP를 조속히 체결해야 한다. K-방산의 놀라운 성과를 글로벌 방산시장으로 확대하기 위해서는 미국 방산시장을 적극적으로 개척해야 한다. 한국에게 RDP는 미국 방산시장에 진입하기 위해 빗장을 푸는 열쇠와 같다. RDP 체결을 맺고 있지 않다면 미국 방산시장에서 차별적인 비용을 부과받기 때문에 미국 방산업체나 RDP 체결국 방산업체와의 경쟁에서 크게 불리하다. RDP는 미국 방산시장 진출 초기에는 BAA에 의한 차별적인 비용부과를 회피하고 가격 경쟁력을 확보하여 수출장벽을 낮추는 데 큰 의미가 있다.

언제든지 자유로이 종결할 수 있으며, 28개국 중 어느 국가도 종결 사례가 없음에도 방산수출 15위 이내의 미국 우방국 중에서는 오직 한국만이 RDP를 체결하고 있지 않다. 1980년대 이후 아직까지도 RDP를 체결하지 못한 것은 RDP에 대한 연구 및 사례분석을 통해 정책 방향을 정하고 대비하는 데 기인한 것이 아니라, 단지 근거 없는 불안감에서 오는 망설임 때문이었다. 언제까지 미국을 넘을 수 없는 장벽으로 바라만 볼 것인가?

일본도 2016년에 RDP 체결 당시 국내 방산시장 잠식에 대한 우려를 해소하기 위해 처음에는 MOU를 체결하였으나, 이후 2022년에 내용의 변경 없이 Agreement로 개정하였다. 세계 방산 4위를 외치면서도 다른 한편으로는 실체 없는 막연한 두려움으로 결정을 미루고 있는 지금, 글로벌 방산수출을 확대할 수 있는 절호의 기회가 멀어지고 있다.

9.3 RDP를 통한 공동연구개발 활성화

한국은 세계 방산수출 9위이지만, 미국으로의 방산수출은 매우 저조하고 방산교역 불균형도 심각하다. 이는 첨단무기체계 중심의 미국과는 달리 중저가 위주의 방산수출이 많은 비중을 차지하고 있기 때문이다. 물론, 자주국방을 위해 끊임없이 국내연구개발에 노력한 결과 과거에 비해 선진국과의 격차가 빠르게 줄어들고 있으나, 첨단 분야에서는 아직도 격차가 커서 K-방산이 지금 같은 성과를 앞으로도 계속 달성하는 것은 쉽지 않을 전망이다. 방산수출 4위로 도약하기 위해서는 첨단 분야의 국방과학기술력이 뒷받침되어야 한다.

따라서 한국이 첨단 국방과학기술을 축적하기 위해서는 세계 방산수출 40%를 차지하고 있는 미국과 공동연구개발 등 방산협력을 확대해야 하는데, 그 첫 단추가 바로 RDP 체결이다. RDP는 미국과 체결국 상호 간의 효과적인 방산협력을 강화하고 공동연구개발 및 생산을 촉진하고 국방조달의 활성화를 위한 협의와 소통의 프레임워크를 제공한다. 그 자체로 법적으로 강제된 구체적인 의무가 발생한다기보다는 방산협력의 틀을 마련하는 것이다. 법적인 강제가 있다고는 하지만, 정작 RDP 협정서를 살펴보면 세부적이고 구체적인 의무사항이라기보다는 포괄적인 약속에 가깝다. 본 책의 부록에 예시를 포함시켰으니 확인해 보기 바란다. 따라서, 조속히 RDP 체결을 통해 방산협력의 기본틀을 만들고 한국이 강점을 가진 분야에서 미국과의 기술 교류 및 공동연구개발을 본격화해야 한다.

한국과 미국이 RDP 체결을 통해 공동연구개발을 활성화하는 것은 양국의 국방력 강화 및 기술발전에 큰 도움이 될 것이다. 공동연구개발은 양국 간의 기술 교류와 협력을 촉진시키고, 새로운 기술 및 제품을 개발하는 데 중요한 역할을 한다. 미국과 공동으로 개발한 기술과 제품은 글로벌 방산시장에서 높은 평가를 받을 가능성이 크며, 한국의 글로벌 경쟁력을 한층 강화시킬 것이다. 아직은 미국 국방과학기술과의 격차가 있기는 하지만, 한국의 기술발전 속도를 생각할 때 우주·감시정찰 등 미국의 독보적인 영역을 제외하면 공동연구개발이 마중물이 되어 머지않은 장래에 글로벌 방산시장에서 충분히 미국과 겨뤄 볼 수 있을 것이다.

이러한 측면에서 일본을 주목할 필요가 있다. 일본은 2016년 RDP 체결 이후 미국과의 공동연구개발을 수행하는 등 활발한 방산협력을 진행하고 있어 아직까지도 내세울 만한 미국과의 공동연구개발 실적이 없는 한국과 대조된다. 일본은 2014년에 방산정책을 방산장비 이전 3원칙으로 개정하고 수출을 통해 방위산업을 육성하는 것으로 정책을 전환하였다. 2016년에는 RDP를 체결하여 미국과 SM-3 탄도탄 공동연구개발을 본격화하였으며, 2023년에는 후속 탄도탄 요격 미사일 공동연구개발에 합의하였다. 최근에는 미국 해군의 신함 건조 및 MRO 아웃소싱 대상으로 실무협의가 진행되고 있다. 2023년 5월에 일본 니케이 아시아[144]는 주일 미국대사가 이러한 협력을 위하여 일본 정부와 협의하고 있으며, 과거에도 미국 해군은 일본, 인도, 필리핀 조선소를 이용해 군수지원함을 정비해 왔으며 구축함, 순양함, 수륙양용함 등 일본에 배치된 태평양사령부 7함대에 대한 MRO까지 확대하는 것을 구상하고 있다고 미국 관계자의 말을 인용하여 보도하였다. 영국 및 이탈리아와의 차세대 전투기 공동연구개발 추진 등 RDP 우방국과의 협력도 확대하고 있다. 우크라이나 전쟁 이후 방산수출은 크게 증가되었으나 향후 글로벌 방산시장의 확대를 위해 첨단 무기체계 개발을 확대할 필요가 있는 한국은 일본의 사례와 같이 RDP를 체결하여 미국과의 공동연구개발을 본격화해야 한다.

RDP를 통해 공동연구개발은 양국의 상호 이익을 고려한 분야를 선정하되 단계적으로 협력체제를 구축하는 것이 중요하다. 미국이 기술 유출에 민감한 점을 고려하여

---

144 | Ken Moriyasu, "U.S. turns to private Japan shipyards for faster warship repairs", NIKKEI Asia, 2023.5.24.

초기에는 미국의 니즈(Needs)가 있으며 한국이 상대적으로 강점을 가진 분야가 좋을 것이다. 대표적으로 함정 건조 또는 MRO를 들 수 있다. 한국은 자체 기술력을 활용하여 미국과의 기술 교류를 강화하면서 동시에 기술 경쟁력을 높이는 방향으로 공동 연구개발을 추진해야 한다. 이를 통하여 충분한 신뢰를 형성하고 기술력을 인정받으면 미국이 선도하는 분야에 한국이 기여할 수 있는 분야로 확장하여 기술 교류를 확대함으로써 자연스럽게 첨단 국방기술의 발전 추세를 확인하고 기술을 축적할 수 있을 것이다. 이러한 협력관계는 궁극적으로는 공동소요, 공동개발, 공동생산 및 공동마케팅까지 아우르는 3세대 방산협력으로 이어지도록 해야 할 것이다.

또한, Buying Power를 활용하여 공동연구개발을 활성화하는 방안도 고민해야 한다. 한국은 세계 방산수출 9위이면서도 미국으로부터 세계 4번째로 많은 무기를 수입하고 있다. 해외구매의 78.2%를 미국으로부터 구매하고 세계 방산수출 10위국 중에서 미국으로부터 가장 많은 무기를 수입하고 있음에도 Buying Power를 제대로 활용하지 못하고 있으며, 해외구매의 과반수를 차지하는 FMS는 절충교역 추진조차 하지 못하고 있다. 기술이전은 어렵다고 해도 Buying Power를 활용하여 공동연구개발 등을 절충교역으로 추진하는 마중물로 삼는 등의 새로운 협력모델을 구축하는 것이 필요하다.

9.4 안보협력의 관점에서 RDP 추진

G2가 패권을 두고 다투는 과정에서 세계 각국도 심각한 홍역을 치르고 있다. 지키려는 미국과 **빼앗으려는** 중국의 경쟁은 세계 각지에서 탈동조화를 가속화시키고 있다. 미국은 민간의 첨단기술 분야에서 중국을 배제한 글로벌 공급망 재편을 위해 노력하고 있으며, 2023년 8월에는 인공지능, 반도체, 양자컴퓨팅 등 3개 첨단기술에 대하

여 중국 투자를 규제하는 행정명령을 발표하였다. 방산 분야에서도 미국은 중국을 최대 안보위협으로 규정하고 중국에 대한 대응에 동맹국의 참여를 강하게 촉구하고 있어 오랜 동맹관계를 유지해 온 한국이 더 이상 전략적 모호성을 유지하는 것이 곤란한 상황이다.

특히, 최근에 북한은 중국 · 러시아와 소통과 교류를 강화하고 있다. 중국과의 관계 개선을 통한 경제회복도 중요하지만, 급변하는 세계정세 속에서 안보가 우선 고려되어야 한다. 이러한 측면에서 한국도 RDP를 단순히 방산수출을 확대하기 위한 경제협력 모델을 넘어 미국의 안보협력 정책과 같이 정치 · 외교 · 안보적인 관점에서 바라보아야 한다. 북한과의 현실적인 위협을 마주하고 있으며, 중국 및 러시아 등 주변국의 잠재적 위협 등을 고려할 때, RDP 체결을 통해 미국을 포함한 28개 체결국 및 NATO 회원국 등과의 국방협력을 강화하고 안보 태세를 굳건히 해야 한다. 역사적 배경에서 살펴본 것과 같이, 미국은 RDP를 안보정책의 일환으로 동맹국과의 방산협력을 강화하는 외교 · 정치 · 군사적 목적으로 수행해 왔다. 특히, 미국 국방부는 방산 분야에서 신뢰할 수 있는 공급망을 구축하기 위해 RDP를 적극 활용할 것으로 알려져 있어, 한국에게는 RDP 체결을 통해 K-방산이 글로벌 방산 밸류체인에 자연스럽게 참여할 최고의 기회라고 할 수 있겠다.

미국은 벌써부터 한국을 경계의 눈초리로 보고 있다. 수출 분야에서 최첨단 무기체계에 집중되는 미국과 중저가 위주의 무기체계에 집중하는 한국은 지금은 중첩되는 분야가 적지만, 한국이 최첨단 분야로 확대하는 경우 미국의 다양한 견제가 들어올 것이다. 지금은 다행히 중국과 힘겨운 패권경쟁을 이어 가고 있는 미국 입장으로서는 견제보다는 긴밀한 안보협력이 필요한 시기이다. 우리는 이 시기를 잘 이용해야 한다. 지금이 가장 큰 호기라고 할 수 있다. RDP 체결을 지렛대로 활용하여 미국의 Needs에 부합되면서 국내 방위산업의 강점을 확대해 나갈 수 있는 협상전략을 마련하여 RDP 협상에 임해야 할 것이다.

9.5 거북이 일본을 주목하라

RDP 체결이 지체되는 것은 장기적으로는 또 다른 안보 문제를 야기할 수 있다. 지금은 한미일 정상회담 등 미국을 중심으로 3국이 긴밀한 협력관계를 이어 가고 있지만, 한국과 일본은 근본적으로 우호적인 관계는 아니다. 일본은 한국에게는 경쟁국이면서 늘 잠재적인 위협으로 인식되어 왔다. 하지만, 방위산업에 있어서 일본은 한국에게 경쟁국으로 크게 고려되지 않았던 것이 사실이다. 과거에 3불 정책을 통해 무기체계 및 국방과학기술의 수출을 원칙적으로 금지했으며, 세계 방산시장에서 그 비중이 크지 않았기 때문이다. 2018~2022년 세계 방산수출 실적을 기준으로 세계 9위 한국(수출 점유율 2.4%)에 비해 일본은 48위(수출 점유율 0.01%)로서 큰 격차가 있다. 하지만, 다음과 같은 이유로 이제는 일본을 주목해야 한다.

첫째, 일본은 방산수출이 거의 전무했으나, 2016년 RDP를 체결한 이후 미미한 변화가 일어나고 있다. 2017, 2018년에 이어 최근 2022년에는 이전에 비해 뚜렷한 방산수출 실적이 식별되었다. 세부적으로 보면 필리핀 1개국에 대한 수출로서 그 규모도 크지 않아 아직까지 우려할 수준은 아니다.

하지만, 최근 일본 정부의 방산정책에 주목해야 한다. 2023년 4월 일본은 개발도상국을 대상으로 국방력 강화를 위해 일본산 무기를 구매할 때 예산을 지원하는 '공적안보지원(Official Security Assistance, 이하 OSA) 프로그램'을 발표했다. 이에 따라 우선적으로 필리핀, 말레이시아, 방글라데시, 피지 등 4개국을 대상으로 연안 감시용 레이더 등 구매 시 보조금을 지원하고 점차 확대하여 시행할 예정이라고 한다. 비록 비살상 감시용 장비지만, OSA가 그동안 일본 정부가 엄격하게 지켜 온 군사적 목적의 국제지원을 금지하는 규정을 이탈했다는 점에서 우려가 크다. OSA는 동남아 진출의 마중물이 될 가능성이 크며 장기적으로는 일본의 방산수출 증가로 이어질 수도 있다. 무엇보다도 일본이 발표한 대로 비살상용 장비만 OSA를 통해 지원하지는 않을

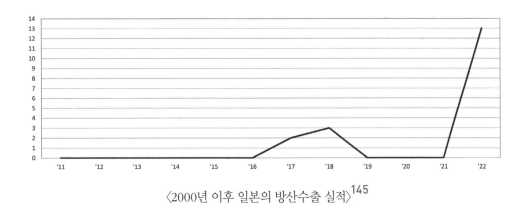

〈2000년 이후 일본의 방산수출 실적〉[145]

것이기 때문이다. 실제로 일본은 방산수출을 본격화하기 위해 방산장비 이전 3원칙을 2023년 연말까지 개정하기 위해 움직이고 있다. 현재는 금지된 공격용 살상 무기의 수출까지도 포함될 예정이며, 특히 영국 · 이탈리아와 함께 3국이 공동연구개발을 추진 중인 6세대 전투기의 해외수출을 염두에 두고 개정을 추진하고 있다.

이처럼 일본의 방산수출이 본격화되고 있는데, 일본 정부는 강력한 방산수출 정책을 추진하면서 RDP를 방산수출을 위한 전환점으로 활용한 것으로 판단된다. 2014년 방산장비 이전 3원칙으로 개정하여 수출을 통해 방위산업 육성으로 정책을 전환하였으며, 2016년에 미국과 RDP를 체결하여 대탄도탄 연구개발을 시작으로 미국과의 공동연구개발을 본격화한 이후 미국과 활발한 방산협력을 이어 가고 있다. 또 2023년에는 방산장비 이전 3원칙 운용지침 개정을 추진하고 있다. 일본 정부 주도로 방산수출을 강력히 추진하고 있어 이러한 일본의 추세는 당분간 꺾이지 않을 전망이다. 향후 K-방산에도 적지 않은 영향을 미칠 수 있어 대비책이 필요하다.

---

145 | SIPRI Arms Transfers Database, 2023.9.2., Figures are SIPRI Trend Indicator Values(TIVs) expressed in millions.

둘째, 일본은 RDP 체결 이후 미국과의 첨단 무기체계 공동연구개발을 확대하고 있어, 내세울 만한 실적이 없는 한국과는 대조된다. 미국과 일본의 동맹과 비교하여 한국도 오랫동안 미국과 강력한 동맹을 맺어 왔으나, 미국과 공동연구개발이 거의 전무한 것이 현실이다. 특히, K-방산은 중저가 위주 무기체계에 집중된 반면 J-방산은 미국과의 첨단 무기체계 공동연구개발을 활성화하고 있다. 2016년 SM-3 탄도탄 공동연구개발을 통하여 미국으로부터 기술력을 인정받아 2023년에는 북한·중국·러시아의 극초음속 무기를 요격하기 위해 신형 미사일을 공동개발에 합의한 것으로 알려지고 있다. 항공기의 경우 기존의 1세대 전투기인 F-1을 대체하는 F-2 전투기를 미국과 공동연구개발하였고, 이후 2022년 12월에는 영국, 이탈리아와 차세대 전투기를 함께 개발하는 것으로 합의하였다.

일본의 전투기 공동연구개발 사례에 대하여 자세히 살펴보자. 1988년에 일본은 기존의 1세대 전투기인 F-1을 대체하는 F-2 전투기를 미국과 공동연구개발하는 것으로 합의하였다. F-2는 미국의 F-16 전투기를 개조·개발한 기종으로 미쓰비시 중공업과 록히드마틴사가 공동연구개발하였다. 연구개발 비용은 각각 일본이 60%, 미국이 40%를 분담하였으며, 일본은 미국으로부터 F-16 엔진 소스코드 및 F-4 엔진 제조기술을 지원받아 공동연구개발을 진행하여 2000년부터 양산하였다. 이후 2022년 12월에 일본은 영국, 이탈리아가 차세대 전투기를 함께 개발하는 것으로 합의하였다고 발표하였다. 차세대 전투기는 일본의 F-2 전투기를 대체할 모델로, 스텔스 성능과 고성능 레이더를 장착하고 무인기, 인공위성 등과 협력하는 기능을 갖출 예정이다.

미국 정부는 이에 대하여 "일본이 뜻을 함께하는 동맹국, 파트너국과 협력하는 것을 지지하며, 이는 미국과 일본의 동맹을 강화하고 파트너국과의 협력을 확대하고 나아가서는 인도·태평양과 세계에 있어서 장래 위협에 대한 공동대처를 가능하게 할 것이다."고 평가했다. 일본의 F-2 공동연구개발은 RDP 체결 이전에 진행되기는 했지만, 이후 미국의 동맹국이자 RDP 체결국인 영국(1975년) 및 이탈리아(1978년)와의 차세대 전투기 공동연구개발로 연결되었다. 이처럼 RDP는 미국 동맹국과의 공동연구개발 등 방산협력의 장벽을 제거하는 데 중추적인 역할을 함으로써 미국 및 그 동맹국들과의 방산협력을 확대하는 계기가 될 것이며, 국방협력으로도 이어질 것이다.

특히, 공동연구개발을 통해 일본 국방과학기술은 크게 향상될 것으로 전망된다. 해상초계기 P-1의 사례를 살펴보면, 일본의 기술 습득은 생각보다 빠르다. 일본은 해상초계기를 록히드마틴(Lockheed Martin)으로부터 도입하는 것으로 결정하여 1982년부터 1997년까지 가와사키 중공업에서 P-3C 해상초계기를 면허생산하였는데, 이를 통해 기술을 축적한 일본은 불과 20~30년 만에 P-1 해상초계기를 독자적으로 개발하여 2013년에 전력화한 이후 수출까지도 추진하고 있다. P-1은 기체, 엔진, 항공전자, 비행제어 등 거의 모든 분야를 자체 기술로 개발한 것으로 알려지고 있다. 일본이 미국과 항공기, 유도탄, 함정 등 다방면에서 협력해온 것을 생각할 때 일본의 방위산업은 단기간에 크게 성장할 가능성이 높다.

RDP를 발판으로 한 일본의 공동연구개발은 최근에 미국의 록히드마틴과 영국 BAE시스템즈 등 세계적인 방위업체들의 일본 이전으로 이어지고 있다. 세계 1위 방산업체 록히드마틴은 2023년에 아시아 총괄본부를 싱가포르에서 일본으로 옮겼으며 일본을 거점으로 한국이나 대만을 관할할 예정이다. 영국 최대의 방산업체 BAE시스템즈도 2023년에 아시아 총괄본부를 일본으로 이전을 추진 중이다. BAE시스템즈는 일본이 영국, 이탈리아와 함께 추진 중인 6세대 전투기 공동연구개발사업의 영국 측 핵심기업이다. BAE시스템즈 본부가 일본으로 이전하면서 일본의 미츠비시중공업 등과의 제휴도 확대되고, 이로 인해 일본 내 방산기업도 수혜를 입을 것으로 보인다.

셋째, J-방산은 함정분야에서도 미국 해군의 신함건조 및 MRO 아웃소싱 대상으로 유력하게 거론되고 있다. 남중국해에서 중국의 해양력 팽창에 대응하는 데 어려움을 겪고 있는 미국이 Jones Act의 예외를 적용하여 우방국과의 아웃소싱을 모색 중이다. 협력대상으로 한국, 일본 등이 거론되지만, 우선 고려대상은 일본이다. 이미

RDP를 체결하여 SM-3 공동연구개발 등 활발히 방산협력을 해 왔으며 함정에서도 이지스급 함정을 건조한 기술력을 인정받고 있다. 일본도 방산수출을 통한 방위산업 육성을 강하게 추진하고 있어 7함대가 일본에 주둔하는 점 등을 들어 이에 적극적이다. 만약 Jones Act 문제만 해결된다면 일본에게 큰 함정시장이 열릴 수 있다. 한국은 RDP가 체결되어 있지 않아, Jones Act의 예외가 적용된다고 해도 가격 경쟁력에서 크게 뒤지기 때문에 일본을 이길 수 없을 것이다.

한국을 제외하고 일본에서만 미국 해군 함정의 건조나 MRO를 수행하게 된다면 일본의 함정 기술력이 도약할 기회를 맞을 수 있다. 단순히 좋은 기회를 놓치는 것이 아니라 한반도 주변에서 방산강국이라는 또 하나의 안보위협이 발생하는 것이다. 일본이 향상된 기술력을 바탕으로 해군력을 강화하다면 바다를 두고 인접한 한국에게 새로운 군사적 부담으로 작용할 것이다. 역사적으로 바다를 사이에 두고 대륙 진출에 강한 열망을 보여 온 일본이 미국과의 협력을 통해 함정사업을 크게 일으킨다면 이는 한국에게 씻을 수 없는 패착이 될 것이다. 남중국해에서의 중국의 급격한 해양력 팽창에 고심하고 있는 미국에게 세계 최고의 조선기술력을 보유한 한국은 매우 매력적이지 않을 수 없다. 중국의 성장세를 더 이상 좌시할 수 없는 상황에 이르러 미국 내부에서도 Jones Act를 개정하여 한국이나 일본 등으로부터 아웃소싱을 해야 한다는 여론이 형성되고 있다. 늦었지만, 지금이라도 RDP를 체결하여 미국과 함께 중국의 해양력 증강에 대응하기 위한 방안을 고민해야 할 것이다.

넷째, 최근 K-방산의 도약에 대하여 미국은 기대와 함께 경계와 우려의 시선으로 바라보고 있다. 중국에 의해 점령당한 미국의 방산 보급망을 재편하기 위해 신뢰할 만한 우방국과의 방산협력이 절실한 미국에게 한국은 탐나는 파트너이기는 하지만, 글로벌 방산시장에서의 빠른 성장세는 방산수출 1위 미국에게 잠재적인 위협이기 때문이다. 그러한 측면에서는 미국은 세계 9위 한국보다는 충분한 기술력도 보유하면서 미국에 긴밀히 협력하는 일본과의 방산협력을 더 선호할 수도 있다.

일찍이 RDP를 체결하여 미국과의 방산협력을 해 온 일본에 비해 늦은 감이 있지만, 지금이라도 미국과의 RDP를 체결하여 방산협력을 강화함으로써 일본을 견제해야 한다. 일본의 이러한 움직임은 단순히 방산시장에서의 경쟁자가 새로이 부상하는 것과는 전혀 다른 차원이라 하겠다. 일본이 집중하고 있는 항공기, 함정 모두 바다를 사이에 두고 인접한 한국에게는 매우 위협적인 수단이 될 수 있다. 대부분의 전력이 휴전선을 향하여 배치되어 있는 한국의 등 뒤에 위치한 일본의 항공기 및 함정 전력의 증강은 장기적으로 심대한 잠재적 위협이 아닐 수 없다. 최근에는 영국, 이탈리아와 함께 공동연구개발로 추진 중인 차세대 전투기를 해외 판매할 목적으로 일본의 무기 수출을 제한한 현행 '방산장비 이전 3원칙'의 운용지침을 대폭 완화하는 작업에 속도를 내고 있다고 알려지고 있다. 특히, 우크라이나 전쟁 이후 K-방산의 약진에 고무된 일본도 J-방산이라는 브랜드로 자국의 방위산업을 육성하고 신냉전으로 재편되는 국제질서 속에서 유사시 전투 능력을 유지하기 위해 방산을 확대할 필요가 있다고 판단한 셈이다.

일본은 더 이상 거북이가 아니다. 한국이 K-방산을 브랜드로 우크라이나 전쟁의 수혜로 토끼와 같이 방산수출 실적이 껑충 뛰었지만 더 이상 취해 있어서는 안 된다. 정부는 도대체 왜 RDP 체결을 망설이는가? 거북이도 보이지 않고 충분히 방산수출 성과도 달성했으니 잠시 낮잠을 자겠다는 심산인가? 일본은 RDP를 도구로 지금도 쉬지 않고 달려오고 있다. 일본의 RDP를 활용한 방산육성 정책을 자세히 살펴보면 한국이 배워야 할 부분이 적지 않다. 일본도 RDP 체결 초기에 국내의 반대가 있었지만, 이를 잘 극복하고 RDP를 체결하여 도구로 활용한 반면, 한국은 1980년 이후로 30여 년이 지나갈 동안 RDP를 체결할 것인가 말 것인가로 고민하고 있다. 낮잠을 자는 토끼와 무엇이 다른가? 앞서 살펴본 여건 등을 고려할 때 한국에 충분한 시간이 있지는 않다. 빠른 선택이 필요한 시점이다. RDP를 더 이상 미뤄서는 안 될 것이다.

9.6 한국형 RDP 협력모델 발굴

RDP 체결국 사례에서 보았듯이, RDP를 체결하였다고 당연하게 방산시장이 잠식된다든가 방산수출이 저절로 확대되지 않는다. RDP는 방산협력을 활성화하는 일종의 도구(Tool)이기 때문에 어떻게 활용하느냐가 중요하다. 그러므로 RDP를 체결하여 방산협력의 틀을 열어 놓고 한국이 상대적으로 강점을 가지고 있으면서 미국의 Needs를 충족하는 협력모델을 발굴할 필요가 있다. 언제나 지금처럼 늘 방산수출 실적이 좋을 수는 없다. 파티가 끝나 가고 있다. 깨어나야 한다. 우크라이나 전쟁이 끝난 이후 어떻게 K-방산을 유지하고 확대시킬 것인지를 심각히 고민해야 한다. 급속도로 발전하는 기술혁명의 시대에서 급변하는 세계정세와 함께 변화하지 않으면 도태될 수밖에 없다. 강점은 극대화하고 단점은 최소화할 수 있도록 한국의 방위산업 실정에 부합된 RDP 협력모델을 발굴해야 한다.

9.7 글로벌 방산수출을 확대하기 위한 디딤돌 구축

한국은 지금 RDP 체결을 통한 미국시장의 진출 및 확대를 목표로 하고 있으나, 궁극적으로는 미국시장을 포함한 글로벌 방산시장을 목표로 해야 한다. 미국과의 RDP 체결은 글로벌 시장으로 가는 큰 그림 속에서 디딤돌을 놓는 과정이라고 할 수 있겠다. 글로벌 방산시장에서 K-방산의 눈부신 성장세를 유지하고 미국시장에서 기술력을 인정받기 위한 첫 번째 전제조건은 RDP 체결로 인한 BAA 적용을 면제받는 것이다. 첨단 무기체계로서 상대적으로 월등하게 성능이 우수하지 않는 한 가격 경쟁력의 확보없이는 방산수출이 쉽지 않기 때문이다.

RDP 체결 후에는 이를 발판으로 미국 중심의 글로벌 방산 공급망에 참여하여 기술력을 인정받아 글로벌 경쟁력을 확보해야 한다. 더불어 미국과의 공동연구개발을 확대하고 FCT 활성화 등을 통해 미국과의 방산협력을 통한 기술 교류를 활성화해야 한다. 이를 통하여 국방과학기술을 축적하고 첨단 과학기술이 적용된 미국과의 공동연구개발로 확대되도록 해야 하며, 영국·프랑스 등 다른 RDP 체결국들과도 방산협력으로 확산되도록 해야 한다. 일본의 차세대 전투기 공동연구개발이 좋은 사례가 될 수 있을 것이다.

아쉽게도 국방부 T/F 등은 RDP에 대응한 법과 제도 등을 충분히 구축한 후에 체결하는 것으로 방향을 잡은 듯하다. 완벽히 하는 것도 중요하지만, 제때 하는 것이 더 중요할 때도 있다. 눈앞에 태풍이 몰아치는데, 튼튼한 주춧돌을 세우고 있는 형상이다. 급할 때에는 몸을 피할 수 있는 임시 피신처라도 우선 구하는 것이 더 현명하지 않겠는가? 유럽의 NATO 국가들은 아직까지도 RDP에 대응하기 위해 새로이 제정한 법률이나 제도 등이 제대로 구비되어 있지 않지만, 방위산업의 잠식없이 잘 운용되고 있다. 기본적으로 RDP는 미국의 안보협력이라는 대외정책의 일환으로 수행되는 제도로서 방산협력을 촉진하기 위한 프레임워크를 만드는 과정에 불과하기 때문이다.

설령 RDP에 대응하기 위한 법률과 제도를 정비한다면 RDP에 완벽히 대응할 수 있을까? RDP 분쟁은 당사자 간의 협의를 통해서만 해결될 가능성이 높다. 근본적으로는 미국이 설계한 제도 안에서 다툴 수밖에 없는 것이다. 첨예한 분쟁은 결국 국력에 의해 해결책이 모색될 수밖에 없다. 따라서 법과 제도를 보완하는 것도 필요하지만, 그보다는 RDP와 관련된 미국의 법·제도·규정에 대한 정확히 이해를 기반으로 협정서에 독소조항이 될 수 있는 것이 무엇인지를 식별하는 것이 우선되어야 한다. 그러나 그 무엇보다도 가장 우선되어야 할 것은 빠른 시간 내에 RDP를 체결하는 것이다.

부록

I. 리투아니아 RDP 기본협정서

> RDP 협정서는 국가별로 조금씩 상이하지만, 2010년 이후 그 형식과 내용이 정형화
> 되는 추세이므로 한국의 RDP도 크게 다르지 않을 것이다. 미국은 가장 최근인 2021
> 년에 체결된 리투아니아 협정서를 기준으로 RDP 협상을 할 것을 한국에 요청하였
> 기 때문에 리투아니아 RDP 협정서를 예시로 소개하고자 한다.

AGREEMENT BETWEEN THE GOVERNMENT OF THE UNITED STATES OF AMERICA AND THE GOVERNMENT OF THE REPUBLIC OF LITHUANIA CONCERNING RECIPROCAL DEFENSE PROCUREMENT

(SHORT TITLE: U.S. - LT RDP AGREEMENT)

Signed at Washington December 13, 2021

Entered into force December 13, 2021

PREAMBLE

The Government of the United States of America and the Government of the Republic of Lithuania, hereinafter referred to as "the Parties"; 미국 정부 및 리투아니아 공화국 정부(이하 "당사자")는

BEARING in mind their partnership in the North Atlantic Treaty Organization; 북대서양 조약 기구에서의 상호 파트너십을 염두에 두고

DESIRING to promote the objectives of rationalization, standardization, interoperability, and mutual logistics support throughout their defense relationship; 방산협력 전반에 걸친 합리화, 표준화, 상호운용성 및 상호 군수지원 목표 증진을 희망하며

RECOGNIZING their longstanding defense cooperative relationship and the Agreement on Defense Cooperation Between the Government of the United States of America and the Government of the Republic of Lithuania, signed in Vilnius on January 17, 2017, which entered into force February 27, 2017; 2017년 1월 17일 Vilnius에서 체결된 미국 정부와 리투아니아 공화국 정부의 오랜 국방협력 관계 및 2017년 2월 27일 발효된 국방협력 협정을 인정하고

DESIRING to develop and strengthen the friendly relations existing between them; 양국의 우호적인 관계를 강화시키고 강화하기를 희망하며

SEEKING to achieve and maintain fair and equitable opportunities for the industry of each Party to participate in the defense procurement programs of the other; 각국의 방산업체가 상대국 방산조달사업에 참여할 수 있는 공정하고 평등한 기회를 달성하고 유지하기 위해 노력하며

DESIRING to enhance and strengthen each country's industrial base; 각국의 산업기반을 다지고 강화되기를 희망하며

DESIRING to promote the exchange of defense technology consistent with their respective national policies; 각국의 정책에 부합하는 국방기술의 교환을 촉진하기를 원하며

DESIRING to make the most cost effective and rational use of the resources allocated to defense; and 국방에 할당된 자원을 가장 효율적이고 합리적으로 사용하기를 희망하며

DESIRING to remove discriminatory barriers to procurements of supplies or services produced by industrial enterprises of the other country to the extent mutually beneficial and consistent with national laws, regulations, policies, and international obligations; 상호이익이 되고 각국의 법률, 규정, 정책 및 국제적 의무에 부합하는 범위 내에서, 상대국의 기업이 생산하는 재화나 용역의 조달에 대한 차별적 장벽을 제거하기를 희망하면서

HAVE agreed as follows: 다음과 같이 합의한다.

ARTICLE I. Applicability

1. This Agreement covers the acquisition of defense capability by the Department of Defense of the United States of America and the Ministry of National Defense of the Republic of Lithuania through: 본 협정서는 다음에 대한 미국 국방부와 리투아니아 국방부의 국방력 획득에 관한 사항을 다룬다.

   a. Research and development; 연구개발

   b. Procurements of supplies, including defense articles; and 방산물자를 포함한 물자 조달

   c. Procurements of services, in support of defense articles. 방산물자를 지원하는 용역 조달

2. This Agreement does not cover either: 본 협정서는 다음은 포함되지 않는다.

   a. Construction; or 건설

   b. Construction material supplied under construction contracts. 건설계약에 따라 공급되는 건설자재

ARTICLE Ⅱ. Principles Governing Mutual Defense Procurement Cooperation

1. Each Party recognizes and expects that the other uses sound processes for requirements definition, acquisition, and procurement and contracting, and that these processes both facilitate and depend on transparency and integrity in the conduct of procurements. Each Party shall ensure that its processes are consistent with the procurement procedures in Article Ⅴ (Procurement Procedures) of this Agreement. 당사자는 요구사항의 정의, 획득, 조달 및 계약에 관하여 상대국이 건전한 절차를 따를 것을 기대하고, 이러한 절차가 조달의 투명성과 무결성을 촉진한다고 기대한다. 당사자는 그 절차가 본 협정서 제5조(조달 절차)의 조달 절차와 일치하도록 보장해야 한다.

2. Each Party undertakes the obligations in this Agreement with the understanding that it shall obtain reciprocal treatment from the other Party. 당사자는 상대국으로부터 상호호혜의 원칙에 의한 대우를 받는다는 것을 이해하고 본 협정서의 의무를 이행한다.

3. Each Party shall, consistent with its national laws, regulations, policies, and international obligations, give favorable consideration to all requests from the other Party for cooperation in defense capability research and development, production, procurement, and logistics support. 당사자는 각국의 법률, 규정, 정책 및 국제적 의무와 일치되도록 상대국의 방산 연구개발, 양산, 조달 및 군수지원 협력 요청에 대하여 우호적으로 고려한다.

4. Consistent with its national laws, regulations, policies, and international obligations, and for so long as the other Party provides non-discriminatory treatment to the products of the Party in accordance with the provisions of this Agreement, each Party shall: 각국의 법률, 규정, 정책 및 국제적 의무와 일치하며, 상대국이 본 협정서 조항에 따라 다른 상대국 제품에 대해 차별 없이 대우하는 한 당사자는

4.1 Facilitate defense procurement while aiming at a long-term equitable balance in the Parties' respective purchases, taking into consideration the capabilities of its defense industrial and research and development bases. 방위산업 및 연구개발 기반의 능력을 고려하여 당사국들의 각각의 구매에서 장기적으로 동등한 균형을 목표로 하면서 방산조달을 촉진한다.

4.2 Remove barriers both to procurement and to co-production of supplies produced in the other country or services performed by sources (hereinafter referred to as "industrial enterprises") established in the other country. This includes providing to industrial enterprises of the other country treatment no less favorable than that accorded to domestic industrial enterprises. When an industrial enterprise of the other country submits an offer that would be the low responsive and responsible offer but for the application of any buy-national requirements, both Parties agree to waive the buy-national requirement. 상대국에서 설립된 공급원(이하 "산업기업")이 수행하는 용역 또는 상대국에서 생산하는 공급품의 조달 및 공동생산에 대한 장벽을 제거한다. 여기에는 상대국의 산업기업에 대한 국내 산업기업에 대한 우대 조치 못지않은 혜택을 제공하는 것이 포함된다. 상대국의 산업기업이 응답률이 낮고 책임감 있는 제안서를 제출할 때, 자국산 구매 요건을 적용하는 경우, 양 당사자는 자

국산 구매 요건을 면제하는 데 동의한다.

4.3 Utilize contracting procedures that allow all industrial enterprises of both countries, which have previously not been suspended or disbarred, to compete for procurements covered by this Agreement. 이전에 중단되거나 자격을 박탈당하지 않은 양국의 모든 산업기업이 본 협정서의 대상이 되는 조달을 위해 경쟁을 보장하는 계약절차를 이용한다.

4.4 Give full consideration to all responsible industrial enterprises in both the United States and Republic of Lithuania, in accordance with the policies and criteria of the respective procuring agencies. Offers must satisfy requirements for performance, quality, delivery, and cost. Where potential offerors or their products must satisfy qualification requirements in order to be eligible for award of a contract, the procuring Party shall give full consideration to all applications for qualification by industrial enterprises of the other country, in accordance with the national laws, regulations, policies, procedures, and international obligations of the procuring Party. 각각의 조달기관의 정책 및 기준에 따라 미국과 리투아니아의 모든 책임 있는 산업기업을 충분히 고려해야 한다. 제안은 성능, 품질, 인도기간 및 비용에 대한 요구사항을 충족해야 한다. 잠재적인 제안자 또는 그의 제품에 대한 계약체결 자격을 얻기 위해 자격 요건을 충족해야 하는 경우, 조달 당사자는 조달 당사자의 국가법, 규정, 정책, 절차 및 국제적 의무에 따라 상대국 산업기업의 자격 신청에 대하여 충분히 고려해야 한다.

4.5 Provide information regarding requirements and proposed procurements in accordance with Article V (Procurement Procedures) of this Agreement to ensure adequate time for industrial enterprises of the other country to

qualify for eligibility, if required, and to submit an offer. 상대방 국가의 방
산업체가 필요한 경우 자격을 취득할 수 있는 충분한 시간을 보장하고 제안서를
제출할 수 있도록 본 협정서의 제5조(조달 절차)에 따라 요구사항 및 제안된 조달
에 대한 정보를 제공한다.

4.6 Inform industrial enterprises choosing to participate in procurements covered by this Agreement of the restrictions on technical data and defense items (defense articles and services) made available for use by the other Party. Such technical data and defense items made available by the contracting Party shall not be used for any purpose other than for bidding on, or performing, defense contracts covered by this Agreement, except as authorized, in writing, by those owning or controlling proprietary rights, or furnishing the technical data or defense items.

본 협정서에 포함되는 조달에 참여하기로 선택한 방산업체들에게 상대방이 이용
할 수 있는 기술자료 및 국방품목(국방 물품 및 용역)에 대한 제한사항을 통지한다.
계약 당사자가 제공하는 그러한 기술자료 및 국방품목은 본 협정서에 따른 국방
계약에 대한 입찰이나 계약을 이행하는 목적 외에 다른 목적으로 사용될 수 없다.
다만, 소유권을 소유 또는 통제하거나 기술자료 또는 국방품목을 제공하는 당사
자가 서면으로 승인한 경우에는 예외로 한다.

4.7 Give full protection to proprietary rights and to any privileged, protected, export-controlled, or classified data and information; and shall take all lawful steps available to prevent the transfer of such data and information, supplies, or services to a third country or any other transferee without the prior written consent of the originating Party. 소
유권과 특별권한, 보호, 수출 통제 또는 비밀자료 및 정보를 완전히 보호해야 한

다. 또한 최초 권한이 있는 당사자의 사전 서면 동의 없이 그러한 자료, 정보, 공급품 또는 용역을 제3국 또는 기타 양수인에게 이전하는 것을 방지하기 위해 모든 가능한 합법적인 조치를 취해야 한다.

4.8 Exchange information on pertinent laws, implementing regulations, policy guidance, and administrative procedures. 관련 법률, 시행 규정, 정책 지침 및 행정절차에 대한 정보를 교환한다.

4.9 Annually exchange statistics demonstrating the total monetary value of defense procurements awarded to industrial enterprises of the other country during the prior year. An annual summary shall be prepared on a basis to be jointly decided. 전년도 상대방 국가의 방산업체가 수주한 국방조달의 전체 금전적 가치를 나타내는 통계를 매년 교환한다. 연간 요약본은 공동으로 결정하는 방식으로 작성되어야 한다.

4.10 Provide appropriate policy guidance and administrative procedures within its respective defense organizations to implement this Agreement. 본 협정서를 이행할 각국의 국방조직 내에 적절한 정책 지침 및 행정절차를 제공한다.

5. This Agreement is not intended to and does not create any authority to authorize the export of defense items (defense articles or defense services), including technical data, controlled by one or the other Party under its applicable export control laws and regulations. Further, any export subject to the national export control laws and regulations of one of the Parties, must be compliant with such laws and regulations. 본 협정서는 적용 가능한 수출통제법 및 규정에 따라 한쪽 또는 양쪽 당사자에 의해 통제되는 기

술자료를 포함한 국방품목(국방 물품 또는 용역)의 수출을 허가하기 위한 권한을 발생시키지도 의도하지도 않는다. 또한 당사자 중 일방의 국가수출통제법 및 규정을 적용받는 모든 수출은 해당 법과 규정을 준수해야 한다.

6. This Agreement shall not serve as a basis to waive any export control laws or regulations that are applicable to other agreements or arrangements between the Parties. 본 협정서는 당사자 간의 다른 계약 또는 협정에 적용되는 수출통제 법률 또는 규정을 면제하는 근거가 되지 않는다.

ARTICLE Ⅲ. Offsets

This Agreemerit does not regulate offsets. The Parties agree to discuss measures to limit any adverse effects that offset agreements have on the defense industrial base of each country. 본 협정서는 절충교역에 대하여 규정하지 않는다. 당사자들은 절충교역 협정이 각국의 방위산업 기반에 미치는 악영향을 제한하기 위한 조치를 논의하는 데 동의한다.

ARTICLE Ⅳ. Customs, Taxes, and Duties

When allowed under national laws, regulations, and international obligations of the Parties, the Parties agree that, on a reciprocal basis, they shall not consider customs, taxes, and duties in the evaluation of offers, and shall waive their charges for customs and duties for procurements to which this Agreement applies. 당사자들의 국가 법률, 규정 및 국제 의무에 따라 허용되는 경우, 당사자들은 상호호혜의 원칙에 따라 제안 평가 시 세금, 관세 및 의무를 고려하지 않으며, 본 협정서가 적용되는 조달에 대하여는 관세와 조달세를 면제한다.

미국의 RDP와 한국의 방산수출전략

ARTICLE V. Procurement Procedures

1. Each Party shall proceed with its defense procurements in accordance with its national laws and regulations and international obligations. 당사자는 자국의 법률 및 규정과 국제적 의무에 따라 국방조달을 이행하여야 한다.

2. To the extent practicable, each Party shall publish, or have published, in a generally available communication medium a notice of proposed procurements in accordance with its laws, regulations, policies, procedures, and international obligations. Any conditions for participation in procurements shall be published in adequate time to enable interested industrial enterprises to complete the bidding process. Each notice of proposed procurement shall contain, at a minimum: 당사자는 실행 가능한 범위 내에서 법률, 규정, 정책, 절차 및 국제 의무에 따라 제안된 조달에 대한 통지를 일반적으로 사용 가능한 통신 매체에 게시하거나 게시해야 한다. 조달에 관심 있는 방산업체가 입찰 과정을 완료할 수 있도록 조달에 참여하기 위한 모든 조건을 적절한 시기에 공지해야 한다. 제안된 조달에 대한 각 통지에는 최소한 다음 사항이 포함되어야 한다.

   a. The subject matter of the contract; 계약의 주제

   b. Time limits set for requesting the solicitation and for submission of offers; 청약의 요청 및 제안서를 제출하기 위해 설정된 기한

   c. An address from which solicitation documents and related information may be requested. 청약 문서 및 관련 정보를 요청할 수 있는 주소

3. Upon request, and in accordance with its laws, regulations, policies,

procedures, and international obligations, the procuring Party shall provide industrial enterprises of the other country copies of solicitations for proposed procurements. A solicitation shall constitute an invitation to participate in the competition and shall include the following information:

조달 당사자는 요청이 있는 경우 법률, 규정, 정책, 절차 및 국제 의무에 따라 다른 국가의 방산업체에 제안된 조달에 대한 청약 사본을 제공해야 한다. 청약은 경쟁에의 참여를 권유하는 것으로서 다음 정보를 포함해야 한다.

a. The nature and quantity of the supplies or services to be procured; 조달 대상 공급품 또는 용역의 성질 및 수량

b. Whether the procurement is by sealed bidding, negotiation, or some other procedure; 조달이 비공개입찰, 협상 또는 그 밖의 절차에 의한 것인지 여부

c. The basis upon which the award is to be made, such as by lowest price or otherwise; 최저가 등 그 밖의 방법과 같이 계약의 수준 기준

d. Delivery schedule; 납품 일정

e. The address, time, and date for submitting offers as well as the language in which they must be submitted; 제안서를 제출하는 주소, 시간, 날짜 및 제안서 작성 언어

f. The address of the agency that will be awarding the contract and will be responsible for providing any information requested by offerors; 계약을 체결하고 제공자가 요청한 모든 정보를 제공할 책임이 있는 기관의 주소

g. Any economic requirements, financial guarantees, and related information required from suppliers; 공급업체로부터 요구되는 모든 경제적 요구사항, 재정적 보증 및 관련 정보

h. Any technical requirements, warranties, and related information required from suppliers; 공급업체로부터 요구되는 모든 기술 요구사항, 보증 및 관련 정보

i. The amount and terms of payment, if any, required to be paid for solicitation documentation; 청약 서류의 지급에 필요한 금액 및 지급조건(있는 경우)

j. Any other conditions for participation in the competition; and 기타 입찰 경쟁의 참여조건

k. The point of contact for any complaints about the procurement process. 조달 절차에 관한 불만사항을 제기할 담당자

4. Consistent with its laws, regulations, policies, and international obligations, the procuring Party shall, upon request, inform an industrial enterprise that is not allowed to participate in the procurement process of the reasons why. 법, 규정, 정책 및 국제적 의무에 따라 조달 당사자는 요청을 받으면 조달 절차에 참여할 수 없는 방산업체에 그 이유를 알려야 한다.

5. Consistent with its laws, regulations, policies, and international obligations, the procuring Party shall: 조달 당사자는 법률, 규정, 정책 및 국제 의무에 따라 다음을 수행해야 한다.

5.1 Upon award of a contract, promptly provide notification to each unsuccessful offeror that includes, at a minimum: 계약이 체결되면, 선택되지 않은 각 제안자에게 최소한 다음 사항이 포함된 통지를 즉시 제공해야 한다.

a. The name and address of the successful offeror; 선택된 제안자 이름과

주소

    b. The price of each contract award; and 각 계약의 금액

    c. The number of offers received: 받은 제안 수

5.2 Upon request, promptly provide unsuccessful offerors pertinent information concerning the reasons why they were not awarded a contract. 요청 시, 선택되지 않은 제안자가 계약을 체결하지 못한 이유에 대한 관련 정보를 신속하게 제공해야 한다.

6. Each Party shall have published procedures for the hearing and review of complaints arising in connection with any phase of the procurement process to ensure that, to the greatest extent possible, complaints arising under procurements covered by this Agreement shall be equitably and expeditiously resolved between an offeror and the procuring Party. 당사자는 조달 절차의 모든 단계에서 발생하는 불만사항에 대한 공청회 및 검토 절차를 발표하여 가능한 이 협정서에서 다루는 조달로 인하여 발생하는 불만사항에 대하여 제안자 및 구매 측 사이에 공평하고 신속하게 해결되어야 한다.

ARTICLE VI. Industry Participation

1. Successful implementation of this Agreement shall involve both Parties. To ensure that the Agreement benefits each Party's industrial enterprises choosing to participate in the procurements covered by this Agreement, each Party shall provide information concerning this Agreement to its industrial enterprises.

본 협정서의 성공적인 이행을 위해 양 당사자가 참여해야 한다. 본 협정서의 적용

을 받는 조달에 참여하기로 선택한 각 당사자의 방산업체를 위하여 각 당사자는 본 협정서와 관련된 정보를 해당 방산업체에 제공해야 한다.

2. Each Party shall be responsible for informing the relevant industrial enterprises within its country of the existence of this Agreement. 각 당사자는 자국 내 관련 방산업체에 본 협정서의 존재를 알릴 책임이 있다.

3. The Parties understand that primary responsibility for finding business opportunities rests with the industrial enterprises of each country. 당사자들은 사업의 참여기회를 찾는 주요 책임이 각 국가의 방산업체에 있다는 것을 이해한다.

4. The Parties shall arrange for their respective procurement and requirements offices to be familiar with this Agreement so that, consistent with their normal practices and procedures, those offices may assist industrial enterprises in the country of the other Party to obtain information concerning proposed procurements, necessary qualifications, and appropriate documentation. 당사자들은 각자의 조달 및 요구 사무소가 본 계약에 익숙하도록 준비해야 하며, 이 사무소들은 그들의 정상적인 관행 및 절차와 일관되게 상대방 국가의 산업 기업이 제안된 조달, 필요한 자격, 적절한 문서화를 수행해야 한다.

ARTICLE VII. Security, Release of Information, and Visits

1. Any classified information or material exchanged between the Parties

under the provisions of this Agreement shall be used, transmitted, stored, handled, and safeguarded in accordance with the Security Agreement Between the Government of the United States of America and the Government of the Republic of Lithuania Concerning Security Measures for the Protection of Classified Military Information, signed at Vilnius November 21, 1995, and entered into force November 21, 1995. 본 협정서 조항에 따라 당사자 간에 교환되는 모든 비밀 정보 또는 자료는 1995년 11월 21일 Vilnius에서 서명되고 1995년 11월 21일 발효된 비밀군사정보 보호를 위한 보안 조치에 관한 미국 정부와 리투아니아 공화국 정부 간의 보안협정에 따라 사용, 전송, 보관, 관리 및 안전하게 보호되어야 한다.

2. Both Parties shall take all necessary steps to ensure that industrial enterprises within each Party's respective country comply with the applicable regulations pertaining to security and safeguarding of classified information. 당사자는 각 당사자의 방산업체가 자국 내에서 각국의 보안 및 비밀 정보의 보호와 관련된 해당 규정을 준수하도록 필요한 모든 조치를 취해야 한다.

3. Each Party shall take all lawful steps available to it to prevent the disclosure to a third party of unclassified information received in confidence from the other Party pursuant to this Agreement unless the Party that provided the information consents in writing to such disclosure.
각 당사자는 정보를 제공한 당사자가 서면으로 해당 공개에 동의하지 않는 한, 본 협정서에 따라 상대방으로부터 비밀리에 받은 비밀로 분류되지 않은 정보를 제3자에게 공개하는 것을 방지하기 위해 가능한 모든 법적 조치를 취해야 한다.

4. Each Party shall permit visits to its establishments, agencies, and laboratories, and shall not impede visits to contractor industrial facilities, by employees of the other Party or by employees of the other Party's contractors, provided that such visits are authorized by both Parties and the employees have appropriate security clearances and a need-to-know. 각 당사자는 방문이 당사자 쌍방에 의해 승인되고 직원들이 적절한 보안 허가 및 방문 필요성이 있는 경우에는 해당국의 시설, 기관 및 연구실에 대한 방문을 허용하여야 하며, 상대방 직원 또는 상대방 계약자 직원의 산업시설 방문을 방해해서는 안 된다.

5. Requests for visits under the preceding section shall be coordinated through official channels and shall conform to the established visit procedures of the host Party. All visiting personnel shall comply with security and export control regulations of the host country. Any information disclosed or made available to authorized visiting personnel shall be treated as if supplied to the Party sponsoring the visiting personnel and shall be subject to the provisions of this Agreement. 앞 절에 따른 방문 요청은 공식 채널을 통해 협조되어야 하며 주최자에 의해 정해진 방문 절차에 따라야 한다. 모든 방문인원은 주최국의 보안 및 수출통제 규정을 준수해야 한다. 허가된 방문인원에게 공개되거나 제공된 모든 정보는 방문인원을 후원하는 당사자에게 제공된 것으로 간주하며, 본 협정서의 조항에 따른다.

ARTICLE Ⅷ. Implementation and Administration

1. The Under Secretary of Defense (Acquisition & Sustainment) shall be the

responsible authority in the Government of the United States of America for implementation of this Agreement. The Director, Defence Materiel Agency shall be the responsible authority in the Government of the Republic of Lithuania for implementation of this Agreement. 미국 국방부 차관(획득 및 유지)은 본 협정서의 이행을 위해 미국 정부에 대한 책임을 진다. 리투아니아 국방부 국방물자국 국장은 이 협정서의 이행을 위하여 리투아니아 공화국 정부에 대한 책임을 진다.

2. Each Party shall designate points of contact to represent its responsible authority. 각 당사자는 해당국을 대표할 수 있는 담당자를 지정해야 한다.

3. The representatives of each Party's responsible authority shall meet on a regular basis to review progress in implementing this Agreement. The representatives shall discuss procurement methods used to support effective co-operation in the acquisition of defense capability; annually review the procurement statistics exchanged as agreed under subparagraph 4.9. of Article Ⅱ (Principles Governing Mutual Defense Procurement Cooperation) of this Agreement; identify any prospective or actual changes in national laws, regulations, policies, procedures, or international obligations that might affect the applicability of any understandings in this Agreement; and consider any other matters relevant to this Agreement. 각 당사자의 책임 있는 기관의 대표자들은 본 협정서의 이행 상황을 협의하기 위하여 정기적으로 만나야 한다. 대표자들은 국방력을 강화하기 위한 획득에 있어 효과적인 협력을 위해 사용되는 조달 방법에 대하여 논의해야

미국의 RDP와 한국의 방산수출전략

한다. 본 협정서 제2조(상호방위 조달 협력에 관한 원칙)의 규정에서 합의된 바와 같이 매년 4.9항에 따라 합의된 조달 통계를 검토한다. 이 협정서에서의 모든 양해 사항의 적용 가능성에 영향을 미칠 수 있는 당사국의 법률, 규정, 정책, 절차, 국제 의무에서 예상되거나 또는 실제 변경된 사항을 확인한다. 본 협정서와 관련된 기타 사항을 고려한다.

4. Each Party shall, as necessary, review the principles and obligations established under this Agreement in light of any subsequent changes to its national laws, regulations, policies, and international obligations, including but not limited to European Union directives and regulations, and shall consult with the other Party to decide jointly whether this Agreement should be amended. 각 당사자는 필요에 따라 유럽연합 지침 및 규정을 포함하지만 이에 국한되지 않는 국가 법률, 규정, 정책 및 국제 의무에 대한 후속 변경을 고려하여 본 협정서에 따라 정해진 원칙 및 의무를 검토해야 한다. 그리고 본 협정서의 개정 여부를 공동으로 결정하기 위해 상대방과 협의해야 한다.

5. Each Party shall endeavor to avoid commitments that could conflict with this Agreement. If either Party believes that such a conflict has occurred, the Parties agree to consult to seek resolution. 각 당사자는 본 협정서와 상충될 수 있는 약속을 피하기 위해 노력해야 한다. 어느 한쪽 당사자가 이러한 충돌이 발생했다고 생각하는 경우 당사자는 해결책을 모색하기 위해 협의하는 데 동의한다.

ARTICLE IX. Annexes and Amendments

1. Annexes may be added to this Agreement by written agreement of the Parties. In the event of a conflict between an Article of this Agreement and any of its Annexes, the language in the Agreement shall prevail. Such annexes shall be incorporated into this Agreement and considered an integral part thereof. 당사자들의 서면 합의에 의해 본 협정서의 부속서가 추가될 수 있다. 본 협정서 조항과 그 부속서 간에 충돌이 발생하는 경우, 본 협정서의 언어가 우선한다. 이러한 부속서는 본 협정서에 포함되며, 그 협정서의 필수부분으로 간주된다.

2. This Agreement, including its Annexes (if any), may be amended by written agreement of the Parties. 부속서를 포함한 본 협정서는 당사자의 서면 합의에 의해 수정될 수 있다.

ARTICLE X. Entry Into Force, Duration, and Termination

1. This Agreement shall enter into force upon signature by both Parties and shall remain in force for ten years. This Agreement may be terminated by either Party upon six months' prior written notice to the other Party. 본 협정서는 양 당사자 서명으로 효력이 발생하며 10년 동안 효력이 유지된다. 협정서는 6개월 전에 상대국에게 서면으로 통지함으로써 종료될 수 있다.

2. Termination of this Agreement shall not affect contracts entered into during the term of this Agreement. 본 협정서의 종료는 협정서 유효기간 동안 체결된 계약에 영향을 미치지 않는다.

미국의 RDP와 한국의 방산수출전략

IN WITNESS WHEREOF, the undersigned, being duly authorized by their respective Governments, have signed this Agreement. 각국으로부터 적법하게 권한을 부여받은 서명자들이 협정서에 서명했음을 증명한다.

Ⅱ. 내용요약

1. RDP 영향성

가. 자유로운 종결이 가능하지만, 28개국 중 1963년 최초 시행 이후 종결국가 없음

※ 서면 사전통지 및 기존 계약 효력인정 조건만 충족되면 상대방 승낙 없이 언제든 종결 가능

나. 세계 방산수출 15위 이내 국가 중 중국, 러시아, 한국만이 미체결

다. 세계 방산수출 10위 이내 RDP 체결 6개국 정량분석 결과 방산시장의 잠식 없었음

※ 방산수출은 소폭 증가하고 미국으로부터의 수입은 감소하는 긍정효과를 확인

라. RDP는 경제적 목적 보다는 미국이 우방국과의 국방협력을 강화하기 위한 수단

– 미·소 냉전시기 공산진영 대응을 위해 NATO와의 방산협력 증진을 목표

– 우방국에 대한 안보협력 정책: 방산협력을 통해 상호 방산시장 진입장벽을 낮추어 무기체계 표준화 및 상호운용성 증진, 원활한 합동군사작전 보장

마. 방산협력의 틀을 만드는 프레임워크: RDP 기본협정서 체결만으로 구체적인 법적 의무사항이 발생한다기보다 체결 이후 정례회의 또는 부속서를 통해 의무사항을 구체화(리투아니아 RDP 협정서 참고)

2. RDP 체결로 인한 효과

가. BAA 적용 면제 및 관세 등 세제 면제 혜택 부여로 상호 공정한 가격경쟁 여건 보장

나. 완전한 방산시장 개방이 아니라, 미국 연방조달시장의 2~3% 수준의 통제된 범

위 내에서 개방

다. 미국은 RDP 체결과는 무관하게 Jones Act, ITAR 등 보이지 않는 손을 통해 통제

라. 미국과의 공동연구개발 등 방산협력 활성화 계기 마련: 일본 사례

마. 국내연구개발 잠식 가능성 제한: RDP에서의 연구개발은 국제공동연구개발을 의미(28개국 중 국내연구개발 시장을 개방한 사례는 없음)

바. 절충교역 축소 또는 금지: RDP 체결보다는 한국 정부의 의지에 따라 결정(22개국은 절충교역 부작용 제한 대책 논의에 동의, 다수는 RDP 체결 후에도 유지)

3. 신속한 RDP 체결 필요

가. 세계 방산수출 15개국 중 한국만 미체결 → 미국 중심 글로벌 공급망 참여 위해 필요

나. 미국 방산시장의 차별적 비용부과 면제로 가격경쟁력 확보 → 미국시장에서 K-방산 기술력을 인정받아 글로벌 수출경쟁력 확보하는 디딤돌로 활용, 심각한 한미 방산교역 불균형 완화

다. 방산수출 지속성 보장 및 수출구조 변화(중저가 → 고가첨단)를 위해서는 공동연구개발 확대 등 미국 및 RDP 체결 선진국과의 방산협력을 통한 기술축적 필요

라. 일본의 공격적인 방산정책 추진으로 인한 잠재적 안보위협 증대에 대한 견제 필요

   - 2016년 RDP MOU(유효기간 5년) → 2021년 Agreement(10년) → 2023년 부속서 체결

   - RDP 체결 이후 미국 및 우방국과 첨단 무기체계 공동연구개발 및 방산협력 활성화

   ① 2016년 SM-3 탄도탄 → 2023년 북·중·러 극초음속 무기 요격미사일 공동개발 합의

   ② F-2 전투기 공동연구개발 → 2022년 영국 등과 6세대 전투기 공동개발 합의

③ 미국 내 Jones Act 개정, 함정 건조 및 MRO 아웃소싱 요구 여론: 일본과 실무협의 중(니케이 아시아)이며, Jones Act 개정 시 RDP 체결한 일본이 한국에 비해 유리

- 미국의 군사적 필요 또는 암묵적 동의에 기반한 공격적 방산정책 : 1967년 무기수출 3원칙(해외 방산수출 금지) → 2011년 무기수출 3원칙 대폭 완화(인도적인 목적의 방산수출 예외 인정) → 2014년 방산장비 이전 3원칙(방산수출 및 공동연구개발 가능) → 2023년 공적안보지원프로그램(일본무기 구매 시 개발도상국 예산지원) → 2023년 말 방산장비 이전 3원칙 개정(6세대 전투기 등 공격용 살상무기 수출) 추진

※ 일본 정부는 2014년 무기수출 3원칙 폐지 이후 2016년에 RDP를 체결하여 미국과의 방산협력을 강화하는 등 방산육성을 위해 적극적으로 노력해 오고 있다. RDP 체결을 계기로 탄도탄 요격미사일, 6세대 전투기 등 공동연구개발을 본격화하여 첨단 국방과학기술을 축적하고 있으며, 함정까지도 미국과의 아웃소싱을 추진하고 있다. 이는 향후 일본의 항공 및 해상전력의 증강으로 이어질 수 있다. 대부분의 전력이 북한을 향하고 있는 한국이 또다시 RDP 체결을 미룬다면, 후방에 위치한 일본이 한반도에서의 잠재적인 위협에서 미래에 현실적인 위협으로 부상하는 것을 허용하는 가장 위험한 정책적인 패착이 될 수 있을 것이다.

미국의 RDP와 한국의 방산수출전략

"세계 최고를 꿈꾸며…"

2015년부터 꿈은 시작되었다.

"누구도 생각하지 못했을지 모른다. 갤럭시가 세계 최고가 될 줄은….

누구도 꿈꾸지 못할지 모른다. 대한민국이 세계 최고 방산수출국이 될 것을….

하지만, 대한민국이 최고가 되는 그날을 확신하며 나는 오늘도 꿈을 꾼다."

10년이 채 안 된 지금 2023년.

그 꿈이 현실로 되어 감을 보고 있다. 하지만, 아직도 그 마지막에 목이 마르다.

"우리가 잘되는 것이 나라가 잘되는 것이며,

나라가 잘되는 것이 우리가 잘될 수 있는 길이다."

책에 대한 문의, 보완 · 수정 및 제안 등은 4mykor@gmail.com으로 연락 바랍니다.